生态民族学评论

(第四辑)

祁进玉　主编

学苑出版社

图书在版编目（CIP）数据

生态民族学评论 . 第四辑 / 祁进玉主编 . -- 北京：学苑出版社, 2024.6. -- ISBN 978-7-5077-6991-3

Ⅰ . Q988-53

中国国家版本馆 CIP 数据核字第 2024T058P2 号

出 版 人：洪文雄
责任编辑：魏　桦　张芷郁
出版发行：学苑出版社
社　　址：北京市丰台区南方庄 2 号院 1 号楼
邮政编码：100079
网　　址：www.book001.com
电子信箱：xueyuanpress@163.com
联系电话：010-67601101（营销部）、010-67603091（总编室）
印 刷 厂：廊坊市印艺阁数字科技有限公司
开本尺寸：710 mm×1000 mm　1/16
印　　张：17.75
字　　数：287 千字
版　　次：2024 年 6 月第 1 版
印　　次：2024 年 6 月第 1 次印刷
定　　价：168.00 元

教育部人文社会科学重点研究基地
中央民族大学中国少数民族研究中心丛书

《生态民族学评论》编委会

编委会顾问：丹珠昂奔　洛桑灵智多杰　尹绍亭
　　　　　　崔延虎　杨圣敏　杨庭硕
编委会主任：杨圣敏
编委会委员：（以姓氏拼音排序）
　　　　　　崔延虎　丹珠昂奔　杜发春　冯金朝
　　　　　　哈斯巴根　贺卫光　罗康隆　洛桑灵智多杰
　　　　　　麻国庆　彭文斌　祁进玉　色　音　苏发祥
　　　　　　索端智　王晓毅　乌日陶克套胡　香　宝
　　　　　　徐　君　薛达元　杨圣敏　杨庭硕　尹绍亭
　　　　　　郁　丹　曾少聪　赵利生
编辑助理：郭　跃　刘亚璠　孙晓晨

目 录

· 地方生态文明建设与社会发展·

铸牢中华民族共同体意识视角下的公共记忆与国家认同 …… 格日措 / 003

传统知识与实现"双碳"目标——云南省德钦县果念村的实践
　　案例 ………………………………………… 许玮麟　尹仑 / 011

围场满族蒙古族自治县生态文明建设成效、问题与对策研究
　　……………………………………………………… 李新柳 / 026

志愿服务何以赋能乡村振兴——基于"西部计划"志愿者的
　　社会化困境考察 …………………………………… 王春林 / 035

内蒙古新能源开发与生态环境保护融合发展路径研究 ……… 阳自航 / 052

基于社会过程研究法分析甘肃省农业产业结构 ……………… 蒙婷 / 065

· 生物资源保护与可持续利用·

和谐与共生：生态文明视野下的古井文化研究 ……………… 吴合显 / 075

共同富裕与牧区现代化建设——基于"共享草场"的集体
　　行动视角 …………………………………… 孙岩　孙吕明 / 090

基于生态系统服务的内蒙古山水林田湖草沙综合治理研究
　　………………………………………………… 娜丽　郭泺 / 106

科学规划，探求新能源开发与生态环境融合发展的新路径…… 黄　昉 / 116

生计适应与生态移民社区可持续发展——以果洛藏族自治州

　　玛沁县生态移民社区为例……………………………… 完德吉 / 122

乡村振兴背景下非物质文化遗产的活化利用研究——以湘西

　　苗绣为例………………………… 陈　萌　陈欣茹　吴合显 / 143

数字化推进内蒙古宜居宜业和美乡村建设何以可能与何以

　　可行——基于鄂托克前旗的调研……………… 连雪君　申姗姗 / 157

·环境、生态与地方性知识·

跨国女商多重角色与主体性建构——中俄边境山西女商田野考察

　　……………………………………………… 祁进玉　孙晓晨 / 171

内蒙古受灾农民适化新环境过程研究——以库伦旗灾民的

　　牧区安置为例………………………… 乌云达来　阿拉腾嘎日嘎 / 191

草原生态保护补助奖励政策分析——以新疆新源县草原生态

　　补偿情况为例……………………………………………… 刘　阳 / 202

文化权力下的鼓楼——以芋头古侗寨为案例……… 陈欣茹　陈　萌 / 214

文化生态视角下河北宣化城市传统葡萄园农业文化遗产的

　　保护传承研究…………………………………… 李芳　周　鼎 / 223

新疆奇台旱作农业系统农业文化遗产调查…………… 周鼎　李　芳 / 230

影响边疆民族地区生态文明建设的因素——基于9个边疆省

　　域面板数据的动态QCA分析……………………………… 朱逢博 / 238

21世纪初内蒙古自治区人口与婚姻状况研究……………… 李红菊 / 253

民族地区乡村场域下的生态文明建设研究——基于乡村主体性

　　研究………………………………………………………… 刘宁超 / 261

地方生态文明建设与社会发展

铸牢中华民族共同体意识视角下的公共记忆与国家认同

格日措　青海师范大学
马克思主义学院

摘　要：青海省在铸牢中华民族共同体意识的实践过程中，结合青海少数民族地区自身的特点，将爱国主义特色教育资源与爱国主义精神相结合，从中彰显公共记忆的时代价值，让记忆永葆生机与活力，从而增强民族凝聚力，增强了国家认同。本文基于对青海省海北州的实地调研，以公共记忆为载体，从以爱国主义为核心的民族精神出发，基于青海民族团结进步示范区创建的实践工作，探索民族地区公共记忆的无形和有形的记忆之"场"，及其在铸牢中华民族共同体意识，在加强国家认同的过程中所蕴藏的丰富的爱国教育资源，将其转化为开发建设新青海的思想情感和不竭动力，在新时代的传承中又为其赋予崭新的内涵，衍生培育具有地域特色的中华民族共同体意识。

关键词：历史记忆；爱国精神；国家认同；共同体意识

青海作为一个西部多民族省份，其发展一直以来都受到了来自历史、地理、气候等各种不利因素的影响。青海解放70多年来取得的成绩与各族人民强大的精神力量以及浓厚的爱国之情密切相关，这些精神力量、爱国之情如何形成个体、集体乃至国家的公众记忆？青海各民族在长期的交往交流中形成的公共记忆是如何铸牢中华民族共同体意识的？

一、文献综述

学界关于铸牢中华民族共同体意识的关注点主要集中在理论建构问题

和培育路径上。郝时远认为多元一体和文化多样是中华民族共同体意识的文化基质，强调了文化自觉对促进文化自信的作用，强调中华文化的认同对构筑共有的精神家园的作用，塑造好未来中华民族精神，凝聚好民族心与魂，铸牢中华民族共同体意识。① 李曼莉、蔡旺阐述了三个关于中华民族共同体意识内涵的观点，一是认为是一种"心理意识论"，强调共有的社会政治生活中所形成的共有的知识和情感基础；二是认为是对集体身份的认同，强调国情、历史、团结、发展、共建共享等"五个"共识认同；三是认为"文化或价值认同论"，强调共有心理和精神家园、团结互助和命运与共的意识。铸牢中华民族共同体意识的培育路径问题，主要从公民、社会和国家三者间的良性互动、文化层面的建构、认同的建构以及意识的培育进行了研究。张立辉、许华锋从西南民族大学的民族团结出发，提出了坚持马克思主义基本原理、弘扬各民族优秀传统文化以及坚定社会主义核心价值观三个方面的具体路径。张会龙、冯育林认为其建设的着力点是历史叙事、理论构建、社会共识、上下联动等维度。张志强谈到西部民族地区青年中华民族共同体意识的构建，应该从思想引导、环境熏陶、法治保障、实践深化等入手。

  基于上述关于理论建构问题和培育路径问题的探讨，公共记忆作为探讨铸牢中华民族共同体意识的新角度，在社会整合和国家认同建设等领域中有着特殊的作用。本文主要关注人类记忆的社会文化因素，特别是巴特莱特（Bartlett）提出的人们在回忆或重述时的重新建构。哈布瓦赫（Halbwach）从家庭、阶层、宗教等角度论证了记忆的社会建构。王明珂以社会、集体和历史层面划分了记忆的范围，从"个体记忆"到"全球集体记忆"具有一定的理论贡献。个体记忆彰显着个体的身份认同，集体记忆由大量个体的记忆构成而又超越个体的特殊性，彰显着一个社会或群体有别于其他社会或群体的身份认同。② 麻国庆认为，中国各民族在近代的发展中形成的不同层次的记忆，奠定了中华民族共同体认同的基础，③ 树立了牢固的

---

① 郝时远. 文化自信、文化认同与铸牢中华民族共同意识[J]. 中南民族大学学报，2020（6）：5.
② 王明珂. 华夏边缘：历史记忆与族群认同[M]. 上海：上海人民出版社，2020.
③ 麻国庆. 公共记忆与中华民族共同体认同[J]. 西北民族研究，2022（1）：8.

中华民族共同体意识,像石榴籽一样紧紧地抱在一起,共同谱写了共和国的光辉未来。

二、记忆之"场"与铸牢中华民族共同体意识的互动关系

中华人民共和国成立以后,以毛泽东为代表的中国共产党第一代领导集体做出发展原子弹、导弹和人造卫星的战略决策,以打破美苏等国对核武器和空间技术的垄断。一批批的科学家、大学生远赴西北的青海金银滩草原与当地的牧民共同投身祖国的国防事业建设当中,创造了以"热爱祖国、无私奉献、自力更生、艰苦奋斗、大力协同、勇于攀登"为内涵的伟大"两弹一星"精神。1960至1962年,我国国民经济陷入困难时期,基地人员自己动手开荒种青稞,但他们大多来自外地,没有种植经验,对青稞这种高原农作物的生长习性也不了解。这时,海晏县的农牧民放下自家的地不管,来到基地,教基地专家、技术人员种植青稞。来自刚察、湟源等地的70户牧民组成同宝牧场,一方面承担保卫基地的责任,另一方面放牧牛羊,每年给221厂供应万头牛羊,保证基地人员的生活供应。民族间的互帮互助不仅浇开了团结之花,而且铸就了共和国的国防之基。这是奠定中国国防基石"两弹一星"的里程碑事件。习近平总书记指出:"'两弹一星'精神激励和鼓动了几代人,是中华民族的宝贵精神财富,一定要一代一代地传下去,使之转化为不可限量的物质创造力。"

各民族优秀传统文化融合的共有家园。在221厂,工厂与牧场之间是两个不同属性的工作单位,牧民与工人,甚至是工人之间因为有"保密宣誓",他们以一种互不干扰的状态生活。刚开始,大家语言、生活习惯有比较大的差异,之间的互动较少。随着交流逐渐加深,大家开始互换粮票,交换生活物资,慢慢地,每个牧民家里都有一位在工厂相识的"老乡",他们或来自四川、苏州、上海、北京……在这荒凉寂寥的高原之上,他们因对祖国的热爱凝聚在一起,在那段艰苦奋斗的漫长岁月里,他们不仅是同志,更是满怀大爱和无私奉献的家人。在他们血脉里共同流淌着砥砺前行、勇于攀登的珍贵信念。这是无法割舍的,也是难以忘怀的。1994年最

后一批工人离开，很多人断了联系。从2000、2001年开始就陆陆续续地有人回来，回来再看看他们年轻时挥洒汗水的地方，看看他们在这片草原上的"老乡"，那些一起渡过艰难岁月的人。在这一片苍茫的草原上"老乡"和牧民成了没有血缘的亲人。他们是共同生活在这片土地上的人，是一个大家庭里的兄弟姐妹。2013年青海省海北藏族自治州入选民族团结工作创建试点示范州，2015年成功创建全国涉藏地区第一个民族团结进步活动示范州，2021年1月被国家民委命名为新一轮全国民族团结进步示范州。海北的成功实践，两次得到了国家民委的充分肯定：海北州的生动实践，探索出了符合实际、群众认可、富有地区特点的民族团结进步创建转型升级之路，为全国、全省民族团结进步事业创新发展提供了鲜活样本和宝贵经验。

夯实中华民族共同体发展的物质基础。乡村振兴战略是帮人民脱贫、脱困的重要战略，是解决"三农"问题、加强党对农村地区领导的重要保障。实施乡村振兴战略，不仅对达玉日秀村脱贫具有重大意义，在全省打赢脱贫攻坚这场硬仗中发挥了重大作用，更是实现全体人民共同富裕的必然选择！在打赢脱贫攻坚这一持久战役中，达玉日秀村在中国改革开放走了30多年之后，才开始走上改革之路，历经12年的自给自足、自负盈亏，达玉日秀村也开始创办企业、创办农家院，通过让贫困人口到农家院工作解决一部分人的贫困问题，再通过牛、羊肉、酸奶向农家院直销，实现内部消化，产生内生动力，解决一部分问题。另外，依靠国家政策易地搬迁、手工业培训再解决一些贫困问题。达玉日秀村在发展的道路中，实施了牧家乐帮扶计划，让村里的贫困户参与到乡村振兴中，在牧家乐供职，解决就业问题。达玉日秀村大多户人家养殖牛羊，牧民可以将自家的牛羊肉、酸奶、牛奶等农牧产品直销到自己村子的牧家乐，由牧家乐向外出售。实行内部生产、内部消化，实现内生动力。同样，随着旅游业的发展，达玉日秀村的村民在旅游景区获得了摊位贩卖一些小物品，这些也成了他们的经济来源之一。但也有一些家庭实在贫困，缺乏劳动力、缺乏生产资料，对于这样的人家，村里的牧家乐就与其签订了帮扶协议，每年从牧家乐的收成中支取一部分资金出来捐赠给这些贫困家庭。在国家的精准扶贫、手工培训、易地搬迁等一系列的扶贫政策和达玉日秀村人的不断努力下，

2017年底，海晏县青海湖乡达玉日秀村基本完成脱贫攻坚任务。

挖掘爱国主义与红色文化的教育资源。红色基地和文物是我们学习先辈们伟大精神的情感枢纽，保护好红色基地、红色文物不仅是对先辈的尊重，更是对后世的教育和感化。仅凭书本上学习到的红色文化、学习到的民族精神，终归还是"纸上得来终觉浅"，只有深入实地，只有亲眼所见，我们才能体会到那种震撼人心的魄力。令人遗憾的是，由于当时没有对厂房采取有效的管护措施，一些自私自利的人找到了一条生财之道，为了些蝇头小利就去破坏厂房设施，盗窃厂房建材拿去卖废品。几十年前，为了建设厂房，多少人背井离乡，扎根西北，献了青春献子孙；为了建设厂房，多少人舍弃小家，动身跋涉千里，一切从零开始；也有些人完全不懂这些人奉献的意义，忽略国之大计，将个人利益摆在了首要位置。原子城纪念馆中的历史，国家翻天覆地的变化，回顾建党100多年来走过的路，无名英雄口中的往事，度过的青春，是他们对祖国的热爱；草原上的寒风凛冽，草原人的双颊通红，是他们对祖国的一腔热血。他们却是那么勇敢、那么无畏，怀有一腔热血，那么明媚又灿烂。我明白我永远也无法完全地去感受他们，对于"两弹一星"精神的缔造者来说，这些仅仅是他们经历的众多艰难困苦中的一部分，但就这一点，已经足够震撼一个人的灵魂。

三、民族地区铸牢中华民族共同体意识的多维路径

以民族团结进步工作为平台，推动青海民族团结进步＋融合发展。青海省海北藏族自治州在铸牢中华民族共同体意识的实践过程中，结合青海少数民族地区自身的特点，将"两弹一星"精神等爱国主义特色教育资源与爱国主义精神相结合，从中彰显公共记忆的时代价值，让记忆永葆生机与活力，从而增强民族凝聚力，增强了国家认同。青海省海北藏族自治州在铸牢中华民族共同体意识的实践过程中结合当地民族团结进步工作的实际，创新宣传教育载体，强调以民族团结进步为平台，从民族团结进步工作的长效性、关联性出发，多维度建立民族团结进步创建新机制。以民族团结进步创建工作统揽全局，将民族团结进步创建工作切实融入乡村振兴、

产业发展、教育卫生、文化旅游、基层治理、生态保护等各方面，使民族团结进步理念和铸牢中华民族共同体意识真正体现在各行业各领域工作中。海北藏族自治州与在每个行业领域广泛搭建促进各民族交往交流交融的平台，充分发挥东西部协作和对口帮扶等重要机制的作用。各项专题教育相结合，形成联动联创。结合"三严三实"专题教育、党的群众路线教育实践、援青共建等工作，把强化基础工作作为推动民族团结进步创建的有力保障，促进依法治理保障创建，社会治理创新推动创建，强化寺院管理促进创建，夯实创建的物质基础，强化创建的基层基础，打牢创建的群众基础，不断提升创建工作水平。

以特色爱国主义教育为资源，建设爱国主义精神的弘扬传承机制。"两弹一星"精神是先辈们在这片土地上埋藏的巨大宝藏，它不仅给人们带来精神的引领，还为当地产业结构的转变和经济的发展带来了巨大的影响，原先达玉日秀村的经济来源主要是靠传统的农牧业来发展，但在海拔3000多米的高原上漫无边际的戈壁与贫瘠土地并不买账，这也一度使这座偏远的小镇陷入了贫困之中。自党的十八大以来，脱贫攻坚的号角越吹越响，这使原本就带有红色符号的达玉日秀村迎来了重大的机遇，"两弹一星"精神纪念馆、"两弹一星"精神研究院、王洛宾音乐艺术馆……当地的各种文化资源相继被挖掘出来，让这座小镇的旅游业迎来了春天，原子城在国内也有了名声。据当地村民介绍，每到夏天，全国各地的核一代、核二代、核三代以及慕名而来的各地游客都会来这座偏远的小镇探访，使得这座原本冷清的小镇变得极为热闹，带动了当地的餐饮、住宿、旅游观光等各类产业的繁荣发展，在整个脱贫攻坚战役中发挥了至关重要的作用。以深入开展创建活动为载体，充分发挥机关、企业、社区、乡镇、学校、寺庙等主阵地、主渠道作用，在各民族中牢固树立国家意识、公民意识和中华民族共同体意识，促进各民族相互了解、相互尊重、相互包容、相互欣赏、相互学习、相互帮助，加强民族交往交流交融，为全面建成小康社会、实现中华民族伟大复兴做出新的更大的贡献。

坚持以习近平新时代中国特色社会主义思想为指导，准确把握和全面贯彻党的加强和改进民族工作的重要思想，以铸牢中华民族共同体意识为主线，以"中华民族一家亲，同心共筑中国梦"为总目标，把民族团结进步作为民族工作的强基工程、百年工程、生命线工程和"一把手"工程，确立"民族团结进步建州战略"，充实工作内涵，丰富工作形式，夯实工作基础，完善工作机制，推动民族团结进步向人文化、大众化、实体化转变，有力铸牢了各族群众的中华民族共同体意识思想基础。

以全面建成小康社会为契机，促进嵌入式社会的稳定和发展机制。一直以来，海北州坚持把发展进步作为解决民族地区各种问题的"总钥匙"，牢固树立以人民为中心的发展思想，贯彻新发展理念，把满足各族群众对美好生活的向往和需求作为推进民族工作的出发点和落脚点，加快与经济社会发展各项事业有机结合融合，倾力打好"五个组合拳"，让各族群众共享改革发展成果和民族团结红利。数据显示，2021年地区总值达到100.4亿元，全体居民人均可支配收入增加到23735元。海北藏族自治州民族团结进步工作经历三次理念上的重大创新和突破，即"民族团结进步创建活动"——"民族团结进步事业"——"铸牢中华民族共同体意识"这样一个过程。2021年6月，海北全面启动"在新起点推进民族团结进步事业高质量发展、铸牢中华民族共同体意识"工作，工作理念上实现"民族团结进步事业"与"铸牢中华民族共同体意识"的再次飞跃。

四、结　语

民族研究需要关注区域共同记忆和中华民族共同体认同在社会建构中的重要性。青海各民族多年来在各民族交流交往交融的过程中，通过不断流动的自我和他者的认知，各民族共享的集体记忆得以建构；各民族集体记忆通过接触、碰撞与杂糅，进而建构成中华民族的公共记忆。青海省在铸牢中华民族共同体意识的实践中所展现的富有特色的爱国精神，对于加强国家安全教育，为民族地区深入开展国情教育积淀了丰厚的历史素材。对于增强各族人民的家国情怀和国家认同，对新时代民族地区发展爱国主义及铸牢中华民族共同体意识的实践有一定的借鉴意义。探索具有青海地域特色的铸牢中华民族共同体意识的实践研究，不断增进各民族成员对中华民族这一共有身份的认同，强化各民族的中华民族共同体意识、厚植对中华民族的认同感。在实现中华民族伟大复兴中国梦的新时代语境中，传承弘扬青海系列精神与铸牢中华民族共同体意识为民族地区社会稳定和社会治理提供了政策依据、实践指南。本文关于铸牢中华民族共同体意识的具体研究将有助于丰富新时代民族地区爱国主义教育的载体与形式，有助于深化新时代思想政治教育相关问题的研究，为新时代民族工作提供教育载体和理论支持。

传统知识与实现"双碳"目标
——云南省德钦县果念村的实践案例

许玮麟 西南林业大学水土保持学院
尹 仑 西南林业大学马克思主义学院

摘 要：传统知识可以通过减少碳排放和增加碳汇在减缓气候变化与实现碳达峰、碳中和目标方面发挥重要作用。云南省德钦县果念村的藏族村民有着丰富的与气候变化相关的传统知识，他们基于传统知识开展了"缅茨姆气候行动碳中和林"建设等实现"双碳"目标的具体实践。在"双碳"背景下，本文梳理了当地藏族村民的传统知识，分析了与实现"双碳"目标相关的具体方案和基层行动，研究了传统知识对实现碳达峰碳中和目标的作用和价值等问题，提出应该逐步实现传统知识在实现"双碳"目标进程中的主流化。同时，本文认为在传统知识基础上、在科学指导下开展的生态系统维护、恢复与发展是云南等西部地区实现"双碳"目标的最佳途径和重要手段之一，也是进一步贯彻新发展理念、通过生态文化促进绿色发展的基础。

关键词：碳达峰；碳中和；传统知识；气候变化；生态系统恢复

一、前 言

传统知识，也被称为土著知识（Nakashima and Roué 2002）、传统生态知识（Berkes 1999；Huntington 2000）、地方知识或地方生态知识（Olsson and Folke 2001；Gilchrist et al. 2005），是传统民族社会根据自己的经验积累发展起来的知识，这些经验已在现实中得到验证，并不断发展以适应周围自然、文化和社会环境的变化。联合国相关公约、国内外学者和传统民族社会自身都日益关注传统知识议题，对传统知识概念、内涵与特点的认识不断深化。

进入21世纪后，在全球气候变化的背景下，学者们愈加关注传统知识，并把传统知识的概念与气候变化联系起来，将其置于气候变化的语境中，认为传统知识是一个动态的适应过程（Berkes 2009）。传统知识是一种认识天气和气候的方式，而不是一个静态的知识体，也不是孤立的存在，传统知识始终在不断地变化以适应气候变化（Berkes 2012）。

传统知识可以在应对气候变化的减缓和适应两种方法中发挥重要作用，例如，通过植被恢复可减少温室气体的排放、选用耐旱种子可以适应干旱等（Speranza et al. 2010）。传统知识应对气候变化主要有两种方式：一是通过解决气候变化的原因来减缓气候变化的影响；二是以最佳方式适应气候变化（尹仑 2021）。例如，肯尼亚北部部落民族拥有丰富的与森林生态系统相关的传统知识，这些传统知识维护了森林生态系统和生物多样性，促进了森林的发展，从而可以成为隔离和封存碳的森林碳汇，为减缓气候变化做出贡献；同时，这些传统知识成为预测极端天气的指标，可以有效减少诸如暴雨、干旱等极端天气现象及其带来的诸如洪水、火灾等次生灾害给当地村落带来的损失（Zachary et al. 2021；尹仑 2022）。云南布朗族的农业生物多样性相关传统知识，特别是传统作物品种使用、土壤肥力改良实践、土壤耕作实践、交错播种和混种等方面的传统知识和技术，可以有效适应气候变化给农业带来的影响；客观上，布朗族的这些传统知识封存了土壤中的碳，并减少了农业生产过程中的温室气体排放（Yin et al. 2020）。

2020年9月，中国国家主席习近平在第七十五届联合国大会上发表重要讲话，提出关于中国将提高国家自主贡献力度，二氧化碳排放力争于2030年前达到峰值，努力争取2060年前实现碳中和的战略目标。"双碳"目标的达成需要全社会的共同努力，特别对于广大民族地区而言，传统知识可以为实现碳中和之路贡献力量。民族地区生物多样性富集，各民族与自然环境关系极为密切，受气候变化的影响最为直接和敏感，有着丰富的减少碳排放、增加碳汇的传统知识。因此，深入研究这些传统知识，无疑对我国"双碳"目标的达成具有重要意义和价值。

但迄今为止，还没有关于传统知识与碳达峰碳中和的研究。实现"双碳"目标是我国贯彻新发展理念，特别是实现绿色发展必须关注和解决的一个问题，在此背景下，本文系统梳理了传统知识与碳达峰碳中和之间的关系，以云南省迪庆藏族自治州德钦县果念村为田野调查案例点，分析和探讨了当地藏族村民应对气候变化的传统知识，研究了基于传统知识来实现"双碳"目标的实践，提出要实现传统知识在实现"双碳"目标进程中的主流化。

二、传统知识与碳达峰碳中和

减缓气候变化是指人类为了减少碳排放或增加碳汇而进行的干预（IPCC 2014a）。对于传统民族社会而言，减缓活动等同于他们在传统上保护自然资源的措施和维护生态系统的做法，其内涵与 IPCC 关于减缓的定义相同，即减少人为碳排放和增加碳汇。传统知识已经并将继续通过减少碳排放和增加碳汇在减缓气候变化和实现碳达峰、碳中和目标方面发挥重要作用。

（一）传统知识与减少碳排放

减缓气候变化的最好办法是严格减少温室气体的排放，其策略强调通过提高能源效率来减少化石燃料的使用，同时大力发展包括太阳能在内的清洁能源（Nyong et al. 2007）。虽然人们普遍认识到在工业领域和城市环境中减少化石燃料消耗和开发可再生能源的必要性，但对农村、耕地、牧场和森林的关注相对较少（Parrotta and Agnoletti 2012）。传统知识，特别是与农业生态系统多样性有关的知识，有助于减少温室气体排放。农业生态系统多样性相关传统知识是传统民族社会在长期农业生产和生活实践中创造的实用技术，包括传统生态农业技术和生物资源技术。这些技术可以有效地保护生物多样性、实现生物资源的可持续利用，对提高粮食质量、保障粮食安全也具有一定的价值。

在化肥问世之前，传统民族社会主要依靠有机农业。与现代农业相比，有机耕作方法和技术可以减少温室气体排放。与能源密集型的工业式农业不同，这些传统技术和耕作方式既不依赖无机肥料、农药和机械化耕作中化石燃料的投入来维持生产力，也不会因大规模农业扩张而导致毁林和二氧化碳排放。同时，这些技术和方法的应用可以使传统农业趋向于更高效地利用能源，而不是像集约化、专业化的现代农业那样高度依赖化石燃料。例如，对传统的农林复合经营和轮作农业来说，虽然其综合生产力较低，但其传统的耕作技术和方法可以更有效地利用太阳能，使其产生的能量大于消耗的能量。相比之下，工业式农业消耗的能源要多于生产，这就需要更多的能源投入，特别是以化石燃料、化肥和农药为基础的能源投入，才能实现其高生产率。与传统农业相比，工业式农业由于高度依赖不可再生的化石燃料，因而能源效率低下，并且产生更多的温室气体排放。就农业产出而言，传统农业实际上可能比可持续性较差、能源投入高、温室气体排放高的工业式农业更具生产力。在当前和未来，农业生态系统多样性相关传统知识可以持续为减缓气候变化作出贡献。

（二）传统知识与增加碳汇

森林被广泛认为是一个重要的碳汇，可以在大气中捕获和储存大量的二氧化碳，在减少温室气体排放和减少气候变化风险方面发挥着重要作用（Karjalainen et al. 1994；Stainback and Alavalapati 2002）。根据科学研究成果，全球一半以上的碳汇来自140年以下的"年轻"森林，尤其是在中高纬度地区，因此增加碳汇通常涉及保护森林和鼓励植树造林的林业方案（Adesina et al. 1999）。基于森林在应对气候变化中的重要作用，《京都议定书》允许各国将森林中封存的碳纳入本国的排放要求。传统民族社会已经认识到森林的重要性，他们在居住的区域自发建立了很多"神圣森林"和公共森林保护区。这些管理良好的森林不仅为当地社会提供食物和木材资源，还可以充当碳汇。传统民族社会拥有与森林生态系统多样性相关的传统知识，包括技术、信仰和文化。这些技术、信仰和文化保护了原始森林，并且成为维护森林生态系统和植树造林的基础。在这一背景下，森林生态系统多样性相关传统知识有助于减少温室气体排放，并可为增加碳汇提供重要的解决办法。

此外，农业生态系统多样性相关传统知识，包括轮作农业等休耕耕作制度和方式，也促进了"年轻"森林的生长，特别是休耕期间生长的新森林，在碳吸收和储存方面可以发挥更大的作用。混农林业是另一种在碳吸收方面非常有效的做法，其传统技术导致土壤中的有机质含量增加，从而提高农业生产力，减少对森林的压力。因此，农业生态系统多样性相关传统知识可以通过增加生物量和土壤有机质中碳的固存，来帮助实现减缓气候变化的目标。

三、"双碳"背景下果念村与气候变化相关的传统知识

果念村位于云南省德钦县云岭乡。果念，藏语意为山梁低洼之地，整个村委会位于"三江并流"世界自然遗产的核心区，下辖日仔、果念、巨达、佳碧、九农顶、努松、八里达、斯永贡等8个自然村，分布在澜沧江两岸，海拔2200至3000米之间，其中5个自然村在江东岸，3个自然村在江西岸。果念村有215户人家共计1146人，全部为藏族。

在"双碳"背景下，本文从物候、节气和生计三个领域出发，对果念村藏族村民应对气候变化，特别是碳达峰碳中和相关的传统知识进行调查，把这一传统知识体系划分为四个部分：物候传统知识、节气传统知识、农业生计传统知识和畜牧业生计传统知识。

（一）物候传统知识

由于当地藏族村民的日常生活与自然环境密切相关，因此气候变化对自然环境产生的影响也最容易被当地人所观察和发现。经过笔者的整理和分析，反映气候变迁的物候传统知识包括对冰川、雪崩、高山湖泊、河流、植物和动物等物候现象长期观察而形成的传统知识。

1. 冰川

果念村委会的8个自然村都坐落在澜沧江大峡谷两岸的梅里雪山和白马雪山山下，这两列雪山都分布着大小不一的积雪冰川。对当地村民，特别是60岁以上年长的村民的调查显示，大部分的村民都认为近50年来冰川在变薄、冰舌在消失和后缩，村民上述的观点通过对比20世纪20年代美国探险家洛克在当地冰川拍摄的照片和今天在同一地点拍摄的照片得到了印证。

2. 雪崩

在果念村所处的梅里雪山和白马雪山的积雪覆盖地区，雪崩这一自然现象并不少见。但根据对受访村民，特别是经常在高山牧场放牧的牧民的调查，过去雪崩往往发生在7月至8月天气最热的夏季，但最近几年来，雪崩发生较为频繁，而且发生的季节已不像原来那样固定，其他月份也会发生大规模雪崩，而且往往夹杂着黑色的巨石滚落在高山草甸牧场上。由于雪崩增多，雪山裸露的面积也逐年增大，当地藏民对这一现象有生动形象的描述："过去我们的雪山是穿着节日盛装，现在天气变热了，雪山也开始穿得少了。"

3. 高山湖泊

果念村所处的梅里雪山和白马雪山山顶分布着大小不一、星罗棋布的高山湖泊。对当地村民，特别是经常到高山牧场放牧的牧民调查显示，大部分的村民都认为近30年来这些高山湖泊面积在缩小、水位在降低。如八里达村所处的神女峰下的高山湖泊，据当地村民说20年前湖面面积有两个篮球场大，今天已经萎缩得不到一个篮球场的大小，只有在雨水最充足的雨季，面积才能部分恢复。

4. 河流

由于积雪和冰川的融化，形成了很多河流，这些河流流经一个或者几个村子，无论是日常饮用水，还是农田灌溉或者畜牧业，当地村民都离不开这些河流，可以说河流是当地藏族村民赖以生存的生命源泉。

近几年来，无论是在高山牧场区域，还是在村落农田区域，由于积雪和冰川的变化，引起了河流的水流量出现不稳定和反常现象。八里达村的牧民金安在接受调查的时候说："以前冰川下、牧场上的河流一般上午的时候河水清澈、水流量小，下午河水浑浊而且水流量增大，最近几年来这个现象变得更加明显，特别是下午河水流量剧增，今年我的几只牛就在过河的时候被突然涨起来的河水冲走了，现在牛群不敢像前几年那样蹚水渡河了。"果念村的农民鲁茸斯那说："以前冬季的时候河水不会枯，夏季的时候河水也不会暴涨，最近十多年不一样了，冬天的时候水特别少，要上下村协调安排灌溉农田的用水，而且一般浇完地，河里就没有水了，断流时间一年比一年长，十年前是十多天，现在达到二十多天了。夏天的时候又有洪涝灾害,有时还带来了泥石流灾害,我们村的房子和田都被冲毁过。"

5. 植物和动物的分布变化

在干热河谷地区,由于最近十年来的持续干旱天气,这一地带的主要植被灌木丛明显变得个体矮小和稀疏,覆盖率明显降低,而一些可结果类的植物,果实产量也明显下降,同时由于气温骤冷骤热的反常变化,树木开花发芽和结果的时间也发生异常变化。例如,根据果念村的村民玛旺吉反映,按照正常情况,在海拔低的村落,桃花开花的时间应该比海拔高的村落早,但近年来由于气温升高,一些高海拔村落的桃花比低海拔村落的桃花还要提前开花。

在中海拔地区的侧柏树林分布地区,十年前树叶完全是绿色,现在红褐色的树叶逐渐增多。在高海拔地区,高山牧场逐渐退化和萎缩,树木的分布线不断上移,森林逐渐向牧场扩张。原来生活在河谷区的野生动物如岩羊、土拨鼠、壁虎等,逐渐向海拔较高地区迁徙,另外,因为气温不断上升,为一些外来生物的入侵和繁殖提供了温床。如一种藏语叫"真兴巴斯"的蚊子,意思为"水稻田里的蚊子",这种蚊子原来生活在德钦县南边维西县海拔较低的产稻区,最近五年已经在包括果念村在内的德钦县高海拔地区出现和繁殖,数量日益增多。

(二)节气传统知识

节气传统知识包括气温升高、气候灾害、雪期和雨季四个方面的传统知识。

1. 气温升高

气候变暖是气候变化中的一个重要现象,大部分受调查的村民都认为现在的气温比以前高了,他们也把前面谈到的自然环境系统变迁的原因归结于气温升高。

2. 气候灾害

气候灾害也是气候变化的一个重要现象,同样大部分受调查的村民都认为与十年前相比,现在的气候突变现象更为激烈和异常,由此引起的自然灾害,如雪灾、暴雨、旱灾、泥石流等,也更加频繁。

3. 雪季

藏族被称为雪域高原民族，雪为藏族文化标志和符号的一部分，白色的雪意味着圣洁，藏族对终年积雪的雪山有着极深的感情，很多雪山都被视为护佑藏族的神山。

根据对村民的访谈，最近十年的雪季变化主要包括降雪时间的推迟、雪线上升、积雪时间缩短和融雪时间提前等现象。第一，降雪时间由原来的公历10月底推迟到现在的12月底至第二年的2月，甚至会出现不下雪的情况，近年来的初春，竟然完全没有降雪；第二，雪线上升，原来降雪后的积雪地带一般在海拔2500米左右，现在这一地带已经很难出现积雪，雪线上升至海拔3000米左右；第三，积雪时间的缩短，原来积雪时间从10月份持续到第二年的3月，有将近半年的时间，现在一般只会持续两个月；第四，融雪时间的提前，原来融雪的时间在4月，现在3月份就基本融化了。

4. 雨季

根据对村民的访谈，最近十年的雨季变化主要包括雨季开始时间推迟、雨季持续时间缩短、雨季结束时间提前、雨季结束后旱季间断降雨次数减少等四个主要现象。第一，雨季开始时间由原来的公历5月底推迟到6月底；第二，雨季持续时间缩短，由原来的三个月缩短到现在的两个月；其三，雨季结束时间提前，原来雨季结束时间在8月底和9月初，现在8月初就结束了；其四，雨季结束后旱季间断降雨次数减少，原来在雨季结束后的干旱季节里，每一个月都会有一次间断性降雨，而现在的干旱季节则出现几个月连续干旱、滴雨不降的现象。

（三）农业生计传统知识

由于当地藏族村民的传统农业生计方式与气候密切相关，因此气候变化对农业生计活动的影响最容易被当地人所观察和发现。农业生计系统主要包括农事历和农作物生长周期、农作物病虫害、农作物的产量和质量及其生长环境。

1. 农事历和农作物生长周期

经过笔者对最近20年农事历变化的统计，发现农作物播种和收割的时间较之以往有明显提前,整个农事历发生了变化,同时由于气候变热,使得当地农作物的生长速度加快、生长周期明显缩短。

据村民的观察,目前玉米和小麦的播种和收割时间都比20年前提前了20天左右。果念村村民鲁茸斯那说,当地以前有谚语"正月的麦苗淹没一只鸡",意思是正月里麦苗生长的高度刚好到一只鸡的高度,而最近几年正月里麦苗生长的高度足够可以"淹没两只鸡"了。又例如,春节时开展的射箭比赛,以往由于麦苗刚抽芽,因此麦田可以被践踏而作为射箭比赛的场地,而最近几年春节射箭比赛时,麦苗已经抽出了三四个节,绝对不可能再被踩踏了,射箭比赛也不再可能在麦田里举行了。其他村民观察到的现象还有,本地土生的果树品种,其发芽和成熟期也比20年前提前了15天左右。对于生长在中、低海拔的柳树,以往在春节时才刚刚长出叶芽,而最近几年春节时柳树的柳叶已经成形。以上现象可以证明,由于气候变暖和气温上升,农作物等的生长周期的确加快和缩短了,农事历也发生了相应的变化。

2. 农作物病虫害

当地最常见的农作物疾病是"麦锈病"(藏语叫"萨尼")和"麦穗无籽病"(藏语叫"格纳"),最近三年来,这两种病害发生越来越频繁、危害程度也越来越严重、受灾面积也越来越大。近年来,果念村委会的8个自然村都会遭受"麦锈病"灾,大部分受灾村民颗粒无收。对于农作物疾病最近几年的频发,村民通过他们的观察和实践认为,未按传统农事历而提前播种的田地最容易感染病害。

最近几年危害当地农作物生长的主要新型害虫藏语叫"丝么"。和传统害虫相比,这种害虫对农作物特别是小麦的破坏性更为严重。这种害虫隐藏在地下,在农历十一月份(公历12月)麦苗长至二三寸的时候,便大量出现并啃食麦苗根茎而导致麦苗死亡。针对这种害虫的出现和危害,村民认为主要有两个原因:第一是当地气候变热,导致这种害虫从热的地方迁徙过来;第二是降雨和降雪减少,干旱期延长,使这种害虫免受冻死。

3. 农作物的产量、质量及生长环境

经过村民在日常生活中的观察,他们认为农作物的产量、质量均比十年以前降低了。例如,小麦、玉米等粮食作物的颗粒饱满程度和营养成分

就不如以前，生长环境也发生了明显的改变。

造成上述情况的原因，当地村民认为主要是雨水的影响。雨水对农作物的生长有着关键性的作用，不同季节的雨水，其灌溉的效果不一样，而且雨水和河水的灌溉效果也明显不同。例如，农历六月份的雨水对作物的生长是最有营养和功效的，能很好地促进庄稼的生长发育。农历八月份开始的雨水对作物的成熟有着重要的影响，藏语把这一节气的降雨称为"成熟之雨"，意思是经过这一时期雨水的浇灌，农作物和其他植物都开始进入成熟阶段。村民认为这两个时期农作物的灌溉一定要靠雨水，而不能用河水替代。但最近几年来由于长期干旱，造成雨水减少甚至没有降雨，浇灌不得不用河水来代替，村民认为这是造成农作物的产量和质量下降的主要原因。

根据村民的观察，农作物的生长环境也因为气候的原因而发生着变化。例如，一些原来只能在低海拔温度较高的地区种植的作物现在也可以在高海拔地区生长了。八里达村民扎西告之，辣椒原来只在中、低海拔村落的农田里生长，而现在像八里达这样的高海拔村落也能种辣椒了。

（四）畜牧业生计传统知识

当地藏族村民的传统畜牧业生计方式同样与气候密切相关，因此气候变化对畜牧业生计活动的影响也最容易被当地人所观察和发现。畜牧业生计系统主要包括牧事历和牲畜迁徙周期、牲畜疾病、牧场和牲畜变化。

1. 牧事历和放牧迁徙周期

经过笔者对最近20年牧事历变化的统计，发现放牧迁徙的时间较之以往有所提前，整个牧事历发生了变化。

当地牧场分为夏季高山牧场、冬季河谷牧场和春秋过渡牧场三种，牲畜主要在夏季和冬季牧场之间迁徙。据牧民的观察，现在向夏季高山牧场迁徙的时间比20年前提前了10天左右，也就是从3月底提前到了3月中旬，而向冬季河谷牧场迁徙的时间也从原来的9月初提前到了8月中下旬。这主要有三个原因：第一，由于气候变热，使得牧场上的牧草提前成熟和枯黄，所以牲畜必须提前迁徙；第二，冬季牧场的气温提前升高，因此必须把牦牛和犏牛等喜居寒冷环境的牲畜尽快赶到夏季高山牧场，避免牲畜疾病；第三，由于当地农业和畜牧业存在着紧密的联系，农事历的提前也在很大程度上影响着牧事历,例如,八月份收割完玉米后,残留着玉米秆的农田就变成了冬季牧场的一部分,牲畜便进入田地里。现在玉米的收割时间提前,也使得牲畜必须提前离开夏季高山牧场而迁徙回冬季牧场。

2.牲畜疾病

根据当地牧民的观察,传统的牲畜疾病主要是由寄生虫和吸血虫引起的,最近两年来则出现了口蹄疫等新型疾病。

以前牲畜只有在夏季才会染上由寄生虫和吸血虫引发的疾病,但现在冬季也会得病,牧民们认为这是由于冬天不冷,寄生虫和吸血虫仍然活跃所致。至于像口蹄疫这样的新型疾病,牧民们认为以前由于气候寒冷所以外界的疾病进不来,就算进入,也会被冻死,传染不了本地牲畜,现在天气变热了,各种怪病也就随之而来了。

3.牧场和牲畜变化

和农作物一样,牧场上牧草的生长周期也在加快和缩短,并影响到牧草的个体长势。例如,八里达和斯永贡两村的牧民都发现,牧草比十年前提前枯黄,牧草的长势也不如以前茂盛,尤其在冬季牧场,情况更加明显。这样带来的影响有两个方面:第一是如前所述,改变了放牧迁徙周期;第二是牲畜的养殖受到了影响,出现了牛的膘肥度降低、个体体形变小、奶制品产量降低等现象。

此外由于气温升高、生活环境的变化,放牧牦牛的冬季牧场的海拔高度提高了,低海拔村落周围的牧场不再放牧牦牛,所以牦牛养殖的数量减少了,而比较耐热的犏牛和黄牛的数量却有所增加。

四、果念村基于传统知识实现"双碳"目标的实践

基于传统知识,果念村村民们开展了基于传统知识实现"双碳"目标的基层实践行动,包括建设"缅茨姆气候行动碳中和林"、成立"生态文明建设乡村实践实验室"两个方面。

(一)建设"缅茨姆气候行动碳中和林"

果念村位于梅里雪山太子十三峰的缅茨姆山峰脚下,缅茨姆在当地藏

语中意为神女峰,这座雪山海拔 6000 多米,终年积雪,是喜马拉雅—横断山脉的一部分。雪山的外形挺拔俊秀,银装素裹,就像一位天上的女神,因此在当地的信仰中,这座雪山成了女神,保佑当地的村民,特别是女性村民。在传说中,神山还掌管着当地的气候,在传统信仰中,当神山高兴的时候,气候就会很好,而当神山生气的时候,天气就会变坏,并且会伴随着自然灾害。所以,当地村民用缅茨姆神女峰来做"碳中和林"的名称,以显示出当地女性村民有着应对气候变化的精神力量,以及这种精神力量背后的传统知识。

在"缅茨姆气候行动碳中和林"的建设过程中,村民们制定了封山育林的村规民约,禁止砍伐树木和破坏森林植被的活动。同时,村民们调查和研究当地的传统生态知识和森林文化,利用传统知识对森林生态系统进行维护等。

首先,"缅茨姆气候行动碳中和林"的建设基于传统生态知识和神山森林文化,保护现存的森林生态系统。基于传统生态文化,村民们制定了封山育林的村规民约,禁止砍伐树木和破坏森林植被的活动。同时,村民们调查和研究传统生态文化,确定封山育林的森林、树种、海拔和山坡位置。在确定了具体的位置之后,村民们从高海拔区域开始对森林和树木进行维护,维护树木中运用到了当地村民保护森林的传统知识:砍掉旁枝杂干,才能保证主干有充分的水分和养分,从而在高海拔地区有利于树木和整个森林的生长。

其次,村民们选择了当地的香柏树树苗,在陡坡和荒地植树造林,以在局部减缓气温升高和干旱带来的威胁,降低极端天气现象引起的滑坡、泥石流灾害风险。村民们在海拔 2200 至 2500 米之间建设 6 块、总体建设面积为 120 亩的"缅茨姆气候行动碳中和林",并种植 3 种有市场价值的经济林木。

森林被广泛认为是重要的碳汇,可以捕获和储存大气中的大量二氧化碳,是最佳的碳捕获与碳封存载体,对减缓温室气体排放、缓解气候变化风险能够发挥重要作用。当地村民开展的"缅茨姆气候行动碳中和林"建设,虽然是基层民间的行为,但也为我国实现"双碳"目标贡献了自己的力量。

（二）成立"生态文明建设乡村实践实验室"

在当地村落中，存在着一种历史悠久的传统组织，名叫"姐妹会"。"姐妹会"是当地每个村子中的藏族女性村民自发成立的群体性组织，主要负责组织节日和宗教的集体活动，如歌舞表演、聚餐、神山转经和拜佛等，村里的所有女性都是"姐妹会"的成员，但实际参加活动的一般是12岁以上至65岁以下的女性。"姐妹会"实行集体管理，每年春节时选举6户人家的6名女性作为当年"姐妹会"的负责人，直至第二年再重新选举更换。近年来，随着气候变化及其灾害影响的日益严重，"姐妹会"也开始自发组织女性开展集体应对。例如，在气候灾害中相互帮助、灾后共同救灾和公平分配水资源、治理滑坡、修建蓄水池和水渠、安装水管、保护森林和恢复植被等。这些行动客观上使得"姐妹会"由一个传统组织自发转变成为一个乡村生态文明建设的组织，也说明女性在应对气候变化和保护生物多样性方面是可以有所作为的。因此，村民们在"姐妹会"的基础上成立"生态文明乡村建设实验室"。

"生态文明乡村建设实验室"由掌握传统生计知识的乡土专家和村民组成，主要活动是收集与气候相关的传统知识，同时对传统作物品种种子和藏医药材植物种子进行采集和整理，并通过举办村民野外和田间调查，把这些知识和种子在村民之间传播和交流。"生态文明乡村建设实验室"也组织针对村民的气候变化培训会议，培训会让村民们了解到气候变化带给传统生计的威胁和挑战，也让村民们理解气候变化与传统文化的关系。

"生态文明乡村建设实验室"向愿意进行生计创新的26户藏族农户提供了温室大棚，并开展了应对气候变化的实践行动。

首先是减缓当地气候变化的程度及其危害，进行基于传统知识的小气候环境维护和气候灾害的防治。维护当地村落的小气候要从当地植被的恢复着手。果念村周围的山脉，曾经森林茂密，20世纪70—90年代以木材经济为支柱产业的时候，森林被大量砍伐，青山变成了荒山。同时当地藏族有神山信仰的传统，相较于普通山脉，寺院神山的生态系统保护更为完好，植被也更丰富。因此为了恢复植被，"生态文明乡村建设实验室"一方面对村落中的老人和乡土专家进行访谈，根据其记忆和意见来采集、培育传统树种树苗，一方面对寺院提供的神山进行调查，整理和收集在不同海拔高度及其阴坡和阳坡生长的树种及其树苗，上述两项工作完成后，共统计出22种树种的树苗，这些树苗由"生态文明乡村建设实验室"在荒山进行保护性种植以恢复植被。为了保护这些种植的树苗，"生态文明乡村建设实验室"根据传统习惯法，禁止破坏和砍伐山上的树木。在村落附近，藏族有种植核桃树的传统，"生态文明乡村建设实验室"除了维护好村落中数十年甚至百年的核桃老树外，也在田间地头增加了核桃树的种植。为了防止牲畜啃食等不利情况的发生，保证树木成活，"生态文明乡村建设实验室"和村民共同制定了村规民约进行严格的管理。当地气候灾害的防治要针对泥石流、洪涝和旱灾等当地主要的自然灾害，如前所述，近年来由于气候变暖，每年雨季自然灾害更加频繁、严重，恢复植被无疑是防灾的重要措施。此外，"生态文明乡村建设实验室"还对流经村落的河流进行了彻底的勘察，确定了容易发生洪水溃堤的河段，然后用巨石和水泥加固河岸，有效防止了洪水对农田的威胁。在旱季则大力修建蓄水窖和水渠，并制定农田灌溉用水的村规民约，以防止出现水荒。传统的修水渠修建于地面，容易决堤塌方，现在改变方式，在地下埋设水管引水，收到很好的效果。

其次是适当调整传统生计以适应变化的气候，策略是传统生计方式的改变和传统知识的创新。除了在传统生计方面，农事历和牧事历以及种养殖品种的发生改变外，"生态文明乡村建设实验室"也开始协助村民进行基于传统知识的创新实践。乡土专家对藏医药材植物进行野外采集和调查，按照不同的季节、不同海拔高度和山体阴阳坡面来进行，春、夏、秋各进行一次：春季调查集中在海拔2500米以下的河谷地区，夏季调查在海拔2500—3500米的森林地区，秋季调查在海拔3500—4500米的高山草甸和流石滩地区。经过为期一年的调查，收集整理了146种药材植物资源，其中低海拔河谷地区48种、中海拔森林地区57种、高海拔高山草甸和流石滩地区41种。在20亩山地上也开始了23种藏医药药材的保护性种植，并取得了初步成功。此外，"生态文明乡村建设实验室"还支持当地乡土专家建立了兽医诊所，邀请专业兽医就新型牲畜疾病的治疗对乡土专家进行培训，并支持兽医药材的种植。田间学校支持妇女把一些原来在低海拔和较温暖地方生长的作物（如水果、蔬菜等）引种到菜地的温室大棚里开展庭院经济作物种植。针对部分村子因为气候的变暖而开展冬季旅游，田间学校对村民进行了生态旅游和向导的培训。上述这些适应举措，拓展了生计的时空，丰富了生计的内容。

生态文明是人民群众共同参与、共同建设、共同享有的事业，生态文明建设同每个人息息相关，每个人都是生态环境的保护者、建设者、受益者。因此，生态文明需要理论研究的引领、宏观工程的建设，在中国广大农村还需要在基层乡村层面的实践和行动。生态文明乡村建设实践实验室探索利用当地传统生态知识进行实现"双碳"目标、应对气候变化和保护生物多样性的实践和行动。

五、结 论

贯彻新发展理念，实现"双碳"目标是云南面临的重要责任和任务，云南要坚决打好实现碳达峰、碳中和这场硬仗，为我国实现"双碳"目标作出贡献。一方面，云南要大力开发清洁能源的利用，如太阳光伏光热风电水电；要减少化石能源使用，如散煤的使用；要保护好生态，做好生态系统（森林）碳汇。另一方面，云南要发挥优势，广泛开展植树造林活动，这是云南省实现碳中和之路的重要手段，也可以为我国实现"双碳"目标做出重要贡献。

中国最新最主要的碳汇区集中在以云南为代表的中国西南部等省区，这里也是中国乃至世界生物多样性最为丰富的地区，所形成的陆地生物圈被认为是中国迄今为止最大的单次碳吸收区。同时，这里也是文化多样性最为丰富的地区，当地各民族有着与碳达峰碳中和相关的传统知识、信仰和文化，这些知识、信仰与文化保护了包括森林在内的自然环境，并成为民间自发进行植树造林等生态系统恢复行动的精神和文化基础，这些基层民间的生态恢复和减排行动，也为支持国家的减排承诺和实现"双碳"目标做出了重要贡献。对云南而言，在传统知识基础上、在科学指导下开展的生态系统维护、恢复与发展是实现"双碳"目标的最佳途径和重要手段之一。

围场满族蒙古族自治县生态文明建设成效、问题与对策研究

李新柳　内蒙古工业大学

摘　要：生态兴就是文明兴，生态衰就是文明衰，生态文明建设是指以保护环境为核心，促进经济社会可持续发展。围场满族蒙古族自治县（以下简称围场县）是位于河北省的民族自治县，近年来围场县贯彻绿水青山就是金山银山的发展理念，生态文明建设取得显著成果，制度建设不断加强，塞罕坝机械林场建立与发展，绿色生态产业发展，但在发展过程中制度建设还需进一步完善，林场运转技术和管理模式亟待更新、民众生态保护意识薄弱等问题依旧存在，本文针对围场县生态文明建设中的问题提出加强制度建设、大力弘扬塞罕坝精神，树立典型示范的引领作用、转变林场运转技术，加强林场生态保护以及增强社会成员的生态保护意识等一系列生态文明建设的对策，以期为围场县及其他民族地区的生态文明建设作出贡献，为民族地区生态文明的建设提供参考。

关键词：民族地区；围场；生态文明建设

党的十八大将生态文明建设纳入"五位一体"总体布局；党的十九大把坚持人与自然和谐共生作为新时代坚持和发展中国特色社会主义的基本方略之一；党的二十大进一步提出新时代新征程的使命任务包括"推动绿色发展，促进人与自然和谐共生"。① 近年来，党中央采取一系列举措加快美丽

---

① 习近平．高举中国特色社会主义伟大旗帜 为全面建设社会主义现代化国家而团结奋斗［EB/OL］．人民论坛网，中共中央文献研究室，2017-10-16．

中国的建设步伐，提出了"绿水青山就是金山银山""山水林田湖草是一个生命共同体"等一系列原创性论断，全方位推进生态文明建设。近年来，承德市围场县不断推进生态文明建设并取得一系列显著成果。本文对围场县生态文明建设的现状与成效、目前仍存在的问题进行深入分析，结合实践提出推动围场县生态文明建设的现实路径，以期为围场县与其他民族地区的生态文明建设贡献一份力量。

一、围场县生态文明建设的实践成效

针对围场县生态环境极其恶化、穷山恶水以及土地荒漠化和频繁的自然灾害等一系列状况，从20世纪五六十年代开始，该县就展开以造林、退耕还林、修建梯田等为主的生态治理，至20世纪末，该县生态治理取得初步成效。21世纪以来，特别是党的十八大以来，围场县大力开展生态文明建设，将生态治理推向新高度，依托京津冀水源涵养功能区建设、京津风沙源治理、北方防沙带生态修复、小滦河流域生态恢复、山水林田湖生态保护修复、国家重点生态功能区建设等重点项目，加强生态文明建设。截至2022年底，健全林长制体系，统筹山水林田湖草沙系统修复，完成小流域治理72平方千米，营造林10.16万亩，退化草地治理4.5万亩，森林覆盖率达60.25%，累计治理水土流失面积占该县水土流失总面积的63%，生态文明建设取得显著成效。

（一）制度建设不断加强，生态治理成效显著

制度建设是政策执行的有力保障，围场县始终坚持党的领导，制度建设不断健全。围场县历届领导班子始终把改善生态环境、治理水土流失作为重中之重，做好一系列统筹规划并制定相应的政策，落实责任，制度建设不断加强。该县先后出台多项规范性制度文件。2019年围场县编制完成《围场满族蒙古族自治县水土保持规划（2020—2030年）》，规划中深入分析了该县水土流失的现状及对生态的威胁，制定了2020—2025年和2025—2030年水土流失治理的近期目标和远期目标，对水土保持进行分区防治，根据分区制定针对性措施及规划，对围场县生态治理具有重要指导意义。

在确保制度建设的同时，坚持"山水林田湖草沙是一个生命共同体"的理念，全面建设森林、水域、廊道、草原、农田一体的生态系统，打造"一带、两域、三线"的生态建设格局，经过党和人民的努力，水土保持工作取得显著成果，生态治理工作见实效。截至2022年底，全县累计治理水土流失面积4420平方千米，占围场县水土流失总面积的63%。[①] 全力打造良性生态局面，空气质量的优良天数在300d以上，全年PM2.5平均浓度18微克每立方米，大气综合指数2.7，优良天数342天，各项指标全市排名首位。深化农村人居环境整治，静脉产业园垃圾焚烧发电项目建成投产，新建户厕2000座、公厕50座，打造省级美丽乡村16个，村庄绿化率由38.1%提升至45.6%，人居环境明显得到改善。2018年被誉为"中国天然氧吧"，2021年该县被命名为"绿水青山就是金山银山"实践创新基地，2022年被授予"国家水土保持示范县"。

（二）塞罕坝机械林场的建设取得质的飞跃

塞罕坝位于河北省承德市围场县，曾经森林茂密、水草丰沛，但在1949年以前已经退化成一片荒地，而如今的塞罕坝拥有林场面积112万亩，森林覆盖率达到80%。从荒原到百万林场，这是塞罕坝生态发展的真实写照。

1962年塞罕坝林场正式组建，第一代塞罕坝人来到塞北高原，在恶劣的条件下，坚持不懈地进行着造林工作，一代接着一代干。1993年塞罕坝国家森林公园成立，2002年在森林公园的基础上建立了塞罕坝自然保护区，遵循着"山水林田湖草沙"是一个生命共同体的理念，使塞罕坝生态要素向系统化的方向发展，塞罕坝森林和湿地每年涵养水源2.84亿立方米，年释放氧气59.84万吨，年固定二氧化碳86.03万吨，成为全国"生态文明建设范例"。在党和国家领导下，经过塞罕坝三代人的艰苦奋斗，创造了从一棵到百万亩、从荒原变林海的绿色奇迹，铸就了牢记使命、艰苦创业、绿色发展的塞罕坝精神，实现人与自然的和谐发展。

---

① 张建国. 中国天然氧吧：河北省围场县水土保持工作见实效[J]. 中国水土保持，2023（06）：2.

（三）发展生态产业，逐步实现产业发展绿色转型

生态产业是生态文明建设不可分割的一部分，在"双碳"目标的指引下，围场县不断走出一条变"绿水青山"为"金山银山"的绿色发展之路，全面贯彻落实习近平总书记作出的"构建多元发展、多极支撑的现代产业新体系"的重要指示，全县"1+2"主导产业增加值占 GDP 比重达到 59.5%，三次产业结构比优化为 38.6∶25.6∶35.8。立足国家"双碳"目标，大力实施"3+3"绿色主导产业，不断推进"生态产业化""产业生态化"，大力推广"一林生四财"的模式，依托生态文明创新发展绿色产业，奏响"绿色发展"主旋律。

首先，围场县生态环境得到显著改善，人民的生活环境、气候得到明显改善，农业基础设施提升，当地人民的幸福生活指数不断提高，为调整种植业的结构提供了良好的条件，使农业不断发展、效益不断提升，并积极探索"基地＋农户＋合作社＋龙头企业"的产业发展模式，促进了农村经济的发展。其次，围场县还积极推进林木种苗产业发展，不断助推乡村振兴。截至 2022 年底，围场县苗木产业基地总面积 12.2 万亩，存量苗木 6.3 亿株，销售苗木共 9000 余万株，苗木产业产生的效益大幅度提升，全县苗木产业国企 1 个，私企 487 个，个体苗圃 567 个，拉动了近一万人的就业，形成企业＋合作社＋农户、国企＋民营＋个体协同发展的多元化产业格局。[①]最后，依托塞罕坝森林公园和自然保护区、"国家一号风景大道"等发展特色旅游，建立锦绣海棠绿色产业体系示范基地以及文化旅游产业发展平台，文化旅游产业提质增效，好时光小镇、满族格格府建成运营，塞罕坝沉浸式体验馆成为新晋旅游打卡地，旅游接待人数、综合收入分别达到 238 万人次、17 亿元，呈现出绿色转型发展新格局。

二、围场县生态文明建设存在的问题

围场县生态文明建设在取得成效的同时，不可避免地还存在一些历史

---

① 王永文.围场满族蒙古族自治县推进林木种苗产业发展 助力乡村振兴[J].河北林业，2023（02）：19.

与现实的阻碍有待解决。

（一）监管机制不健全，制度建设有待加强

近年来，围场县制度建设不断加强，实际工作也取得显著成效，但仍存在一些问题。首先，制度建设存在碎片化、分散化的现象，执行力有待加强。虽然围场县制定了一系列统筹规划并制定相应的政策，但在实际运行过程中还面临着诸多困境，在制度安排上环境保护、生产监管、污染防治、环境综合治理等未能共同发力，地方层面制度体系的贯彻和执行也未能充分发挥合力作用。其次，监管机制有待加强。体制机制的落地实施不能离开监管机制，目前围场县在建立资源环境承载能力监测预警机制、对领导干部实行自然资源资产离任审计、建立生态环境损害责任终身追究制等方面还有所欠缺。最后，生态治理中现代技术的应用。长期以来，围场县不断践行绿色发展理念，但是经济相对落后导致科技和现代人才运用不足，存在着创新能力不强、专业人才相对短缺、绿色发展缺乏推动力等问题。相对落后的基础设施建设，使生产生活污染物处理还存在困难，尚未建立完善的污水、垃圾处理系统。当地生态产业主要是旅游业、苗木产业以及种植业，生态产业发展中对于现代信息技术的应用不够，工作人员对于现代信息技术缺乏了解，生态产业发展缺乏创新。

因此，如何使基层单位在制度建设中实现最大化合力、对工作人员创新意识的培养、技术人才的引进、现代技术在生态治理中的运用，是未来生态治理现代化和绿色发展的重中之重。

（二）林场运转技术水平有待提高，生态保护问题凸显

塞罕坝机械林场占地面积大，传统的林场运转技术无法满足林场需求限制了林场的发展。随着塞罕坝林场规模不断扩大，而现有的管理机制和技术体系很难满足林场需求，导致部分林木资源问题日渐显现，林场高技术人才以及信息技术手段的引进相对缺乏，林场的技术人员缺乏创新意识，使围场县百万亩林场的管理理念与现代化管理系统脱节。

虽然围场县人工造林与水土保持工作成效显著，但目前林场还存在着一些生态保护问题有待解决。首先，林场的防火工作有待加强，存在着火

灾隐患。林场的火灾监测预警系统还不够完善，扑火装备数量尚未达到森林防火要求，由于林场规模较大，防火灭火工作需要多个部门合作完成，当前的防火灭火机制尚不完善。其次，林场资源利用过度，遭到破坏。塞罕坝森林公园、自然保护区是著名景区，旅游业的发展导致林场过度开发，其游客承载量远远超过其最大限度，加之游客的一些不文明行为，使林场的林木资源和生态环境遭到破坏。最后，水污染有待解决。大量游客的到来以及林场周边居民的生活废水以及工厂工业废水的增多，使水资源污染问题日益凸显。

（三）大众的生态保护意识和生态治理参与感薄弱

马克思主义强调人民群众是物质财富与精神财富的创造者，无论是乡村振兴还是生态治理，都离不开人民群众，公众的社会参与是开展生态治理的前提。围场县民众的生态意识和生态理念在社会快速发展的冲击下日益淡漠，传统的生产、生活、消费方式与新时代绿色发展理念相悖，县域民众的受教育水平不高导致其生态治理意识、保护意识和参与意识薄弱，围场县民众的生态意识缺乏，应该作为治理主体的人民群众由于种种原因成为生态治理的局外人。同时，民众对环境的破坏行为仍旧存在，生活废水、生活垃圾处理不当造成的环境污染，围场县作为农业大县，农药化肥的使用造成的土壤污染等使生态环境遭到破坏。因此，有效提高县域民众的生态意识，进行生态文明宣传教育，促使民众主动参与生态文明建设变得日益紧迫。

三、推进围场县生态文明建设的对策

（一）加强制度建设，加快绿色发展步伐

习近平总书记强调："保护生态环境必须依靠制度、依靠法治"[①]。当前，围场县生态文明制度建设还存在问题，要加强生态文明制度建设，改革违

---

① 黄爱宝.十八大以来党强化生态文明制度执行力的重大举措和基本经验[J].东南大学学报（哲学社会科学版），2022，24（05）：5-14+146+149.

背当前发展理念与发展方式的相关制度，完善制度体系。在进行生态文明制度建设时，要重视其与经济制度建设、政治制度建设、文化制度建设、社会制度建设相结合，推动生态文明制度建设。制度建设不仅包括相关制度规范的完善，还包括制度规范的运转与执行，把建章立制和令行禁止结合起来，完善生态立法，进一步完善与生态文明建设相关的政策法规，健全生态文明监管机制，建立生态文明建设目标评价考核制，建立科学合理的考核评价体系；同时落实环保督察制度，建立生态环境保护综合行政执法机制，为生态文明建设服务，加快绿色发展步伐。

在生态文明建设中坚持党的领导，在加强制度建设的同时不断推进围场县绿色高质量发展，实施"工业设计赋能、标准体系建设、品牌培育培树"三大工程，加强双碳产业园和塞罕零碳体验中心建设，加快实施30个"双碳"示范项目，全面摸清"森林固碳总量"和"草地湿地降碳"家底，实施零碳园区、零碳工厂、零碳校园等一批降碳固碳试点示范项目。全面推进绿色低碳转型，探索农村地热、绿电等多能互补清洁取暖示范试点，深化国有林场改革，推动滦河林场完成首次碳汇交易，依据自身特色做大做强特色产业和绿色产业，扎实推进围场县绿色高质量发展。

（二）大力弘扬塞罕坝精神，树立典型示范的引领作用

"要传承好塞罕坝精神，深刻理解和落实生态文明理念，再接再厉、二次创业，在实现第二个百年奋斗目标新征程上再建功立业。"这是习近平总书记考察承德时强调的。① 牢记使命、艰苦创业、绿色发展的塞罕坝精神孕育于三代塞罕坝人艰苦奋斗，创造了从荒漠到"绿色屏障"的生态修复奇迹，塞罕坝生态文明典型范例的推出，向世界诠释了"美丽中国"，为应对全球气候问题和绿色发展提供中国样本。

大力弘扬塞罕坝精神，使塞罕坝生态文明范例做好"排头兵"引领示范，奏好绿色发展的"主旋律"。在生态文明建设中秉持"咬定青山不放松"的精神，深入挖掘塞罕坝精神的丰富内涵，一步一个脚印推进生态文明建设迈

---

① 河北日报评论员.大力弘扬塞罕坝精神 扎实推进生态文明建设迈上新台阶[N].河北日报，2021-08-29（001）.

上新的台阶。坚持绿色发展，持续改善生态环境，统筹山水林田湖草沙系统治理，推进塞罕坝二次创业，以能源低碳发展作为关键，形成节约资源、保护环境的产业结构、生产方式、生活方式和空间格局，努力实现创新发展、绿色发展，稳妥推进碳达峰、碳中和。

（三）转变林场传统运转技术，为生态安全提供有力保障

随着塞罕坝林场规模的不断扩大，传统的林场运转技术无法满足林场需求限制了林场的发展。要推进围场县生态文明建设，就要转变林场运转技术，完成经济型林场向生态型林场的转变，提升绿色高质量发展的竞争力。

首先，更新林场工作人员理念，实现林场现代信息技术的应用。林场技术人员理念的先进与否直接关系林场的后续发展，因此要积极组织林场技术人员参与培训，接受先进的管理理念以及先进的技术手段，丰富技术人员知识体系，加快林场与信息化系统的融合发展。使用现代化技术手段推动林场的发展，提高部门工作效率。例如，大数据分析系统及户外传感系统的引进，利用其收集林场树木信息后导入大数据系统，利用数学建模模拟树木成长的趋势。其次，加强森林防火工作，完善防火检测系统和防火应急预案，引进无人机以及红外检测报警系统，及时收集信息及预警。完善防灭火体制机制，使各部门协作做好林场防火工作。再次，适度开发和合理利用林场资源，坚持绿色发展。例如适当控制游客数量，让林场游客承载量处于合理的区间内，做好杜绝不文明行为的宣传，确立完备的惩罚措施；同时林场科学制定合理开发利用资源，使林场资源合理利用，实现人与自然和谐共生。最后，有序建立污水处理厂，处理好居民的生活污水和工厂工业废水，加大水污染治理力度，坚定不移地走绿色可持续发展道路。

（四）增强社会成员的生态保护意识，构建繁荣的生态文化体系

社会成员的生态意识是推进生态文明建设的关键所在，需要全体社会成员树立"人与自然生命共同体"理念，动员全体社会成员参与到生态文明

建设中去。

首先，在全县创设有利于生态文明建设的氛围，使生态文明理念融入社会生活的方方面面，充分利用自媒体等平台的宣传作用，进行生态文明宣传教育，在学校、社区、单位等统筹推进生态文明宣传教育工程，倡导绿色低碳的生产方式、生活方式、消费方式。其次，加大教育投入，重视农民的培训，减少土壤污染，提高农民以及全体社会成员的环保意识，推动经济社会可持续发展，增强社会成员对于生态保护的自觉性。最后，运用多种渠道使公民参与到生态文明建设中。开展多样化的活动，调动居民参与生态治理、生态保护的积极性与主动性，例如植树节、环保日等系列活动，以创建"文明城市"等作为契机，建设城市绿地、湿地公园等，丰富生态文明载体，充分利用短视频平台以及公众号平台加以推广，使全社会达成广泛共识，使生态文明理念内化于心，外化于行，结合围场县实际让民众成为生态文明建设的主体，以"双碳"目标为愿景，为生态文明建设贡献力量。

四、结 语

党的二十大报告指出："推进生态优先、节约集约、绿色低碳发展。"① 近年来，围场县满族蒙古族自治县在生态文明建设上取得显著成就，新时代召唤新作为，良好的生态环境是最普惠的民生福祉，在生态文明建设中，每个人都是建设者和受益人。未来围场县要在取得的成就基础上巩固生态文明建设成果，大力弘扬塞罕坝精神，树立好塞罕坝这一生态文明典范，持续推进绿色发展，倡导绿色低碳的生产生活方式，助力实现"双碳"目标，坚定不移走生态优先、绿色发展之路，牢牢守住生态红线，协同推进降碳、减污、扩绿、增长，持续推动生产生活方式的低碳绿色转型，探索绿水青山就是金山银山的围场路径，在实现第二个百年奋斗目标的新征程上写下绿意盎然的围场新篇章。

---

① 习近平．高举中国特色社会主义伟大旗帜 为全面建设社会主义现代化国家而团结奋斗——在中国共产党第二十次全国代表大会上的报告［M］．北京：人民出版社，2022．

志愿服务何以赋能乡村振兴
——基于"西部计划"志愿者的社会化困境考察

王春林　1. 内蒙古工业大学人文学院
　　　　2. 内蒙古乡村建设研究中心

摘　要：近年来，志愿服务何以赋能乡村振兴问题受到广泛关注。2020年以来的"大学生志愿服务西部计划"项目实施方案明确提出加强"西部计划"志愿者参与乡村振兴的必要性。可通过田野调查情况来看，"西部计划"志愿者初入农村之际很容易出现难以适应农村生活、难以基于所学知识开展农村工作、难以长期坚持志愿服务等社会化困境，并影响到农业农村现代化效果提升、"西部计划"志愿者个人及群体发展向度、志愿文化建设质量等。因此，若要使志愿服务与乡村振兴契合在一起，不仅需要认真审视上述社会化困境的生成机制和多维影响，还需要进行路径探索，如整合高校、组织、个体、社群、文化、国家等主体的力量，引导"西部计划"志愿者顺利化入农村的基础上，主动围绕农业强农村美农民富砥砺奋进。

关键词："西部计划"志愿者；乡村振兴；志愿服务；社会化

一、引　言

党的二十大以来，如何在中国式现代化的引领下提升新时代志愿服务越发受到关注。青年是志愿服务的主体。回顾中国青年志愿者行动的风雨历程可以形成的认识是，社会现代化离不开青年志愿者的参与。有文章指出："中国式现代化的科学内涵和本质要求对中国青年志愿者事业的未来发展提出了新目标、提供了新指引。"

青年是祖国的未来和民族的希望，更是乡村振兴的主力军。近年来，引导青年志愿者自觉到农村、到祖国最需要的地方建功立业，使志愿服务更好嵌入新时代农村社会建设体系之中，已然成为解决农村"空心化""过疏化""人才紧缺"等现实问题的重要途径。其中，"西部计划"志愿者如何将所学知识同农村发展需要相结合，在检视所学知识有用性的同时，提升实践能力，更是吸引了社会各界的目光。据统计，自 2003 年"大学生志愿服务西部计划"（全文简称"西部计划"）项目实施以来，已经有超过 41 万名青年大学生"到西部去，到基层去，到祖国最需要的地方去"开展志愿服务，为西部地区的经济社会发展带来了无限的活力。与之相应的是，有关"西部计划"志愿者的政策和管理模式也在随之进行着调整，助力"西部计划"志愿者适应与融入社会。

从《2021—2022 年度大学生志愿服务西部计划实施方案》的内容来看，自 2021 年起，原方案中的"实施基础教育、服务三农、医疗卫生、基层青年工作、基层社会管理、服务新疆、服务西藏"7 个国家专项[①]转变为"实施乡村教育、服务乡村建设、健康乡村、基层青年工作、乡村社会治理、服务新疆、服务西藏"。总体来看，除了国家专项的总体数量以及"基层青年工作""服务新疆""服务西藏"3 个国家专项没有发生变化外，余下的 4 个国家专项已经彻底变为与新时代乡村建设及治理有关的项目类型。另需指出的是，《2022—2023 年度大学生志愿服务西部计划实施方案》《2023—2024 年度大学生志愿服务西部计划实施方案》中还明确提到："各省岗位结构须符合全国项目办有关要求。岗位类别须从乡村教育、服务乡村建设、健康乡村、基层青年工作、乡村社会治理等专项中选择。其中，乡镇及以下服务岗位数须在 90% 以上。乡村教育专项比例不得低于 25%，基层青年工作专项比例不得高于 10%。""新增服务县的服务岗位 95% 以上须设置在乡镇及以下。"可见，当前国家十分重视"西部计划"志愿者参与乡村振兴。

回顾既有研究，不难总结出，在过去的 20 年时间里，学者们主要通过定性和定量研究方法，从政策、文化和心理等维度出发对"西部计划"项目

---

① "基础教育、服务三农、医疗卫生、基层青年工作、基层社会管理、服务新疆、服务西藏"7 个专项是 2003—2020 年间实施的"国家专项"。

的实施情况尤其是"西部计划"志愿者扎根基层贡献青春力量的状态展开了多维探讨。进一步地说，虽然相关论题较为丰富，但涉及"西部计划"志愿者参与乡村振兴方面的研究却寥若晨星，即便有一些文章提到了"西部计划"志愿者参与乡村振兴方面的话题，但也主要是媒体报道或具体经验介绍，如《西部计划志愿者服务基层用实干助力乡村振兴》《西部计划：为新时期中西部发展汇聚青春力量》《西部计划：为志在四方的奋斗者铺路架桥》《逐梦西部天地宽——大学生志愿服务西部计划扫描》，学理反思较为有限。基于此，本研究以田野调查法为主要研究方法，通过了解内蒙古自治区 L 旗团委引领"西部计划"志愿者参与乡村振兴的实况[①]，加之 L 旗部分"西部计划"志愿者的访谈分析，着重探讨了"西部计划"志愿者参与乡村振兴时社会化困境的表现、成因与影响，并反思了志愿服务何以赋能乡村振兴的问题，力图为更好推进乡村振兴提供一些参考和借鉴。

二、社会化困境的衍生："西部计划"志愿者缘何难以参与乡村振兴

作为社会学研究的重要术语，社会化主要指个体通过知识、技术和行为规范的学习，逐渐适应并融入社会的过程。受到家庭、学校、同辈群体和大众传播媒介等主体的影响，个体的社会化进度和向度会有所不同。以"西部计划"志愿者为例，经历从城市到农村的场域变化，进入生产生活状态较为传统、现代化较为滞后的农村的那一刻起，"西部计划"志愿者的初体验往往是难以适应农村生活，继而出现难以基于所学知识开展农村工作的慌乱，最终形成难以长期坚持志愿服务等困境表现。以上困境表现为透视"西部计划"志愿者缘何难以参与乡村振兴提供了重要切入点。

---

① L 旗位于内蒙古自治区东北部，属于大兴安岭南麓集中连片特困地区。2016 年，L 旗成立了"西部计划"项目办公室，同年招收 10 名"西部计划"志愿者。截止到 2021 年 9 月，L 旗共招收了 47 名"西部计划"志愿者。自 2016 年以来，L 旗团委积极开展了"共青团助力脱贫攻坚"系列志愿服务项目，积极引领"西部计划"志愿者在入村调研、走访贫困户和驻村等具体实践中，参与到脱贫攻坚和乡村振兴事业中。

(一)"西部计划"志愿者社会化困境的多元表现

整体来看,从"学校人"渐变为"社会人"的"西部计划"志愿者会产生很多困境。根据社会化的基本意涵以及"西部计划"志愿者的讲述,本研究主要归纳出了以下几方面困境表现。一是难以适应农村生活。从经济、文化和社会等多重视角来看,城市和农村生活条件具有显著性的差异。在城市中学习和生活良久的"西部计划"志愿者,尤其是非本地户籍的"西部计划"志愿者进入农村初次接触到发黄的自来水、行走在陌生语言,及在缺少丰富夜生活的环境中构建早睡早起的起居"生物钟"时,往往容易"水土不服",产生"陌生感""孤独感"和"无助感"。实际上,这种"不适应""水土不服"类同当年"老三届"由城市到农村位移之后经历的"四大关"。经由田野调查后,笔者发现,L旗团委2016年把招募的第一批"西部计划"志愿者直接引向了农村,引导他们开展驻村实践。随着时间推移,尤其是党的十九大以来,L旗团委加快推进并持续深化了"西部计划"志愿者的驻村实践。一个直观的现象是,由L旗团委在编工作人员带队,L旗的"西部计划"志愿者经常在帮扶点D嘎查①居住一段时间,助力乡村振兴。在此之前的"西部计划"志愿者们曾踌躇满志地想要做出一番事业。可是,进入农村后发现,听不懂少数民族语言、高频次地入村入户、经常早起晚睡、多数时间住在老乡家里等经历,使他们感到了些许不适应。随着时间推移,这种不适应越发使"西部计划"志愿者怀疑自己存在的必要性及意义。

"我看'驻村'和'住村'实际上是一回事,就是在村里住下。当时我住的是老乡家,就是那种土炕。我最长的时候在村里住了十几天。我最深刻的记忆是每天起得比鸡早、自来水黄黄的、熟人还少……白天我们的主要工作是到单位帮扶的贫困户家里张贴明白卡、宣讲党的扶贫政

---

① "嘎查"是内蒙古行政村的一种称谓。据田野调查的资料显示,D嘎查位于L旗B苏木北部,区域总面积为35.7平方千米。实有耕地面积15010.09亩,草牧场面积12652.55亩,林地面积4000亩。嘎查辖3个自然村,3个村民小组,总人口为975人。其中,少数民族人口为951人,占总人口的97.54%。在临近乡村振兴战略实施前的脱贫攻坚阶段,也就是2016—2017年,D嘎查有贫困户41户(112人),通过有效扶持以后,当年脱贫20户(54人);乡村振兴战略实施以来,脱贫14户(34人),剩余贫困户16户(49人),贫困发生率也由2016年初的11.1%下降到5.02%。2017年,嘎查集体经济收入达到5万元,农牧民人均纯收入达到5600元,贫困人口人均纯收入达到4500元。

策、看看村里的'两不愁、三保障'落实得怎么样。旗里也弄了一些关于农村的台账，我们也需要及时整理。忙得让我时常打退堂鼓。"（访谈编号：XBJHM-20170916）

"我虽然是蒙古族，但我听不懂蒙古语，老家也不是这个地方的，第一次到这边农村来。这边的农村就是很传统那种的小村子，到农村开展志愿服务很难。我每天跟着单位的W书记一起走村入户，拿着一个小本记下村民需求。我总感觉自己是一个'游侠'，在村里闲逛，毫无存在感。"（访谈编号：XBJHM-20171022）

二是难以基于所学知识开展农村工作。知识在社会发展中的重要性毋庸讳言，大学生这类主体携知识嵌入农村发展的过程与结果关乎着乡村人才振兴的实效。可目前有一个现象深受社会各界关注：大学生所学知识和社会发展之间呈现脱节状态。例如，李强等通过对劳动力市场技能供需进行分析之后发现了"大学生的知识技能与市场需求普遍存在不匹配的问题"。同样，进入农村前，"西部计划"志愿者的身份是高校大学生，他们拥有大学场域塑造的习惯。在被选拔成为"西部计划"志愿者的过程中，从国家到项目办再到农村都有一个理想的"期待"——大学生能把自己所学知识应用于乡村振兴中，达到"大学—'西部计划'志愿者—农村"链式的通畅和完整。深入接触L旗的"西部计划"志愿者后，笔者却发现，在难以适应农村生活的基础上，"西部计划"志愿者还出现了难以基于所学知识开展农村工作的困境。具体而言，一是他们所学知识和乡村振兴的实际工作不相匹配。笔者深刻记得两位志愿者讲述的经历，大意是他们所学专业一个是社会工作，一个是汉语言文学，可是D嘎查的社会秩序较为稳定，眼下最需要的是能增促经济发展的专业人才，导致他们在实际的农村工作中常常感到无所适从。二是他们所学的知识过于理论化，无法直接应用于乡村振兴的实践中。

"大学学的社会工作知识乍一看上去是很有用的，实际上跟农村发展脱钩十分严重。这里需要的专业人才，或者说大学生吧，是那种直接能对经济社会发展起到重要推动作用的。比如说，我学的要是物流管理、电子商务、农学这样的专业的话，可能还有点用，社会工作在城市发展都比较缓慢，在嘎查更难，学的知识尤其是西方的那些理论和模式，根本没有用武

之处，或者说能用的地方少。"（访谈编号：XBJHM-20180703）

三是难以长期坚持志愿服务。时间是衡量社会化进度和难易程度的一个重要矢量。"西部计划"者是流动性较大的主体，多数人在寻找到其他合适岗位后往往首选离职，这一点学界早已有所察觉。在 L 旗，很少有志愿者能坚持两年甚至更长的时间。例如，有一位 2017 年入职的志愿者三个月后便去往某矿场工作了，另有一位 2018 年入职的志愿者，他的家就住在 D 嘎查附近，L 旗"西部计划"项目办公室招他的初衷是想让他长期驻村，推进乡村振兴事业。可入职后半年左右，他考上了某消防队，成为一名正式的消防员，最终也离职了。这样的案例不胜枚举。由此来看，一方面，这类"西部计划"志愿者没有在"奉献、友爱、互助、进步"的志愿精神感召下践行好"到西部去，到基层去，到祖国最需要的地方去"的庄严承诺；另一方面，农村没有成为这类"西部计划"志愿者的社会化新场域，乡村振兴中也将缺少一些"西部计划"志愿者的身影。

（二）"西部计划"志愿者社会化困境的生成因素

通过表现探求成因是理解"西部计划"志愿者社会化困境生成机制的重要进路。具体来说，为什么"西部计划"志愿者难以适应农村生活？主要原因在于他们历经了前后对比非常深刻的场域变化。首先，从城市到农村的空间位移，使他们进入了一个相对较新的环境中。加之语言、饮食和文化等多方面的适应困境，"西部计划"志愿者进一步产生了消极心态，内心开始排斥农村场域。其次，个体适应新场域的能力是不同的。如果个体适应能力较强，或者之前就是在本地区生活的，那么，其融入农村生活的速度往往较快，出现社会化困境的可能性较小。反过来，一旦"西部计划"志愿者个体适应和融入新场域的能力较弱，那么，其在参与乡村振兴中出现社会化困境的可能性较大。最后，前人和群体经验带来的影响。实际上，新"西部计划"志愿者并不是不想进入农村，而是他们在进入农村的过程中有一些经验导致他们对接下来的生活和工作形成了刻板印象。一方面，前人的经验使他们先入为主地认为农村生活不易。在田野调查中，有人曾表示，他之所以不想长期做"西部计划"志愿者，主要是因为听了之前"西部计划"志愿者的讲述，主观认为农村生活很艰苦，于是便逐渐产生了排斥农村场域和志愿者身份的想法；另一方面，按照"一般"与"个别"的辩证关系，群体对于农村的"一般"共识，也会导致"个别"志愿者的农村印象建构。桑斯坦认为："群体极化促进了人们的参与；与若干其他人交谈可能会造成不采取行动和瘫痪状态。"有志愿者在访谈中提到农村生活很苦、条件很差等话题时常常说到的一句话是"大家都是这样认为的""我们想的都一样"。这里面的"大家""我们"都是一种集体性的称谓，代表了某一共同体对此问题的看法。可见，群体是如何同化和引导个体理解与表达农村社会的。

为什么"西部计划"志愿者难以基于所学知识开展农村工作？一是因为大学所教授的知识和农村的实际需要之间存在着一定的区隔。大学多数专业的构型是以理论知识为本体兼具实践教育，而农村社会运行和发展中并不需要多么深刻的学科理论，尤其是那些西方的社会理论做导引，需要实践经验和能力作支撑。马克思有一个观点非常具有前瞻性："全部社会生活在本质上是实践的。凡是把理论导致神秘主义方面去的神秘东西，都能在人的实践中以及对这个实践的理解中得到合理的解决。""西部计划"志愿者携理论性知识进入农村场域之际产生无用感说明，眼下有很多进入一线基层工作的大学生缺乏必要的实践经验，尤其是那些与农业生产、农村发展、社会治理等直接相关的经验。需要补充的一点是，大学期间提升大学生实践能力的实习环节很难达到锻炼学生以使其深入了解与较快适应社会的目标。在访谈中，有两位"西部计划"志愿者曾表示他们在上大学期间很少进入农村实习，"三下乡"的时候混日子居多，有时候也不真去"三下乡"，开学了，随便找个地方盖个章，便草草了事。"西部计划"志愿者在大学期间实践锻炼不足直接导致他们在参与乡村振兴中出现无法运用自己所学知识的境遇。进一步考察上述"境遇"，还能发现，眼下大学实践教育、大学生就业能力和就业岗位之间的脱嵌状态仍然存在。二是因为角色转变不及时。在曾就读的大学中，"西部计划"志愿者主要是受教育者，更确切地讲是受高等教育的主体。而在乡村振兴中，"西部计划"志愿者主要是实践者。但是随着从大学到农村的场域变化发生瞬间，"西部计划"志愿者的身份同时发生转变的可能性较小。当他们仍然以学习者的身份和心态进入农村场域时，其所具有的知识和能力也就无法施展。

为什么"西部计划"志愿者难以长期坚持？一是从个人层面来看，面对相较之前的城市和高校,农村社会的现代化程度较低,容易使其产生抵触与逃离农村的想法。二是从群体层面来看,当很多"西部计划"志愿者出现抵触农村和逃离农村的想法之后,一个具有消极志愿心态的社群便会衍生出来,吸引与同化那些摇摆不定或不愿扎根农村的"西部计划"志愿者。一旦受到这样群体动力的影响,"西部计划"志愿者将加速离开农村的脚步。三是从文化层面来看,文化的陶染作用不可小觑。文化的陶染作用主要体现在文化作为一种汇聚象征符号和价值观的载体,很容易教化或诱导人们成为某一文化圈层的一员。"西部计划"志愿者经由来自消极志愿文化,尤其是那些涉及抵触甚至逃离农村意蕴的亚文化熏陶,很容易成为这一文化的附庸,难以长期坚持乡村振兴。四是从县域发展的角度来看,为了满足用人需要,有的志愿者竟变成了"单位人"。在田野调查过程中,笔者还发现了这样一种现象:由于L旗各科局缺乏人力,在经过多方协调后,直接把中意的"西部计划"志愿者从农村调回来充实单位力量。于是,开展过一小段时间乡村振兴的"西部计划"志愿者便成了旗县某单位的"临时工"。

通过以上从表现到成因梯次分析,我们不难发现,"西部计划"志愿者参与乡村振兴中的社会化困境的生成机制,即场域变化下个体适应新场域的能力较弱、意愿不强、动力不足以及群体吸引力和文化尤其是具有消极志愿属性的群体和亚文化的陶染作用不同程度发挥作用,使得"西部计划"志愿者在农村开疆拓土的信心和意志力受到影响。

三、从个体成长到学术研究:"西部计划"志愿者社会化困境的多维影响

正所谓"牵一发而动全身",任何事件触发的影响都不是一维的而是多维的。"西部计划"志愿者参与乡村振兴中出现的社会化困境概莫能外。下面,笔者将从个体成长、群体肖像、青年文化、农村发展、政策完善和学术研究等方面细说"西部计划"志愿者社会化困境带来的多维影响。

(一)个体、群体与乡村振兴的融合困境

当"西部计划"志愿者不能和不愿围绕农村开展志愿服务的时候,一方

面将导致个体背离新的"西部计划"志愿者招募办法,与乡村振兴渐行渐远。如此一来,个体越发难以融入农村场域,并且难以通过农村的社会实践和文化情境达致一个新的社会化阶段,不断产生暂时栖身于农村、尽早离开农村的主观意愿,退却"西部计划"志愿者身份的想法也就越发强烈。于是花费更多时间考事业编和公务员等出路,自然成为一些"西部计划"志愿者的首选。另一方面,将加快消极志愿者群体的建构。"人之生不能无群。"[①]"西部计划"志愿者很容易因为共同的身份、需要以及心理和行动结成带有共同体意味的社群,并直接进行经验传递。例如,交流作为"西部计划"志愿者的感受。有一种情况需要注意,消极志愿者群体是催生消极志愿者个体的载体。如果彼此吐露的心声是偏向消极的或极具消极属性的,那么就会给后继"西部计划"志愿者的农村观及乡村振兴行动带来影响——使之坚信农村生活很苦、难以基于自己所学知识进行志愿服务,继而降低在农村开展志愿服务的热情,增加其离开农村的可能性。综上所述,"西部计划"志愿者个体或群体的社会化困境直接关乎着志愿服务赋能乡村振兴的可能性。

(二)志愿文化与主流文化相左境况形成

文化兼具物质和精神层面的属性且类型多样。志愿文化作为重要的亚文化类型,在青年志愿者成长和发展中具有重要的导向作用。志愿文化的生成离不开志愿者个体的意识累积和群体的发酵。所以,当"西部计划"志愿者不愿参与和难以融入到新时代农村社会建设的实践中,一种消极的志愿文化便会逐渐生成,继而培养出与"奉献、友爱、互助、进步"的志愿精神相对立的社会阵营。需要注意的是,青年是文化的建构者之一,更是文化的传承者。有学者指出:"当代青年既是新时代历史进程的经历者、见证者,更是中国特色社会主义文化事业的建设者、推动者。"当"西部计划"志愿者等青年理解与认同具有消极属性的志愿文化后,也将给社会主义核心价值观这类主流文化的传播、农村志愿文化的建设带来阻滞。因此说,从社会化语境出发,视文化为社会化主体的基础上,考察"西部计划"志愿者

---

① 《荀子·富国》。

难以参与和无法融入乡村振兴的现象非常关键。

（三）农村社会的发展将会缺少重要引擎

高质量实现现代化是新时代我国农村社会发展升级的重要追求。《国务院关于印发"十四五"推进农业农村现代化规划的通知》指出："全面实施乡村振兴战略，农业支持保护持续加力，多元投入格局加快形成，更多资源要素向乡村集聚，将为推进农业农村现代化提供有力保障。""西部计划"志愿者难以适应和融入农村往往会导致以下两方面问题发生：一是农村的现代化动力缺失。"西部计划"志愿者的主体是高校青年学生，经过城市生活和高校教育的双重熏陶，他们除了有活力、有激情、有干劲外，还有非常前沿的现代化意识和加快推进现代化的能力。近年来，媒体报道过的青年志愿者科技支农、直播带货、返乡创业等都是非常直接的例子。亦有学者指出："在历史的脉搏中，现代化塑造了青年，青年引领了现代化进程。"在此情形下，我们可以把青年志愿者比作新时代农村社会运行和发展的重要引擎。因此说，没有青年的参与，没有青年志愿者的全身心投入和无私奉献，农业强、农村美、农民富和建设宜居宜业和美乡村目标的实现将缺少活力和创造力。二是农村"空心化""过梳化"和乡村振兴中"人才缺失"等可能继续成为阻碍农村社会发展升级的现实问题。众所周知，实现乡村振兴的关键是人才支撑。当前，"吸引更多的青年下乡、返乡成了乡村人才振兴带动乡村全面振兴的重要着力点。"可是，农村留不住人才，也难留得住人才，导致大量人口尤其是青壮年外流。如果在这个基础上还没有青年人尤其是青年志愿者的回归，没有志愿服务的嵌入，最终农村社会很容易丧失应有的"秩序"及"活力"，并有可能在现代化进程中逐渐走向衰败。

（四）志愿服务制度的效力将会有所弱化

志愿服务制度是招募、选拔、管理和使用志愿者的"指挥棒"，选择什么样的志愿者和选择志愿者做什么具体工作，都要以志愿服务制度为导向。可是，前面分析指出，依照新方案招募来的"西部计划"志愿者与农村社会呈现出了脱嵌状，一方面说明志愿服务制度、志愿者和农村之间的关联度有限。细言之，新的"西部计划"志愿者选拔与招聘方案只是负责引导了志愿者招募工作，后续如何参与农村发展、服务期满后如何考评、考评结果出来之后志愿者何去何从等问题并没有详加规定，这也导致"西部计划"志愿者在进入农村之后无视《方案》随意离岗、其他单位随意征调"西部计划"志愿者等情况发生。随时间推移，《方案》这类志愿服务制度效力将不断弱化，效力必然大打折扣。另一方面说明进一步细化制度，提出一些配套方案，规训用人单位、志愿者及其他有意征调志愿者的单位的行为，更好使"西部计划"志愿者在乡村振兴中有一些应然的作为，势在必行，且意义重大。

（五）志愿服务及青年研究话题将会拓展

前面也曾提到，既有研究较少围绕志愿服务嵌入乡村振兴话题展开探讨，因此，当"西部计划"志愿者社会化困境日益从幕后走到台前，首先会吸引众多学者的目光，调查、分析与研讨"西部计划"志愿者融入农村的过程缘何不够顺畅、新的"西部计划"志愿者选拔与招聘方案中有哪些亟待调整和完善的地方也将日益常态化，这有助于拓展"西部计划"志愿者和乡村振兴的研究的论域。同时，整合志愿服务、"西部计划"志愿者的社会化困境、青年发展、乡村振兴等议题，形成新的研究进路。例如，如何加强引导"西部计划"志愿者参与乡村振兴的经验累积、深刻剖析"西部计划"志愿者参与乡村振兴的行动逻辑具有的意义、"西部计划"志愿者参与乡村振兴之后的发展问题等等。其次，促进"国家—共青团组织—志愿者"关系的反思形成。早在单位制时期，为促进个人更好地贯彻落实国家方案，国家曾通过建立单位组织把个人有效动员起来。现今，虽然单位制已然消解，但是，国家仍然依赖于一些组织整合个体促进社会发展。需要指出的是，新时代语境下的"西部计划"志愿者参与乡村振兴，其实是国家统筹推进下的青年行动，离不开共青团组织职能的发挥，把青年统整起来，使青年行动与国家发展同频同步。如前所述，以"西部计划"志愿者为抓手探索"共青团引领青年志愿者参与新时代乡村振兴"将会成为一个新的学术生长点。

综上分析和研讨可以看到，当前"西部计划"志愿者进入农村过程中的社会化困境及其多维影响，这些影响不仅说明当前"西部计划"志愿者的招募、选拔管理和使用中存在一定的问题，同时也启示广大研究者基于"西部计划"志愿者的社会化困境反思志愿服务何以赋能乡村振兴问题的必要性和紧迫性。

四、多重主体协同参与：新时代志愿服务赋能乡村振兴的进路

志愿服务赋能乡村振兴的关键进路是激发广大青年志愿者的热情，使其自觉化入农村场域之中。前面也多次提到，个体能否顺利实现社会融入离不开一些主体。基于上述社会化困境表象，若想在新时代语境下更好实现志愿服务赋能乡村振兴，需要牢牢盯紧那些有助于促进"西部计划"志愿者这类青年融入农村的主体。具体来说，应整合高校、组织、个体、社群、文化、国家等主体的力量，使新时代乡村振兴的道路上缀连着志愿服务的星星之火。

（一）高校：以实践教育提升学生社会化能力

参考布尔迪厄的场域理论分析逻辑，在进入农村之前，学生主要通过高校场域塑造理论知识和实践能力方面的习惯。实际上，从本文探讨的主题出发，我们可以直接把高校理解成推进大学生变为"西部计划"志愿者，进入农村青春建功的社会化场域。习近平总书记曾勉励广大青年："要坚持知行合一，注重在实践中学真知、悟真谛，加强磨炼、增长本领。"承前所述，在校期间储备的知识和技能，决定着大学生是否有能力适应与融入后续的农村工作和生活中。因此，为了避免大学生在成为"西部计划"志愿者后出现社会化困境，使志愿服务更好地赋能乡村振兴，高校一方面应该注重培养学生的实践能力，尤其是自觉下基层开展社会服务、适应农村的能力。需要指出的是，大学实践教育虽然丰富，但是远远无法撼动课堂、考试和考证的中心地位，实习数量即便再多，也很难得到学生的重视，这也导致了大学生的实践能力尤其是社会性未能得到显著提升。如是观之，高校在引导大学生真正下基层尤其是农村这样的场域中锤炼心性的基础上，平衡好课堂教育和实践教育之间的关系，在注重实习数量的基础上，把好质量关是非常重要的育人环节。另一方面应该注重培养大学生吃苦耐劳、

坚持不懈和甘于奉献等品性，使他们能够真正做到"吃苦在前、享受在后，甘于做一颗永不生锈的螺丝钉"。

（二）组织：共青团引领志愿者不断适应农村

组织化是志愿服务的常态，青年志愿者参与乡村振兴离不开共青团组织的引领。有学者指出："共青团要引领青年以实际行动助力乡村发展，服务青年在乡村振兴中实现自我。"在难以融入农村的情形下，各级共青团组织应该率先发挥出应然的作为。一是应该借助调查机构或高校的力量开展调查，以"西部计划"志愿者为中心、以青年发展为语境、以农村现代化为落脚点深入分析"西部计划"志愿者等青年志愿者缘何难以参与乡村振兴，理清青年志愿者参与乡村振兴的样态、总结经验、进行对比并形成月度或年度报告；二是观察、调查、分析与总结各地落实新出台的"西部计划"志愿者招募与选拔方案情况，为完善政策以更好管理和引导"西部计划"志愿者这类青年参与乡村振兴提供切实的引领与保障；三是可以尝试探索"团干部＋志愿者"的传帮带思路，经由那些有一定青年工作经验的团干部带"西部计划"志愿者这类青年驻村和入村，等到他们对于农村有一定了解并形成使命感后，团干部再适时撤出，这样也有助于青年志愿者避免因遭受到场域变化的阵痛后"打退堂鼓"的情况出现。此外，在具体引导青年志愿者投身乡村振兴的过程中，各级共青团组织不仅要考虑国家层面的总体要求，同时还应综合考量农村生产发展的实际需要以及青年自身的状况。

（三）个体：点燃与延续志愿服务乡村的热情

志愿服务融于乡村振兴并发挥出效果离不开志愿者的热情和自觉。以"西部计划"志愿者为例。实际上，在报考"西部计划"项目正式成为一名志愿者之前，他们的热情还是很高涨的，在临近与进入农村场域的过程中，他们也有高度的自觉意识，很想在新时代的农村做出一番事业，只不过是他们的热情和自觉随着现实困境的阻滞而递减。因此，点燃与延续志愿者个体自觉服务乡村的热情是新时代志愿服务赋能乡村振兴的重要进路。具体来说，一是持续点燃志愿者个体的热情，形成志愿服务农村的星火。行动与动机是相伴生的，没有志愿服务的热情，很难发出持续性的志愿服务行动。因此，高校和共青团组织通过团队建设和思想政治引领等方式，强化志愿者个体的责任意识、担当意识和奉献意识，不负时代，不负韶华，在乡村振兴中提升志愿服务的精气神。二是提升志愿者的自我社会化能力，主动承接使命融入农村，认同志愿者角色，延续志愿服务的热情。简言之，自我社会化主要指的是在社会化过程中，自我所发挥出的力量。实际上，志愿服务赋能乡村振兴不能仅仅靠外力推动志愿者的参与和融入，还应该着重挖掘其潜能，尤其是服务和建设乡村的意愿及能力，使他们能够把先前燃起的志愿服务星火延续下来，由衷地把新时代的农村建设和发展事业作为己业，把加快农业农村现代化作为己任，真正成为乡村振兴的弄潮儿。此外，广大青年志愿者一应发挥好学习优势，认真学习习近平新时代中国特色社会主义思想，热爱祖国和人民，听党话、跟党走，不断增强"四个意识"、坚定"四个自信"、做到"两个维护"，铸牢中华民族共同体意识，为乡村振兴和中华民族伟大复兴事业持续贡献信念动力；二应发挥好创造才能，树立创新意识，弘扬自力更生、艰苦奋斗精神，瞄准当前乡村振兴中存在的问题及潜力，学习并发挥好"互联网+"、大数据、人工智能等前沿科技优势，为乡村振兴和中华民族伟大复兴事业持续贡献创新动力；三应发扬好奉献精神，积极弘扬奉献、友爱、互助、进步的志愿精神，不计时间和精力的付出，不求报酬、脚踏实地、甘于奉献，在乡村振兴中以实际行动书写新时代的雷锋故事，为乡村振兴和中华民族伟大复兴事业持续贡献志愿动力。

（四）社群：发现及培养积极志愿服务的群体

俞可平在《社群主义》一书中指出："人类组成社群有着自然的必然性。"社群对"西部计划"志愿者心理与行为走向的影响是不言而喻的。因此，发现并培养积极志愿服务的社群引导青年志愿者社会化意义重大。对此，管理和使用志愿者的主体，一是应发现积极且热衷于新时代乡村振兴事业的社群，激发其内生的动力吸引青年人加入，不仅有助于壮大乡村振兴的志愿服务力量，而且还能减少"西部计划"志愿者这样的青年融入农村的阻力。二是培养积极且热衷于新时代乡村振兴事业的社群。青年志愿者不断地流入农村，如果没有具备吸引力的社群，那么，青年志愿者脱离农村的风险将不断加大。因此，各级团组织尤其是旗县级"西部计划"项目办公室需要做出相关预案，如建立有爱心、有责任心、有激情和有经验的青年志愿者群体，以"吸引"与"留下"青年志愿者提升新时代乡村振兴质量。三是拆解那些消极志愿社群。从前面论述的现象来看，"西部计划"志愿者这样的青年在进入农村之际，很容易受到消极志愿群体的影响。因此，在培养和建立积极志愿服务群体的同时，还应快速拆解那些消极志愿群体，避免青年志愿者被塑造成消极志愿群体中的一员，以及积极志愿服务群体和消极志愿服务群体二元对立格局的形成。此外，还需要说明的一点是，伴随互联网信息技术的迅猛发展，经验传递已经跨越了既定的线下时空。因此，在发现和培养志愿服务群体，拆解消极志愿者群体时应从线上和线下两个维度入手。

（五）文化：加强良性志愿文化的培育及引领

古语有之："观乎天文，以察时变，观乎人文，以化成天下。"[①] 文化具有极强的导向性，为使志愿者更加自觉投身于乡村振兴中，应该以良性志愿文化的培育及引领为抓手来铸魂筑梦。一是"以文育人"，引导志愿者理解与认同志愿精神。马林诺夫斯基曾把文化看成为集"工具和消费品、各种社会群体的制度宪纲、人们的观念和技艺、信仰和习俗"于一身的有机整体。实际上，志愿精神的本质就是文化事物，需要通过教育也就是组织各种培训活动，才能得到更广泛的传播，使青年志愿者有更深层次的领悟。因此，在志愿者进入农村前后开展教育培训，让他们理解、领悟与传承社会主义核心价值观和志愿精神等主文化还是很有必要的。二是"以文化人"，综合志愿文化、乡愁文化和家文化的力量，把志愿服务、乡村振兴、青年价值发挥和家乡建设等有机统整起来，充分发挥文化的陶染作用，使青年志愿者尤其是那些返回家乡的"西部计划"志愿者经历场域变化后，以饱满的精神面貌逐渐适应与融入农村的建设和发展实践中，为有困境的群体提供帮助、铸牢中华民族共同体意识、活跃农村文化并达致新的社会化阶段。三是"以文治人"，去除暗藏在志愿者群体中的文化沉疴。带有消极志愿心

---

① 《易经·贲卦·象辞》

理及行动的志愿者个体结成群体交互之际，一个文化场域也被建构起来，不断进行消极志愿文化的生产与传播。因此，有必要通过教化手段让志愿精神渗透到群体之中的同时，对消极志愿群体之中的个体尤其是具有影响力的人物动之以情、晓之以理、导之以行，逐渐弱化、去除这一群体中的不良文化要素，使该群体及其建构起的文化场域发生转型，且日益与主流志愿精神相一致。除上述文化培育和引领外，高校、共青团以及志愿者组织等还需要注意虚拟网络空间中那些影响志愿者参与乡村振兴的不良文化因子，使志愿者能够全方位得到良性志愿文化的熏陶。

（六）国家：基于现实情况来调整和完善制度

党的二十大报告指出："完善志愿服务制度和工作体系。"志愿服务制度具有规定性、导向性和可操作性，引导青年志愿者参与乡村振兴，需要国家层面的制度安排作为支撑。从实施与完善的视角出发，制度往往要根据实践性活动做出调整。以《方案》及其后面的新方案为例。一个理想的状态是《方案》及其后面的新方案实施后会出现大规模"西部计划"志愿者参与乡村振兴的局面。可旗县下属的科级单位却和农村争抢志愿者，加上志愿者本身在农村开展志愿服务的意愿较弱，以及缺乏一些后续的保障性制度安排，进一步强化了"西部计划"志愿者逃离农村的想法。所以，国家层面随着"西部计划"志愿者的参与乡村振兴的现状调整和完善志愿服务制度很有必要。一是在接下来的"大学生志愿服务西部计划实施方案"中明确规定志愿者参与乡村振兴的时长。在这一期间，任何单位不应随意将志愿者调入本单位工作。二是应该通过制度明确规定志愿者进入农村之后的一些具体安排。比如说，志愿者的饮食起居如何保障、志愿者服务期满后有何政策性去向、志愿者在乡村振兴中做出成绩后如何奖励、消极志愿行为将受到什么惩罚，等。总之，不能只是把"西部计划"志愿者引进来就可以了，应该确保他们留得下、留得住、留得久，为乡村振兴持续赋能。总的来说，国家层面调整和完善志愿服务制度非常关键，各级单位严格落实国家层面的制度安排，强化志愿者行动对于推进乡村振兴的重要意义。

五、结　语

青年是标志社会发展质量的晴雨表，社会发展的向度和进度往往取决于青年行动。《中长期青年发展规划（2016—2025年）》明确指出："青年是国家经济社会发展的生力军和中坚力量。党和国家事业要发展，青年首先要发展。"亦有文章认为："青年志愿者作为志愿服务生力军和先锋队对促进社会建设和社会发展起到了重要作用。"因此，各级各类部门在引导青年志愿者进入基层激发农村社会活力、锤炼广大青年自我心性、凸显共青团组织作用的同时，也应该深入思考如何把青年工作提升到战略性高度，做好新时代青年志愿者工作，使青年志愿者能够自觉对接国家发展需要，不断强化责任感和使命感，为乡村振兴和中华民族伟大复兴事业持续贡献信念动力、创新动力和志愿动力等问题。与此同时，学界也应该加强调查研究，一方面给新时代志愿服务赋能乡村振兴提供具体化策略，另一方面促进有中国特色的学术话语建构。其实，中国青年的精神气质以及发展状态已经由内而外地给研究者提供了经验素材，对此加以概括和研讨不仅有助于我们深入理解青年志愿者的乡村振兴行动，而且还能触发我们深入思考中国的社会学、青年学、社会工作等学科如何参考、借鉴西方者提出的概念和理论知识基础上，提炼出一些适合研究中国青年志愿者的学术话语和分析框架，并借助全球化的浪潮将之推广出去，使中国的社会科学能够在全世界的学术话语共享之中不断发出中国声音。

内蒙古新能源开发与生态环境保护融合发展路径研究

阳自航　内蒙古工业大学人文学院

摘　要：2020年，习近平总书记在联合国大会上提出了我国的"双碳"目标，为我国能源和生态环境建设指明了努力的方向。在习近平总书记交给内蒙古的五大任务中也包含了对于能源和生态的建设目标。推动内蒙古新能源开发与生态环境保护的融合发展，有利于加快内蒙古能源结构转型，促进人与自然的和谐发展。

关键词：内蒙古；新能源开发；生态环境保护；融合发展

一、引　言

党的十八大把生态文明建设纳入中国特色社会主义事业"五位一体"总体布局，明确提出大力推进生态文明建设，努力建设美丽中国，实现中华民族永续发展。内蒙古作为能源大省和祖国北疆，习近平总书记从国家发展全局出发，交给了内蒙古五大任务，即把内蒙古建设成为我国北方重要生态安全屏障、祖国北疆安全稳定屏障，建设国家重要能源和战略资源基地、农畜产品生产基地，打造我国向北开放重要桥头堡。探寻新能源开发与生态环境保护融合发展的路径将为推进"双碳"目标早日完成，将习近平总书记交给内蒙古的五大任务落实到位。

2021年3月5日，习近平总书记在参加十三届全国人大四次会议内蒙古代表团审议中说道："要强化源头治理，推动资源高效利用，加大重点行业、重要领域绿色化改造力度，发展清洁生产，加快实现绿色低碳发展。"内蒙古自治区作为我国能源大省，一直在不断探索绿色发展模式。通过建设风电场、太阳能发电站等项目,不仅能够促进能源结构转型,减少对传统能源的依赖,还能降低温室气体排放,减少大气污染。但新能源开发也会对生态环境造成一定压力,因此探索新能源开发与生态环境保护融合路径将起到双重作用。

二、研究现状

回顾近十年对于新能源与生态环境的研究。我们在中国知网以"新能源与生态环境"为主题进行检索,通过可视化分析可以发现自 2018 年起关于"新能源与生态环境"的研究数量大幅增长。2017 年党的十九大首次提出"高质量发展",提出要建立健全绿色低碳循环发展的经济体系。学者们对新能源与生态环境之间关系的关注和研究也逐渐增加。

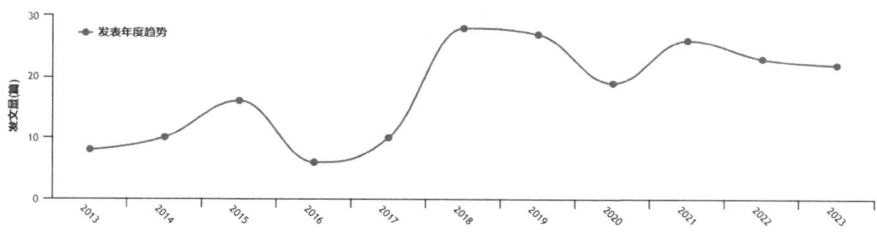

图 1　中国知网文献库以"新能源与生态环境"为关键词近 10 年的发表量趋势

国内外一些学者从系统的视角,提出"能源(energy)— 经济(economy)— 环境(environment)"3E 系统研究。3E 系统主要研究能源、经济、环境三个子系统之间的综合平衡与协调发展。目前,对我国新能源开发利用进行研究的成果主要有以下三个方面:(1)回顾全球新能源开发利用的大体情况,对我国新能源发展的背景以及动因进行阐述,对全国各地新能源的开发利用进行介绍,对我国新能源产业发展的历史进行回顾,对我国新能源资源的特点进行总结,并介绍我国新能源资源的分布情况。(2)我国政府在推动新能源发展过程中所做出的努力,我国新能源发展取得的成就以及我国新能源产业发展的现状。(3)我国目前新能源的开发利用过程中所遇到的一些障碍,并从政策机制的角度对新能源产业的发展提出了一些建议或者解决措施，还对我国新能源行业发展的前景进行了预测。例如，宋成华（2010）认为中国新能源开发中存在政府部门管理分散、政出多门，相关部门对新能源开发重视度不高、技术研发激励不足等问题。对此，相关部门应完善管理机制、分工合理，鼓励联合开发新能源技术，促进国际合作。向勇（2012）认为只有加大开发新能源的力度，才能真正解决能源与环境之间的问题。陈月阳、朱冰、王聪（2014）认为新能源开发对于保护生态环境、优化产业结构以及增加能源供应意义重大，能够降低化石能源占总能源的比例，并且符合生态环境保护的节能减排要求。戴维潇（2014）、王一鸣（2021）则认为新能源开发与生态环境保护之间也存在一些冲突，因为新能源开发需要占用大量土地资源，而这些资源是不可再生的，并且在生产新能源装备过程中也会产生污染物造成环境污染。马玎、谢建文、王艳霞（2023）认为要在加快新能源开发速度的同时保护好生态环境才是长久发展之道，才能促进中国经济绿色发展。

总的来说，随着能源安全问题越发突出，国内外学者越来越关注新能源开发领域，但在新能源开发和生态环境保护融合发展方面的研究还较少。因此探索二者融合发展路径十分有必要。

三、内蒙古新能源开发与生态环境保护现状

（一）内蒙古新能源开发现状

2022年，国家发展改革委、国家能源局等部门相继印发《"十四五"现代能源体系规划》《"十四五"可再生能源发展规划》等通知，为能源绿色低碳转型行动提供政策指导。从2009至2019年的10年间，我国风能发电装机规模从1613万千瓦增长到2.81亿千瓦，光伏发电装机规模从2万千瓦增长到2.53亿千瓦。截至2022年底，全国风电累计装机容量3.65亿千瓦，光伏发电累计装机容量3.93亿千瓦。我国的新能源正在迅速发展。为响应国家"十四五"规划，自治区政府也制定了《内蒙古自治区"十四五"能源发展规划》，为自治区能源发展提供总体蓝图和纲领。

内蒙古是能源大区，不仅有着储量丰富的传统能源，而且有着大力发

展新能源的优势条件。在传统能源方面,内蒙古煤炭产量约占全国总产量的25%,承担着全国18个省区市的煤炭供应任务。2023年上半年液化天然气产量占全国28.9%,居全国首位。在新能源方面,内蒙古风能、太阳能资源富集,是国家重要的清洁能源发展基地之一。风能资源技术可开发量14.6亿千瓦,约占全国的57%;太阳能资源技术可开发量94亿千瓦,约占全国的21%。内蒙古发展新能源产业有着得天独厚的优势。

内蒙古自治区结合自身拥有的发展新能源优势条件,积极响应国家新能源产业建设政策,将新能源产业从无到有,发展到现如今,已经成为全国前列。2018年内蒙古新能源装机规模为3800万千瓦。2019年,内蒙古新能源装机并网规模发展到了4056万千瓦。2020年内蒙古新能源装机并网规模突破5000万千瓦。2021年内蒙古新能源装机并网规模达到5334万千瓦,其中风能发电装机容量为3993万千瓦,占全国第一位。2022年内蒙古新能源装机并网规模突破6000万千瓦,截至年底达到6500万千瓦。2023年上半年,内蒙古新增新能源并网规模超842万千瓦,居全国第一;新能源装机并网总规模超7000万千瓦,居全国第三。预计2023年底内蒙古新能源装机并网规模将达到9000万千瓦。内蒙古新能源开发正处于高速发展阶段。

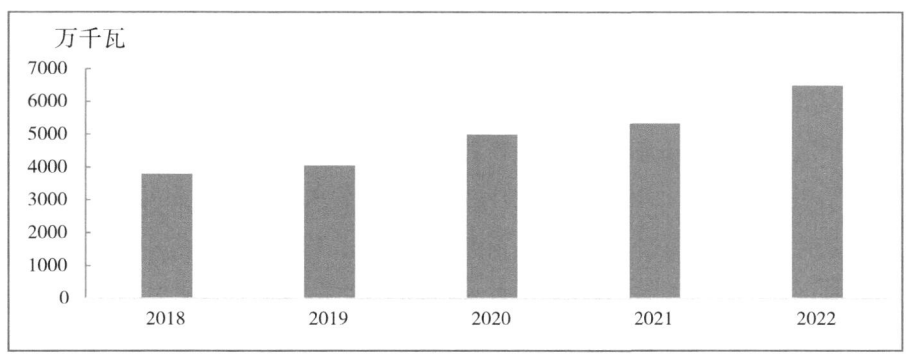

图2 内蒙古2018—2022年新能源累计装机并网规模(万千瓦)

2021年10月,全球首个零碳产业园落地内蒙古鄂尔多斯,并于2022年4月一期项目建成投产。内蒙古利用自身富集的风电光电资源,建立起第一个零碳产业园,为全国乃至全球新能源发展与应用提供了新的范例。

随着自治区的新能源建设不断向好，流向内蒙古的投资也不断增多。今年以来，自治区着力开展"绿电招商"，为自治区吸引来更多优质企业投资。2月，阿拉善盟召开"绿电招商"专场推介会，签约32个绿电新能源项目，协议总投资额1688亿元。兴安盟召开"兴安风光无限好··'新能源+'"招商引资江浙专场活动，签署新能源产业、现代绿色农牧业项目合作协议14个，协议总投资362亿元。6月，世界新能源新材料大会在鄂尔多斯举行，达成新能源、新材料项目协议33项，总招资额4292.5亿元。7月，2023中国产业转移发展对接活动（内蒙古）在呼和浩特市举行。签约新材料、新能源、高端装备制造等160个项目，协议总投资4573亿元。来自全国各地的投资，为内蒙古新能源发展提供了充足的资金。

新能源产业发展符合当今时代发展的潮流，符合我国能源战略需求。有不断注入的投资资金和国家及自治区的政策支撑，内蒙古新能源产业将持续向好发展。

（二）内蒙古生态环境保护现状

内蒙古自治区处于我国华北地区，占地面积大，东西跨度长，以温带大陆性气候为主，由于深处大陆内部，有着降水少、植被少、温差大等特征，拥有高原、山地、丘陵、平原、沙漠等地貌。

良好的生态环境是人们生存和发展的物质基础，没有生态环境作为支撑的人类社会是不能长久存续的。近几十年来，由于内蒙古经济发展的需要，开采矿山、开发旅游、开垦耕地、放牧养殖等造成的生态环境破坏问题越发明显，如地面塌陷、水体污染、地下水水位降低、草原面积退化、草原荒漠化等。内蒙古有伊敏、霍林河、元宝山和准格尔四座露天煤矿和众多煤田，由于一些企业的过度开采导致了一系列的生态环境问题。过度开采煤矿导致地面塌陷、地面沉降、地下水位下降，植被失去附着的土壤，加剧了水土流失。同时自治区内一些农牧区存在过度开垦和过度放牧的情况，导致草原退化甚至荒漠化。由于牧民盲目增加放牧数量，草原过度载畜，20世纪60—80年代，自治区草原牧草产量由每公顷产1635千克降至每公顷产645千克，牧草产量大幅度下降。

党的十八大以来，习近平总书记高度关注内蒙古的生态环境问题，多次到内蒙古进行考察调研，从整体生态安全角度出发，为治理内蒙古生态环境问题。2017年国务院印发《关于划定并严守生态保护红线的若干意见》。2020年自治区政府公布了《内蒙古自治区矿山环境治理实施方案》。2021年自治区政府颁布《内蒙古自治区草畜平衡和禁牧休牧条例》。2023年1月《内蒙古自治区煤炭管理条例》正式施行。除此之外，还有许多为改善生态环境提供政策和法律支撑的国家级和自治区级的文件。

回顾内蒙古历年草原植被盖度数据：2000年，内蒙古草原植被盖度仅为30％。2012年，内蒙古草原综合植被盖度40.3％。2022年，内蒙古草原综合植被盖度达45％。在水土流失方面，2013年内蒙古水土流失面积为62.9万平方千米；2021年全区水土流失面积为57.8平方千米。通过对比数据，可以看见自治区的草原综合植被盖度在不断增加，水土流失面积在不断减少，说明内蒙古的生态环境正在逐渐改善。

（三）内蒙古新能源开发与生态环境保护融合发展现状

内蒙古作为能源大省，其煤炭产能、外运量、发电量和外送电量在全国都居于首位。内蒙古拥有丰富的煤炭储量，约占全国的26.87％；同时，内蒙古的原煤和天然气产量也分别占全国的26％。能源工业内在蒙古的规划工业中占比超过50％，其中煤炭工业占比超过30％。然而，随着我国对绿色发展的重视加强，内蒙古的传统能源供给也在逐渐改变。从表1中的数据可以看出，内蒙古的传统能源供给结构正在经历一定的调整。从2004年到2016年，内蒙古的原煤产量在传统能源供给中的占比从97.32％下降到89.21％，尽管在之后有所回升，但总体趋势仍然呈下降态势。与此同时，原油产量在传统能源供给中的占比也从2002年的1.40％下降到2019年的0.03％。这些数据表明，内蒙古正逐渐减少对传统能源的依赖，积极推进绿色能源的发展。逐渐转向更加清洁和可持续的能源形式是内蒙古践行绿色发展理念的重要举措之一。内蒙古政府和相关部门通过各种政策和措施鼓励和引导新能源的开发和利用。这些努力旨在促进内蒙古的可持续发展，减少对环境的影响，并适应国家推动能源转型的发展方向。

表 1　内蒙古 2002—2019 年原煤、原油、天然气及其他能源产量比重（%）

年份	原煤占比	原油占比	天然气占比	其他能源占比
2002	97.21	1.40	1.22	
2003	97.14	1.22	1.30	
2004	97.32	1.04	1.34	
2005	95.90	1.10	2.69	0.31
2006	95.39	1.10	3.17	0.34
2007	94.84	0.90	3.51	0.75
2008	94.62	0.75	4.00	0.63
2009	93.09	0.67	485	139
2010	92.58	0.53	5.44	1.46
2011	92.49	0.50	5.69	1.32
2012	91.74	0.49	5.98	1.79
2013	91.25	0.47	6.15	2.14
2014	91.04	0.46	6.21	2.29
2015	89.81	0.45	6.88	2.86
2016	89.21	0.47	6.87	345
2017	90.48	0.33	5.25	3.94
2018	95.40	0.03	0.34	4.23
2019	95.36	0.03	0.42	4.19

数据来源：《内蒙古统计年鉴》2003—2020。

虽然煤炭工业以及火力发电仍然在内蒙古能源产业中处于主导地位，但有着国家和自治区政策支持以及符合绿色发展潮流的新能源产业正在逐渐发展。目前内蒙古能源产业发展主要目标分 2025 年和 2030 年两个阶段，在这一过程中，追求煤炭产能稳中有降，火电装机趋于稳定，煤基新材料及精细化工规模和发展水平全国领先，2025 年新能源装机超过 50%，成为全国最大新能源生产基地和消纳利用地区，在全国率先构建以新能源为主体的新型电力系统。2030 年新能源发电量超过火电，在全国率先建成以新能源为主体的能源供给体系。

今年 6 月，习近平总书记在内蒙古考察时强调，推动传统能源产业转型升级，大力发展绿色能源，做大做强国家重要能源基地，是内蒙古发展的重中之重。作为国家重要能源基地，内蒙古积极推动传统能源转型，在"沙戈荒"地区开展光伏治沙、架设风力发电机，不断为自治区吸引投资。2023 年上半年，内蒙古新能源投资同比增长 114%，拉动全部投资增速 24.8

个百分点，成为全区经济增长最大动力。自治区能源局提供的数据显示，2023年全区将完成新能源投资3000亿元，约占全国新能源总投资的20%，在建和拟建新能源规模超过1.5亿千瓦，约占全国的三分之一。更多的光伏发电基地在"沙戈荒"地区建立起来，将为防沙治沙带来更好的效益。

大批国家级、世界级项目落地内蒙古，也促进了内蒙古的新能源装备制造业发展。2022年，《内蒙古自治区新能源装备制造业高质量发展实施方案（2021—2025年）》出台。内蒙古根据各盟市的产业基础、资源优势以及区位条件，统筹规划了自治区风电装备制造业、光伏装备制造业、氢能装备制造业和储能设备制造业的布局，将集聚各盟市及周边地区的优势资源，打造多个新能源装备制造基地。自治区以呼和浩特、包头、鄂尔多斯、通辽4个基地为基础，以风光氢储4条产业链为重点，大力开展延长产业链、填补产业链、强化产业链行动，目前已经初步建立起完整的新能源装备制造产业链，已形成风电装备整建制配套能力500万千瓦，光伏组件供给能力1000万千瓦，制氢设备年产能50台套，储能设备生产能力可满足13万千瓦时装机需求，风光氢储产业集群及呼和浩特、包头、鄂尔多斯、通辽装备制造基地初具规模。

（四）融合发展光伏治沙案例——达拉特旗光伏产业基地

中国第七大沙漠库布齐沙漠位于内蒙古鄂尔多斯市，有着全国最大的沙漠集中式光伏发电基地——达拉特旗光伏产业基地。"十四五"以来，国家多次提出加快推进沙漠、戈壁、荒漠地区大型风电光伏基地建设。达拉特旗依靠当地广袤的土地资源和丰富的光照资源，在这里发展光伏发电产业，利用光伏产业来防沙治沙。目前全国光伏治沙基本都是采用"板上发电、板间种植、板下修复"的方式，即在"沙戈荒"地区架设光伏板，利用充足的光照进行发电；在光伏板的间隙种植灌木；在光伏板下种植牧草。达拉特旗光伏产业基地同样采取这种光伏治沙模式，此外还在基地外围种植经济林和经济作物，目前，已建成外围防护林3000亩，栽植沙障1.75万亩，套种红枣等经济林木1.2万亩，紫穗槐、红枣等经济作物2.1万亩，种植黄芩和黄芪等中草药5000亩。截至2023年3月，达拉特旗已建成100万千瓦装机规模的光伏发电基地，年发电量可达20亿度，每年可节约标准煤约 68 万吨，年均减排二氧化碳可达 165 万吨，在实现清洁能源利用的同时，治理 6 万亩库布齐沙漠。同时，库布齐沙漠正在建设全球最大的风电光电基地。据估计，项目建成后，每年可向京津冀地区输送清洁电能 400 亿千瓦时，年节约标准煤 780 万吨以上，减排二氧化碳 2200 万吨以上。

图 3　达拉特旗光伏发电基地

四、内蒙古新能源开发与生态环境保护融合发展面临的问题

（一）技术层面

新能源研发和生产环节不同步。随着新能源产业热度不断上升，越来越多企业开始涉足新能源产业，但目前新能源产业中的企业大多以加工为主，加工水平高，产能大，但核心技术掌握不足，产品附加值低、净利润低。其次，在前沿核心技术方面掌握不足。新能源产业是技术密集型产业，技术研发能力是推动产业发展的核心动力，如新能源发电效率提升技术、输电减少损耗技术、储能损耗减少技术等。在这些新能源开发核心技术上还有很大的发展空间。

新能源技术与生态环境保护技术融合较浅。目前国内已有的光伏治沙、光草互补等项目仅仅是将新能源开发与生态治理简单融合，达到开发新能源的同时不造成环境恶化的目的。这只是新能源开发技术和生态环境保护融合发展的初步探索，要想推进新能源技术与生态环境保护技术更进一步融合，还需要继续深入研究。

（二）产业层面

在产业层面，新能源产业与生态环境保护融合度还需提高。新能源产业属于第二产业，其发展为制造业带来了活力，但和第一产业之间的融合发展还需要进一步提升。目前已有光伏固废、渔光互补、光伏种植、光伏养殖等项目，但都还处于初步发展阶段，是新能源产业与农业、生态保护等的简单结合。未来，还需要不断提高新能源产业与生态环境治理融合度，为实现"双碳"目标做出更多贡献。

（三）政策层面

目前新能源开发相关政策或生态环境保护政策已经相继出台很多，但二者融合发展的相关政策还相对较少。2022年，国务院颁布了《关于促进新时代新能源高质量发展的实施方案》，指出要加快建设风电光伏基地的同时，加强环境保护。2023年，自治区发布《关于印发自治区2023年坚持稳中快进稳中优进推动产业高质量发展政策清单的通知》，其中对符合战略性新兴产业发展定位、产业链配套的重大示范项目，光伏治沙、采煤沉陷区治理、矿区治理等生态保护修复项目，国家试点示范及乡村振兴等项目，支持建设一定规模的保障性新能源项目。自治区新能源开发与生态环境保护的融合发展还需要更多协同政策来指引和支持，才能又快又好发展。

五、内蒙古新能源开发与生态环境保护融合发展的建议

（一）技术创新促进高质量发展

1. 设立研发基地和创新中心

自治区各盟市可以集中资源和高校合作建立新能源研发基地，并打造一批重点实验室、研究所和工程技术研究中心等研发平台。例如，可以在

高校内设立研究风能和太阳能的先进技术和方法的实验室,并牵头引入相关领域的专家进行导向和指导。同时,在该基地周围布局相关产业基地,形成从研发、试验到产品化、产业化的完整链条,推动技术研发与产业化的深度融合。此外,还可以通过与全球研发机构建立合作关系,借鉴引入国际先进的技术和管理模式。

2. 引入和养成技术领域人才

在引进高技能人才方面,可以通过设立科研项目招标等方式,吸引国内外的技术专家和科研团队参与。与此同时,自治区可以在普通教育阶段就对新能源技术进行普及教育,以提升学生对新能源的认识,从而产生兴趣,进一步产生愿意从事这个行业的想法。比如,与本地的高等院校合作,设立和优化相关课程,如风能和太阳能工程、能源传输、能源储存等。

3. 加强国际交流与合作

只有打开国门,积极融入国际社会,才能更好地进行技术研究和人才培养。首先可以考虑加入或是和国际能源科技组织建立合作关系,如国际可再生能源代理机构、欧洲风能协会等,这将使内蒙古有机会直接接触到最新的研究或是技术。其次,人才交流也非常重要,可以设立访问学者、博士后等项目,邀请国内外的专家来内蒙古进行研究或演讲。同时,也可以鼓励本地的研究人员去国外访学,或参加国际学术会议,展示他们的研究成果,吸引更多的人关注内蒙古的研究,促进更多合作。

(二)产业路径

1. 完善新能源开发产业链与供给消纳体系

自治区应加大在新能源产业政策、资源和资金投入,吸引企业来自治区投资、建设新能源项目。根据各盟市自然资源条件与区位条件等因素,形成完整产业链。借鉴鄂尔多斯零碳产业园的模式,加快零碳产业园的建设,降低新能源装备生产过程中的碳排放量。完善新能源电力交易市场机制与供给消纳体系,保障新能源供应足、输送好。

2. 加大新能源产业与农业、林业、牧业深度融合力度

自治区应统筹新能源能源发展和生态环境保护,优化区域能源发展布局。一方面,从各盟市自然条件出发,评估各盟市生态环境承载能力,因地制宜，优化自治区新能源发展布局。借鉴当前已有的成功项目和模式，如光伏治沙、光草互补等，创新新能源与生态治理融合发展模式，促进新能源开发与生态治理深度融合，同时更进一步促进自治区能源、经济、生态协调发展。

（三）政策协同

1. 完善新能源开发与生态治理协同政策

生态补偿政策是保护生态环境、促进可持续发展的重要举措。确保新能源开发企业在项目实施前进行细致的生态环境评估，并根据评估结果制订相应的生态补偿计划。生态补偿政策主要包括多个方面的内容，如经济补偿、生态修复和保护措施等。生态修复和保护措施则主要包括植被恢复、生态系统保护、水体治理等方面，最大限度地降低新能源开发对生态环境的破坏，并实现生态系统的恢复和保护。

2. 完善监管与执法政策

加强对新能源开发项目的监管与执法是确保长期可持续发展的重要措施。相关部门应制定严格的监管标准和监测指标，定期对新能源项目进行环境评估和监测，加强对项目建设、运营和退出的全过程监管。此外，应建立健全执法机制，对破坏环境违法行为严厉打击，并依法进行处罚和纠正措施。加强监管与执法的力度，不仅可以保护生态环境，还可以维护公众的合法权益，推动新能源开发朝着可持续、绿色方向发展。

六、结　语

在全球应对气候变化的背景下，实现"双碳"目标成为各国的共同任务。内蒙古自治区积极响应国家号召，通过深入研究和探索绿色发展模式，大力发展推进新能源开发，推动绿色低碳转型，为保护生态环境、实现可持续发展做出了积极努力。通过发展风能、太阳能等可再生能源，内蒙古自治区在能源领域探索绿色转型。新能源的开发不仅能够为区域经济提供持续、清洁的能源供应，也减少了对传统能源的依赖，降低了温室气体排放，有效应对气候变化问题。

本研究所提出的新能源开发与生态环境保护融合发展路径，旨在促进经济发展和生态环境保护的双赢局面。通过绿色发展，内蒙古能够实现清洁能源的可持续供应，提升区域发展的竞争力，提高人民生活水平。同时，通过生态环境保护，内蒙古将拥有更加美丽的自然景观，更加健康和宜居的生态环境。然而，要实现新能源开发与生态环境保护融合发展的目标，仍然面临诸多挑战。需要进一步加强技术创新和政策支持，鼓励投资和合作，加强各方的合作，共同推动可持续发展，实现"双碳"目标。只有通过持续努力与合作，我们才能够为我们的子孙后代留下一个更加美好的地球，共享绿色低碳的未来。

基于社会过程研究法分析甘肃省农业产业结构

蒙 婷 西北民族大学

摘 要：马克思主义社会过程研究方法肯定事物发展的连续性与非连续性、前进性和曲折性的统一关系，为我们研究社会历史现象提供了科学的方法论指导。党的二十大报告中明确提出要加快建设农业强国。甘肃省作为西部边疆的多民族聚居省份，产业结构的布局和优化对民族地区生态平衡和经济发展产生重要影响。因此，本文在对甘肃省农业产业结构发展特征进行分析的基础上，运用社会过程研究方法与动态份额偏离分析法，基于甘肃省2012—2021年农业产业面板数据，分析甘肃省农业产业结构与竞争力状况，以期为甘肃省农业产业结构的调整提供方向和建议，因地制宜制定相关政策，从而尊重客观规律，实现产业协同发展。

关键词：社会过程研究方法；农业；DSSM；产业结构；甘肃省

一、引 言

党的二十大对农业农村工作进行了总体部署，首次提出加快建设农业强国。2023年3月，习近平总书记在参加十四届全国人大一次会议江苏代表团审议时指出，农业强国是社会主义现代化强国的根基，推进农业现代化是实现高质量发展的必然要求。2017年中央一号文件提出，深入推进我国农业供给侧结构性改革，进一步优化农业产品产业结构，实现农业提质增效，强化科技创新驱动，加快现代农业发展。农业供给侧结构性改革成为当前中国农业发展与改革的热点，探索区域性农业供给侧结构性改革的经验与路径，具有十分重要的理论和现实意义。

马克思主义社会过程研究方法的出现为我们研究社会历史现象提供了科学的方法论指导。本文基于社会过程研究方法、动态份额偏离分析法研究2012—2021年甘肃省农业产业结构与竞争力，通过甘肃省农业产业结构状况及其增效机制的分析，对于甘肃省解决新时代"三农"问题，实现乡村振兴和产业生态文明，以及各方面支持和促进农业产业结构调整和产业生态平衡具有重大现实意义。同时，对于加快边疆地区农业产业结构优化，缩小边疆地区区域经济差异，探索新时代边疆地区产业现代化发展方式具有一定的参考价值，最终实现尊重客观规律，因地制宜和产业协同发展。

二、社会过程研究方法及"动态偏离-份额分析法"的引入

（一）社会过程研究方法

社会过程研究方法认为社会历史过程是连续性与非连续性的统一，前进性和曲折性的统一。社会历史过程连续性与非连续性的把握有利于人们正确认识历史过程中各个阶段的联系和区别，并采取不同的方法解决不同的社会矛盾。而要深入了解事物的连续性与非连续性，就必须分析事物的前进性与曲折性，社会历史过程前进性与曲折性的统一是由事物发展的连续性与非连续性的关系决定的，二者缺一不可。社会历史的进程遵循否定之否定规律，马克思认为社会历史的发展是前进性与曲折性的统一，事物发展的总趋势是螺旋式上升的，强调事物的发展是在曲折的道路上不断前进的，前途是光明的，道路是曲折的。

（二）动态偏离份额分析法

偏离-份额分析法（SSM）是将某一地区产业结构的发展变化看作一个动态的过程，并将这一过程放置在一个区域发展整体过程之内，将某个区域产业在一定时期的增量（G）分解成三个分量：即份额分量（N）、结构偏离分量（P）和竞争力偏离分量（D），以此来评价分析该产业结构自身发展状况和竞争力的强弱状况，从而探讨该产业未来发展的可行性方式和方向。

本文通过运用 SSM 模型，运用动态偏离份额分析法，考察 2012—2021 年甘肃省农业产业每年变化情况，分析结构偏离分量、份额分量和竞争力偏离分量，以此进一步讨论甘肃省农业产业结构和竞争力。具体模型如下：

（1）式中 P_j 表示甘肃省农业产业份额分量，表示甘肃省结构偏离分量，表示甘肃省竞争力偏离分量，具体公式如下：

$$P_j = e_{j,0} \times (F_j - C) = e_{j,0} \times \left(\frac{E_{j,t} - E_{j,0}}{E_{j,0}} - \frac{E_t - E_0}{E_0}\right)$$

$$= e_{j,0} \times \frac{E_{j,t} - E_{j,t-1} + \cdots + E_{j,1} - E_{j,0}}{E_{j,0}} - \frac{E_t - E_{t-1} + \cdots + E_1 - E_0}{E_0}$$

$$= \sum_{m=2}^{t} e_{j,0} \times \left(\frac{E_{j,m} - E_{j,m-1}}{E_{j,0}} - \frac{E_m - E_{m-1}}{E_0}\right) = \sum_{m=2}^{t} P_j^m$$

$$P_j^m = e_{j,0} \times \left(\frac{E_{j,m} - E_{j,m-1}}{E_{j,0}} - \frac{E_m - E_{m-1}}{E_0}\right)$$

$$D_j^m = e_{j,0} \times \left(\frac{e_{j,m} - e_{j,m-1}}{e_{j,0}} - \frac{E_{j,m} - E_{j,m-1}}{E_{j,0}}\right) \tag{1}$$

（2）式中 G 表示甘肃省农业经济增长总量，N 代表甘肃省份额分量，P 代表甘肃省产业结构偏离分量，D 代表甘肃省产业竞争力偏离分量，j 表示农业 j 产业部门。公式如下：

j=1, 2, 3, …, n
式中：

$$G = \sum_{j=1}^{n} G_j,$$

$$N = \sum_{j=1}^{n} N_j,$$

$$P = \sum_{j=1}^{n} P_j,$$

$$D = \sum_{j=1}^{n} D_j \tag{2}$$

三、甘肃省农业产业结构的动态偏离份额

本文选取 2012—2021 年甘肃省农业产业相关数据，并将其划分为 10

个时间阶段,使用偏离—份额分析法进行分析,得到甘肃省农业产业发展的份额分量、结构偏离分量、竞争力偏离分量、总偏离分量和经济增长量指标。由于甘肃省渔业发展水平较低,故本文不对渔业进行分析。

(一)农业产业总体偏离情况

基于甘肃省农业总产值2012—2021年的数据,通过动态偏离—份额分析,得到甘肃省农业产业偏离份额的分析结果(表1)及演化趋势(图1)。

表1 甘肃省农业产业总体偏离结果

年份	N(t)	P(t)	D(t)	PD(t)	G(t)
2012—2013	107.46	16.66	41.79	58.44	165.90
2013—2014	73.13	14.92	9.18	24.10	97.22
2014—2015	64.04	7.26	35.75	43.01	107.05
2015—2016	72.13	-28.07	-13.41	-41.49	30.64
2016—2017	44.88	27.80	-357.07	-329.27	-284.39
2017—2018	66.82	35.93	31.77	67.70	134.52
2018—2019	163.41	-23.68	53.89	30.21	193.62
2019—2020	217.30	-45.22	-10.03	-55.25	162.05
2020—2021	145.21	54.41	75.49	129.90	275.11
2012—2021	954.36	60.01	-132.65	58.44	881.72

数据来源:2012—2021年《中国统计年鉴》《甘肃统计年鉴》。

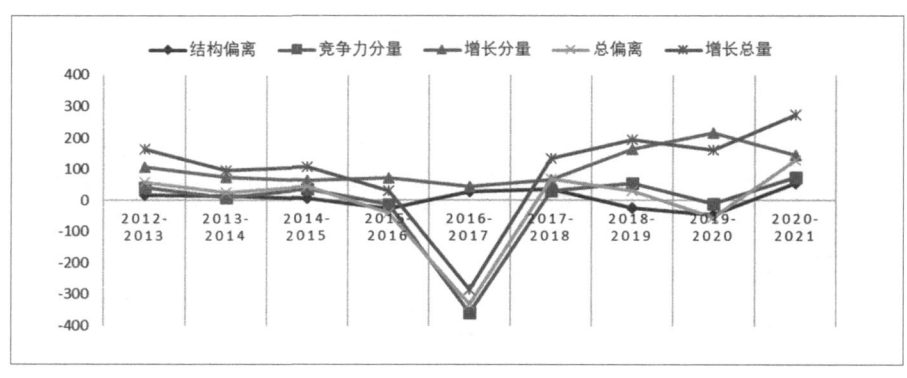

图1 甘肃省农业产业偏离份额变化趋势

（二）具体产业结构偏离状况

以甘肃省2012—2021年种植业、林业、畜牧业作为目标对象，通过动态偏离—份额分析方法进行分析，由此可知，甘肃省农业产业偏离结果（见表2），以及各产业偏离情况的趋势图。

表2　甘肃省农业结构动态偏离分析结果

年份	种植业			林业			畜牧业		
	N(t)	P(t)	D(t)	N(t)	P(t)	D(t)	N(t)	P(t)	D(t)
2012—2013	77.88	12.07	30.28	1.59	1.01	-0.14	18.33	-8.88	12.21
2013—2014	52.99	10.81	6.65	1.08	0.94	0.99	12.48	-9.06	11.62
2014—2015	46.41	5.26	25.91	0.95	0.05	2.11	10.93	-4.93	4.99
2015—2016	52.27	-20.34	-9.72	1.07	0.57	0.55	12.31	3.54	4.48
2016—2017	32.52	20.15	-258.77	0.66	1.37	-1.29	7.66	-17.28	18.84
2017—2018	48.42	26.04	23.02	0.99	1.68	-1.16	11.40	-17.21	15.71
2018—2019	118.42	-17.16	39.05	2.42	-0.39	2.99	27.88	10.32	38.50
2019—2020	157.47	-32.77	-7.27	3.21	-2.12	-7.45	37.07	25.93	36.72
2020—2021	105.23	39.43	54.71	2.15	1.07	-2.13	24.77	-27.89	127.68
2012—2021	691.61	43.49	-96.13	14.11	4.16	-5.52	162.83	-45.44	270.75

1. 种植业偏离状况

2012—2021年，甘肃省种植业增长份额分量691.61亿元、结构偏离分量43.49亿元、竞争力偏离分量-96.13亿元。增长份额分量、结构偏离分量均为正值，且增长份额分量大于结构偏离分量，而竞争力偏离分量为负值，表明在2012—2021年，甘肃省种植业总体发展较好，但在全国不具备竞争优势。同时，与林业、畜牧业相比，种植业结构偏离显著较大，说明种植业对本地区经济增长的贡献最大。种植业的竞争力偏离分量显著大于其他部门，反映出甘肃省种植业的竞争力表现强于其他产业。

通过数据可以发现，甘肃省种植业产业结构分量与竞争分量在部分年份为负值，由此可知，甘肃省种植业结构并不完善，发展潜力大和有竞争力的产业较少。

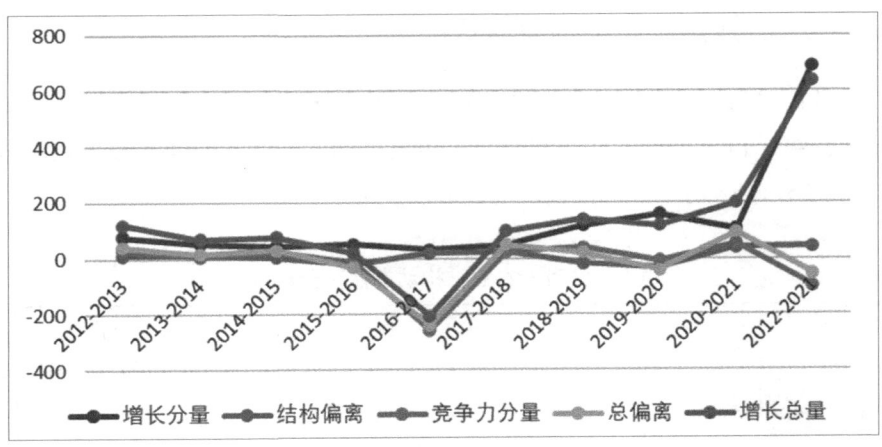

图 2　种植业偏离份额变化趋势

2. 林业偏离状况

2012—2021 年，甘肃省林业增长份额分量 14.11 亿元、结构偏离分量 4.16 亿元、竞争力偏离分量 –5.52 亿元。增长份额分量、结构偏离分量均为正值，且增长份额分量大于结构偏离分量，而竞争力偏离分量为负值，表明在 2012—2021 年，甘肃省林业总体发展较好，但在全国不具备竞争优势。甘肃省林业在 2012—2018 年处于平稳阶段，且结构分量和竞争分量均为正值说明甘肃省在这一时期内林业起到了正向作用。2019—2021 年相对较为动荡，且竞争力除 2019 年为正值外，其余均为负值，表明甘肃省林业受环境影响较大。

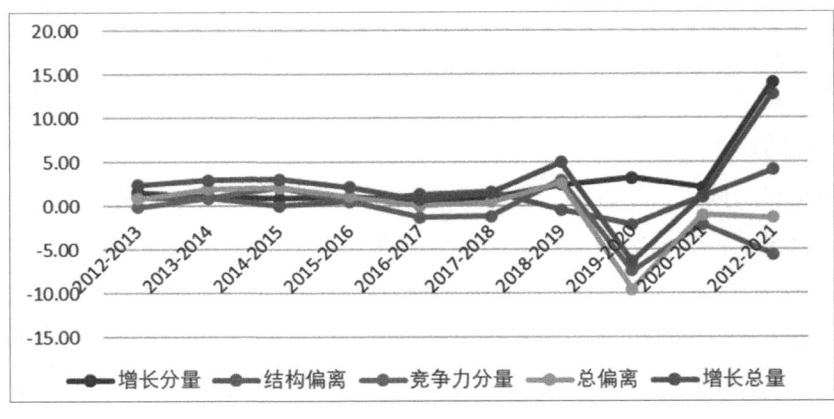

图 3　林业偏离份额变化趋势

3. 畜牧业偏离状况

2012—2021年，甘肃省畜牧增长份额分量162.83亿元、结构偏离分量-45.44亿元、竞争力偏离分量270.75亿元。增长份额分量、竞争力偏离分量为正值，且增长份额分量大于竞争力偏离分量，结构偏离分量为负值，表明在2012—2021年，甘肃省畜牧业总体发展较好，且全国具备竞争优势，但畜牧业产业结构不合理。甘肃省畜牧业结构偏离值均为正值但较小，在2018年之后呈现递增趋势，可见在2018年之前畜牧业对甘肃省农业产业的贡献值较低。份额分量、结构偏离分量和竞争力偏离分量在趋势变化相似，由此可知，甘肃省的畜牧业发展与市场竞争力的相关性较高（见图4）。

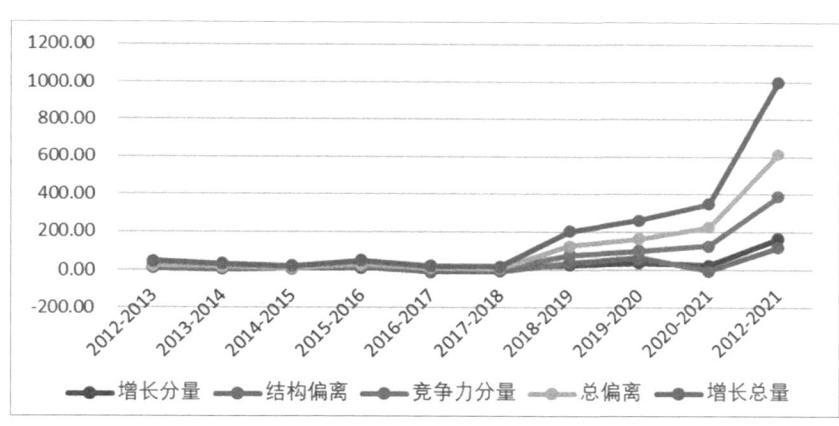

图4　畜牧业偏离份额变化趋势

（三）结论与对策建议

顺应历史发展规律，结合马克思主义社会过程研究方法，不断优化甘肃省农业产业结构是促进农业发展的重要举措，具体提出如下优化对策。

1. 坚持连续性和非连续性的统一

事物的发展是连续性和非连续性的统一，事物经过量变的积累表现为相对稳定的连续性，随后才能产生质变。甘肃作为农业大省，农业（种植业）长期存在于生产结构中的基础性地位，坚持连续性与非连续性的统一，对于我们正确把握甘肃省农业产业发展各个阶段的联系和区别，采取不同的方法解决不同阶段的矛盾，具有重要的理论意义和实践意义。甘肃省农业产业在2016—2017年呈现整体下降趋势，但总体来看，甘肃省的农业产业趋于上涨趋势，且在2017年之后，呈现逐年递增趋势。因此，坚持马克思主义量变产生质变原理，不断调整、坚持发展，最终实现农业产业稳步递增。

2. 坚持前进性和曲折性的统一

人类社会发展的总体趋势是前进的、上升的，而道路是曲折的、迂回的。社会历史发展过程中经过了"肯定—否定—否定之否定"两次否定、三个阶段的周期，使第三阶段的事物成为更高级完备的事物，因此总体趋势是上升的。与2012年相比，甘肃省的农业产业整体在2021年各个部门整体呈现上涨趋势，要坚持前进性和曲折性统一原理，树立信心，不断发展各个产业，提升甘肃省农业产业整体竞争力。

3. 尊重客观规律

人类历史发展的规律具有不以人的意志为转移的客观性，但主体的选择对实践的成功与否起着至关重要的作用，具有主体选择性。通过经验和数据可知，甘肃耕地较为匮乏，有效灌溉面积少，是典型的大省小农省份，因此要尊重客观规律，不断提高种植业的质量，提升农产品的产量。同时，畜牧业在甘肃具有比较优势，产值不高，但竞争力在不断增强，应按照品种优良、规模养殖、绿色安全的要求，围绕规模养殖、种畜及饲草料加工、畜禽产品加工等重点，加快发展牛羊养殖基地，全面增强示范带动能力。

生物资源保护与可持续利用

和谐与共生：生态文明视野下的古井文化研究①

吴合显　贵州商学院农林经济生态化转型研究中心

摘　要：咱伦古井位于村寨中心，在咱伦村寨的生态、生计和生命中发挥着极其重要的作用。咱伦古井拥有严谨的结构体系，共有七个部分，每一部分都有明确的功能，展现了咱伦的文化、生态与智慧。这些特征主要体现在人与他人、人与社会、人与后代、人与自然、人与信仰的和谐共生之中。

关键词：咱伦古井；和谐共生；古井文化

受西方工业文明负效应的干扰和影响，特别是随着城镇化的快速推进，"城市风貌"在中国农村不断蔓延，乡村文化空间在不断萎缩。这种发展主义产生的后果将是生态失衡、环境破坏和文化失序。为此，加强对农村生态环境的维护与治理，已成为当下我国亟待解决的重大环境问题之一。目前，中国正全力推进生态文明建设，重建人与自然的和谐共生。为此，本文试图以咱伦村寨的一口古井为例，通过对其结构体系的深入分析，挖掘其蕴含的文化、生态与智慧，进而为我国的生态文明建设等国家战略提供一点力所能及的价值和启示。

---

① 基金项目：湖南省社科基金项目"武陵山区精准扶贫可推广模式研究"（项目编号：19JD55）阶段性成果。
作者简介：吴合显，男，吉首大学人文学院副教授，博士，硕士生导师，研究方向为生态民族学。

一、咱伦村基本概况

"咱伦"为苗族东部方言,为"雕刻完美"的意思,是一个有着 500 多年历史的苗族村寨,属明清苗疆边墙外典型的"生苗区",苗族传统文化保存较为完好。咱伦村位于凤凰县西北部,距县城 30 千米,咱伦是山江镇辖属 21 个行政村之一。现有 6 个村民小组,203 户,人口 860 人,其中男性为 684 人,女性为 176 人;老人(60 岁以上)为 256 人,儿童为 150 人;全村初中以上学历 560 人、高中以上学历 100 人、大学以上学历 50 人、研究生以上学历 20 人。

咱伦姓氏主要有吴、龙、隆、李、麻、张、石等姓氏,主要以吴、龙两姓为主。据说吴姓是从凤凰县腊尔山地区一个叫"嘎簇"的苗族村寨搬过来的,先是搬到山江镇毛都塘村,后来一部分人又再搬到了咱伦。龙姓、隆姓、麻姓、李姓和张姓主要是外村嫁到咱伦的女子。

咱伦全村面积平方千米;田地面积 953 亩,其中水田 784 亩、旱地 169 亩,全村林地面积 130 亩;有小型水库 1 个,水塘 2 个,溪流 3 条,溶洞 4 个,石桥 5 座,古井 1 口,巨石 20 块,古树 5 棵,传统建筑 6 栋;水泥公路 4 条,其中 1 条主道、3 条小道;机耕道 3 条。

咱伦目前是湖南省乡村振兴扶持村。20 世纪 80 年代土地包产到户后,村民主要还是依靠外出打工获取经济收入。随着外出打工机会的增多,村民的生活条件日益改善。2018 年,村民年均经济收入达到了 4000 元。传统粮食作物有水稻、小米、玉米、黄豆、红薯等;传统经济作物有烤烟、油茶、桐油、漆树、辣椒等;传统家禽有狗、猫、牛、猪、羊、鸡、鸭、鹅。随着国家精准扶贫的大力推进,如今还发展了猕猴桃、黄金茶、丹参、葛根、百合等经济产业。

咱伦地理位置特殊,东接山江镇东久村,西接鱼井村,南接千工坪镇桃花村和麻冲乡竹山村,北接山江镇板畔村。在村落设计上,咱伦上寨犹如一片枫叶,叶脉般的石板路在村里交叉而行,整齐又干净。咱伦中寨形如一丘在山腰上的稻田,稻穗般的房子依山而建,金黄又丰满。咱伦下寨宛如一个水瓢,宽敞的青石板路从山谷中穿过。从村寨南端的峡谷往上看,咱伦下寨就像一座屹立在悬崖上的古城堡,壮观美丽。

咱伦地处板畔乡（2005年合并到山江镇）、麻冲乡、山江镇和千工坪镇的交界处，地理位置重要。老人们说，咱伦在历史上就是这四个片区交界处的一个交通要道。在公路没通甚至汽车尚未成为主要交通工具的年代，板畔片区各村寨的人们要去千工坪片区、麻冲片区，甚至去凤凰县城，咱伦就是必经之地。记得小时候，笔者就经常见到外村人从村里过路。这一点，从村里头那些光泽的青石板路就足以证明咱伦当年作为交通要道的真实性。

咱伦水资源极其丰富，一条清澈的溪流从一口古井溢出，穿过村寨，最后在村尾百米悬崖处飞流直下，形成一道壮观的瀑布。咱伦先辈们很好地利用了水资源丰富这一优势，在村里头修建了石磨坊、油磨坊等生活服务设施。周边村寨的人常来咱伦打米、打油，咱伦成了这一片区域的中心。现今，由于现代工业技术的普及化，这些集文化、生态和智慧于一身的生计方式已成为历史，永不复返了。此外，基于丰富的水资源和特殊的地理环境，1976年，当地政府还在咱伦建造了板畔乡第一个水力发电站，咱伦成了当时板畔乡最先通电的村寨之一。

二、咱伦古井的结构体系

美国人类学家格尔兹认为，文化就是这样一些由人自己编织的意义之网，因此，对文化的分析不是一种需求规律的实验科学，而是一种探求意义的解释科学。[①] 在苗族文化中，人们将水当作生命之源来看待，并将其看成人类一生的相伴者。水，对人们来说有着特殊的意义。水被认为是财富、吉祥、平安的负载物。从地理位置上看，苗族村寨的水井通常都位于村寨的中心，很少看到在村头、村尾或其他地方的。笔者认为，水井之所以在村寨的中心位置，初衷应该是考虑到这样方便于村民安全用水，不至于让有的家庭为了用水，要走很远的路程。这一点，也体现了苗族先民在选择一个地方作为村落定居时，可能也是以水源为重要条件的。首先是要选择一口大的水井作为居住中心，进而随着村寨人口的不断增多，慢慢地向四

---

① 克利福德·格尔兹.韩莉，译.文化的解释[M].南京：译林出版社，2014：5.

周扩散而居,最终形成以水井、村落、田地和山林为层次的村落结构(见图1)。在咱伦村,就有一个被称为"龙洞"(苗语为"芭绒")的古井。在笔者的记忆中,古井在过去是村民活动的主要场所之一,热闹非凡。[①] 咱伦古井的水清凉甘洌、味美诱人。在夏天,由于古井边凉快,村民们在忙完一天的劳作后,老老少少,男男女女都喜欢坐在古井边,乘凉、休闲、聊天、娱乐等,有的村民甚至还拿着碗筷,坐在古井边边吃边聊。饭吃完了,顺势把碗筷往地下一放,久久不肯离去。口渴了,随即舀一瓢甘甜的井水喝。离开的时候,顺手把碗筷也洗了,直接带回家。这样既方便又节约水,感觉就是一幅"天人合一"的和谐景象,让人流连忘返。

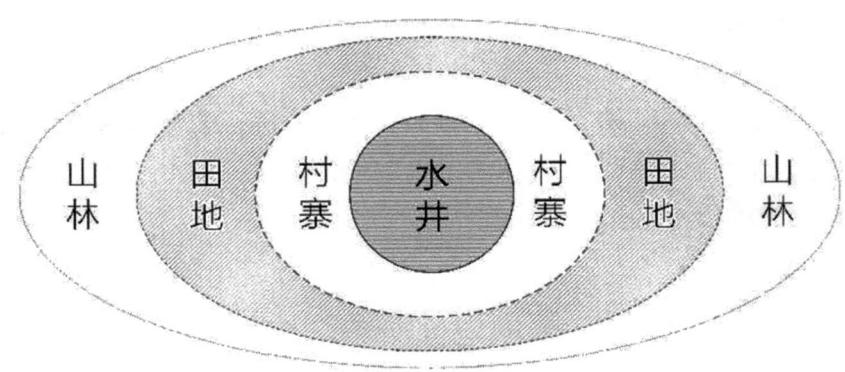

图1 以水井为中心的咱伦村落示意图

从结构上看,咱伦古井主要有八个部分(见咱伦古井结构图),分别是水源区、人饮之水区、牲畜之水区、洗菜区、洗衣区、农具洗涤区、垃圾过滤区和水沟。咱伦古井的每一部分都结构严谨,分工明确。下文将对这八个部分逐一描述。

---

① 在过去,村民没有外出打工,古井成了大家聚集说话聊天的场所,而不仅仅是过来挑水洗涤的地方。现今一个寨子大约有三分之二的人口外出打工,古井就真成了挑水、洗菜、洗衣的场所,完全没有了大家说话聊天闲坐的往日气氛。

咱伦古井结构图

（一）水源区

水源区是水井结构中最重要的一部分。水源质量的好坏和出水量的大小，更是决定了一口水井的可持续性。这就是有些井水遭到村民丢弃的原因。在咱伦古井中，水源是从一约有 800 米高山底部的山洞深处流出来的，出水量非常大，水源区就是山洞口。在访谈中，吴送某（男，82 岁）告诉笔者，最初定居在咱伦的人并不知道有这口水井，因为其养的一只老母猪每天都要往山下跑，其主人很好奇，便在某一天悄悄跟随这只猪，这才发现原来有这么大的一口水井，猪天天下来是为了喝水，咱伦古井也因此得名。据村里的一些老人回忆，从咱伦建村以来，从未听说过此古井有过断流的情况，即使在最干旱的年代，也能很好地保证咱伦村人畜的饮水问题。2022 年我国中南地区遭受了特大旱灾，从 7 月到 9 月，可以说是滴雨未下，凤凰县很多村寨的水井都断了水，给当地人畜饮水造成了极大的困难。然而，笔者注意到咱伦古井并没有受到任何影响，依然保证了充足的流水量。拥有这么好的古井，这让咱伦人感到特别自豪，也特有面子。笔者认为，咱伦先民之所以选择定居此地，肯定是被这股好水源深深地吸引住了。这口古井的水冬暖夏凉。在 2020 年 8 月 15 日，笔者曾试着赤脚踩在水里（洗衣区），由于水温冰凉，坚持不到 3 分钟。在冬天，即使是寒冬腊月，这井水总是冒着水汽，水温保持在 10 度左右，远远高于本地的气温。为此，即使在寒冷的冬天，村民们也都喜欢到古井来洗菜洗衣等，享受这温暖的井水。咱伦村民就这样日复一日，年复一年，一代又一代地享受着这口古井带来的福祉，幸福快乐地生活。

（二）人饮之水区

村民在洞口处往里挖了一个约 8 平方米大小的面积，把从洞口流出来的井水汇集起来，建构成水井系统的第二部分——人饮之水区，也是村民所说的"主井"。之所以要在水源洞口里，而不是挖在其他地方，主要是避免人饮的井水不会受到外部环境的污染，确保井水的洁净。过去，在农村自来水未出现之前，村寨每家每户饮用的水，都是用木桶挑这里的水回家。主井里的水，对村民来说，是最神圣的。正如克拉克洪等所说的，文化是指所有那些历史上创造的生活符号，明确的和隐含的，理性的、非理性的，在任何特定的时间存在的，作为人的行为的潜在指导。[①] 因此，井水在村民的心目中占有十分重要的地位。在村民看来，这些泉水不仅仅是提供清洁卫生的饮用水，也是新生活和新生命的源泉。为保证人饮之水的绝对干净，不允许有任何的污染行为发生，如洗手、洗菜、洗衣之类的，更不允许在水井边小便等。一旦有这样的事件发生，无论是成人，还是小孩，都将会受到全村村民的严厉批评和责骂。这样的文化规约在很大程度上保障了人饮之水的洁净。

（三）牲畜之水区

在主井水源的旁边，会有一些细小的支流，但水质相对要差一点，不便于人们饮用。但为了能充分利用这些水源，村民就在主井的旁边 2—3 米相对低一点的地方，修建另一口井。井的大小只有主井的三分之二那么大，其井水会被村民挑回供家里的牲畜饮用。这口井的水虽不会供人饮用，但也同样不允许人们用来进行洗涤之类的事情。这是全村人所养牲畜的专供水。

（四）洗菜区

咱伦古井是一个系统结构，各个部分的功能十分明确。从主井溢流出来的水则汇集在村民修建的一个正方形的小水池里，这个水池是用青石块

---

① Kluckhohn C.and Kelly W.H.The Concept of Culture [J].The Science of Man in the World Crisis（Ed.，R.Linton）.New York，1945a：78–105.

建造的，看上去非常美观。这里被称之为"洗菜区"，该区域的水相对也比较干净。在过去，咱伦没有自来水，村民洗菜都是到水井进行的。于是在水井系统里便有了洗菜之区，也为水井增添一份热闹的气氛。说是洗菜，其实不仅仅是菜类，人们吃的各种食物，如果来水井洗，都是在此区域进行的。在这个区域，除了对食物的清洗外，其他事项都不允许在此区域进行，包括洗手也不行。

（五）洗衣区

在洗菜之区的斜下方，村民同样用青石板修建了另一个小水池，汇集洗菜之区流下来的水。这个水池主要被村民们用来洗衣服。在这里，相比于上面几个部分，其应用性较为随意。村民们可以这里洗衣、洗手、洗脸，甚至可以用来洗脚等。由于这些原因，此处的水也相对较为浑浊。

（六）洗涤区

从洗衣区流下来的水，将被集中在另一个区域，形成洗涤区。在这个区域里，专门被用来清洗一些容易给水造成"肮脏"的东西。其中最明显的就是日常农具，如犁耙、锄头、箩筐、背篓、镰刀等。有时候村民从地里干活回来，腿上有很多泥土，也会到这里洗涤。这个区域的水，没有太多的禁忌，人们可以随意清洗各类东西。孩子们也可以在这里随意玩水，而不会受到人们的指责。

（七）垃圾过滤区

从农具洗涤区流下来的水以及一些垃圾，顺势会集中到一个被村民修建为垃圾过滤区的地方。在这个区域，成了一些垃圾的停留地。洗涤留下的固体垃圾如菜叶子、小石头等则被堵住截留于此。当然，村民们也会把在水井休闲时造成的一些垃圾丢弃于此。这些垃圾会有人定期捡起来，挑走其中的一些，并用作作物生长的有机肥料。之所以要在这里修建一个类似垃圾过滤的小水池，就是防止这些垃圾顺着水沟流入小溪和湖泊，以致污染水源。

（八）水沟

在咱伦古井的结构中，有一部分是与其他村寨的水井大不相同的。笔者对比观察发现，许多村寨水井的水最后都是直接流到稻田或渗透地下。可以这样说，他们对水井流出来的水的最后处理不是特别地在乎。但咱伦古井却不同，从垃圾过滤区流出来的水，会顺着一条咱伦先民修建的小水沟，沿着村寨小道流入村里头的一条小溪，最后在悬崖处形成一块美丽瀑布，飞流峡谷。

法国人类学家布朗认为，文化是一个整合的系统，在一个特定共同体的生活中，每一个因素都扮演一个特定的角色，并具有一特定的功能。[1] 以上介绍了咱伦古井的结构体系及其每一个部分的服务功能。从整体上看，咱伦古井的结构体系彰显了咱伦村民的文化、生态与智慧，体现了生态、生计与生命等多维度的和谐共存。

三、咱伦古井的文化、生态与智慧

在特定的历史—环境条件下，一种文化就是一种与自然和其他文化相互联系的开放系统。[2] 斯图尔德认为，文化一般被理解为学习的行为模式，它在特定的社会中代代相传，并可能从一个社会扩散到另一个社会。[3] 在咱伦人眼里，古井、村民和村寨有着特殊的关系，这种联系在咱伦人中世代传承着。爱护了水井，不仅爱护了个人的生命，也延续了村落的生命。保护了水井，也等于保护了自己生命、保护了村落的生命。美国人类学家格尔兹就提出，社会，如同生活，包含了其自身的解释。一个人只能学习如何得以接近它们。[4] 格尔兹同时指出，所谓文化就是这样一些由人自己编织的意义之网，因此，对文化的分析不是一种寻求规律的实验科学，而是一

---

[1] 拉德克里夫—布朗.夏建中，译，社会人类学方法[M].北京：华夏出版社，2002：37.
[2] 罗康隆.资源配置视野下的聚落社会——以湖南通道阳烂村案例[M].北京：人民出版社，2021：250.
[3] Steward J.H.Area Research. Theory and Practice.Social Science Research Council[M]. Bulletin, 1950：63.
[4] 克利福德·格尔兹.韩莉，译，文化的解释[M].南京：译林出版社，2014：534.

种探求意义的解释科学。[①] 有学者认为，生态智慧是一个文化长年累月的生活实践经验的累积，不能因其非理性而忽视。他们对于其他物种的看法与态度是一种"美德"，值得珍视。[②] 另有学者指出，作为中华文明重要组成部分的少数民族生态文化是民族生态智慧的结晶，有着深厚的生态思想资源与生态制度文化内涵，蕴含着尊重自然、顺应自然、保护自然的生态伦理观、生态价值观等生态文化意蕴和取向，与当代生态文明社会建设目标有着相通相承的价值诉求。[③] 笔者认为，咱伦古井彰显的文化、生态与智慧，可以理解为人与他人、人与社会、人与自然、人与后代、人与信仰的和谐共生。在田野调查的基础上，笔者将对咱伦古井体现的生态智慧理念展开解读和分析。

（一）人与他人的和谐

咱伦古井在人与他人的和谐关系上，主要体现在三个方面：从地点来看，在咱伦人眼中，古井是村寨里最热闹的场所之一。古井成了咱伦人的休闲和娱乐的场所。从时间上看，从每天的天亮到夜晚，都有一大群人在古井边来来往往。从人员来看，长时间停留在古井边的大致有三种人：小孩、中老年男性和中年妇女。小孩主要是在古井边玩耍，如戏水等，要不就是坐在大人身旁，静静地听大人们说话或讲故事。中老年男性大多是坐在井边抽烟、聊天，其中聊得最多的就是农业生产、村寨故事、村寨发展和天气情况之类的日常事情。这些人占的人数最多，坐的时间也最长，聊的话题也最多。女性一般很少坐在井边聊天，她们来到水井主要是因为洗菜、洗衣等洗涤之类的事情，基本上是洗完即走，极少像男性一样坐在井边悠闲地聊天，但她们来古井的次数却非常多，有时一天要来五六次，可以说她们是最熟悉水井的一群人。

村民们喜欢坐在古井边，主要还是因为这里凉快，尤其是炎热的夏天。因此，水井的人数在夏天要比冬天多得多。村民坐在一起，男男女女、老

[①] 克利福德·格尔兹.韩莉，译.文化的解释[M].南京：译林出版社，2014：5.
[②] 刁生虎、王欢.先秦生态智慧与新时代生态文明建设[J].西北民族大学学报（哲学社会科学版），2020（06）：7—16.
[③] 人类学视野里的生存性智慧与生态文明[J].学术月刊，2020（03）：141-154+120.

老少少，一起聊天，谈论农业生产、村寨文化、矛盾解决等日常事情。人与人之间、家庭与家庭之间，甚至村落与村落之间，即使有什么矛盾，只要在古井边一坐，话一说，烟一抽，水一喝，一切就都自然地得到了有效解决。所以说，咱伦古井体现了人与他人的和谐。

（二）人与社会的和谐

文化的产物是人们社会博弈的秩序和约束人们如何博弈的规则，而文化则是告知、训规和指导人们如何进行社会博弈的信息体系。① 如果说村寨是一个社会，那么咱伦古井就是这个社会的重要组成部分，人们时常聚集在古井边，除了上文提到的人与他人，还体现了人与社会的和谐关系。笔者在参与观察中发现一个非常有趣的现象，就是村寨里的各家各户，只要是有时间，都会有家人代表时常来到古井"报到"，不管男女老少。人坐在那里，可以不说话，也可以不坐很长时间。田野访谈中，一位 80 岁的吴姓老人就说，有空的时候，去古井边坐坐，已成为咱伦村民的一种习惯。如果不去那里坐坐，就感觉一天会魂不守舍似的，总觉得缺少点什么。

这样的一种情况引起了学者的关注。那就是为什么村民会把古井视为一个每天必去"报到"的场所。主要原因在哪里？这样的行为又体现了什么？通过进一步的访谈和分析，笔者认为，村民们常去古井坐坐，也不纯粹是为了休闲、聊天和洗涤，还有就是为了证明其个人或这个家庭依然是这个村寨社会的成员，依然拥有咱伦人这种身份，始终没有被这个社会所抛弃、所遗忘。换句话说，人们来到古井边，为的是维护一种尊严，一种村民身份认可的尊严。这一点，从斯科特的《弱者的武器》一书中就得到了证实。詹姆斯·斯科特把农民参与民间仪式活动视为一种对身份认同的追求。他写道，比较贫穷的村民的筵席自然要简单一些，但即使是这样，也至少要举办一次体面的筵席，这有助于他们在村庄这个小共同体内确定和维护自己的村民资格。② 笔者过去在长期的参与观察中，也认可了这样的一个观点。凡是能融入或想融入村寨这个社会集体的家庭，一般都有家人经

---

① 罗康隆. 资源配置视野下的聚落社会——以湖南通道阳烂村为案例［M］. 北京：人民出版社，2021：266.
② 詹姆斯·斯科特. 弱者的武器［M］. 北京：译林出版社，2011：213.

常会出现在古井边；反之，则寥寥无几，且多是一些孤寡老人或者多灾多难的家庭。这些人大多很自卑，也怕见人，也不想与别人说话，一般则是在半夜且井边无人的时候悄悄去挑水，甚至洗衣，这样才可以避免与他人接触和交流。

（三）人与自然的和谐

在人与自然环境的相互关系中，人口结构、社会组织、技术、环境等都是作为重要的构成因素包括在内的。咱伦古井作为村寨活动的中心，其位置也恰好是村寨的中心。之所以说咱伦古井体现了人与自然的和谐，笔者认为主要表现在以下几个方面：一是村寨整体上看，咱伦古井正好位于村寨的中心位置。咱伦村寨三面环山，一面为悬崖。古井就位于三座山中最高山的山脚下，咱伦村寨依山而建，这样村民用水都比较方便。另外，古井流出来的水顺着一条小溪流到悬崖处，形成一条瀑布降落到山谷。从远处看，古井、房子、溪流、古道、石桥、古树、悬崖、瀑布、峡谷等连在了一起，共同构建了一幅人与自然和谐共存的美好景观。二是从古井的结构来看，也体现了人与自然和谐的理念。咱伦古井共分为七个部分，每一部分都结构严谨、功能明确，凸显了人们对待古井的理念。例如，在古井的人饮之水区域，就严格规定不能用之洗涤之类，只能供人饮用。这样的规约就等于在告诫人们，要敬畏和感恩自然之物。对大自然的感恩，当地人还有这样一个习俗，就是每次享用了甘甜的山泉水后，要用周围的一根草打成一个草标，轻轻地放在山泉里，表示"付费"，也意味着感恩。另外，咱伦古井从水源、人饮之水、牲畜之水、洗菜之水、洗衣之水、洗涤之水到垃圾过滤处再到水沟，这般合理的结构布局充分体现了咱伦人对水的珍惜和敬畏，不提倡浪费，将每一部分水的价值都发挥到了极致，就连洗涤后剩下的一些垃圾也都能变废为宝，捡起来放到地里，充当农作物的肥料。

还有一点需要说明的，就是牲畜之水就像人饮之水一样，也不允许用来做洗涤之类的事情，是牲畜的专供水。这说明在咱伦人的价值观里，牲畜也拥有人一样的平等地位。在村寨里，牲畜同样被视为村寨的一部分，就像人一样。这也体现了人与自然的一种和谐共存。

（四）人与后代的和谐

在咱伦古井，人与后代的和谐主要体现在古井结构、古井材料和古井维护等三个方面。在古井结构上，随着农村城镇化的推进，水井的改造也在同步进行，改井工程在农村较为普遍。一些人认为，由于传统水井的结构，特别是由于水井空间太小，限制了水井的出水量和储水量。在干旱的季节，容易导致人畜饮水困难的问题，于是村村都推进了水井改造。然而，如今农村经过改造的大部分水井，虽然空间很大，储水量也很大，但已经没有了传统的结构、功能和场景。遗憾的是，如今的大部分水井里，看到的不仅仅是水，还有一根根的胶水管，把水输送到村子里的各家各户。

在访谈中，老支书告诉笔者，当初看到其他村在进行水井改造，也曾想过进行改造，但最终还是放弃了这个念头。毕竟咱伦古井是咱伦文化的"脸面"，历史的见证，养育了一代又一代的咱伦人。这么大的一口古井，除了从不断流外，有其独特的结构体系、修建材料和树木绿化。笔者认为，如果按照所谓现代科技手段进行了改造，这口井虽然变得更大了，表面上也可能更壮观了，但丢失了咱伦人的智慧，失去了古井的文化和灵魂。这是对咱伦先民的不敬，这是忘本，这是不孝，也是对咱伦后代的不负责、不关心。咱伦古井是咱伦人的美丽乡愁，是咱伦人的精神寄托。留住这份乡愁和寄托，就等于给后人留住了咱伦的村寨文化，保住了咱伦人的根和窝。

（五）人与信仰的和谐

咱伦古井还体现了人与信仰的和谐共存。首先，咱伦人称这口古井为"龙井"。"龙"在中华民族文化里是一种具有图腾象征的信仰。中国是一个农业大国，在传统农业社会，风调雨顺尤其重要。而"龙"正是掌管风雨的神灵。咱伦人将这口古井称为"龙井"，意味着咱伦人对水的敬畏，以及对风调雨顺的祈祷和愿望。另外，正如前文提到的，人们是不允许在人饮的水里洗手、戏水之类的。一旦看到有人这样做，除了受到严厉指责外，当事人还认为将会受到另一种惩罚，那就是神灵的惩罚。这种惩罚，对于当事人，在他的心里，可能要比人的语言批评更可怕。因为从小到大，人们就已经被祖辈们告诫古井是有神灵的，这神灵是保护水的。一旦你污染了水的洁净，将会受到神灵的惩罚。为此，任何人都不敢在井边随地吐痰、随便扔脏东西，更不敢在泉水边大小便。另外，谁家要是生了小孩，听说还必须拿几粒稻谷撒到水井里，以期盼他们的孩子无灾无难、健康成长。此外，要是谁家孩子生了病，父母也必须到井水边烧香烧纸，以求神灵保护而消灾除难。总之，水井在咱伦村民的心目中是十分神圣的。

古井还是咱伦一些祭祀仪式的主要场所。在每一年除夕的早晨，每家每户都要指定一个人到古井烧纸烧香，以求"井神"保佑来年风调雨顺、家人平安。当村寨有老人去世时，要请道士来做道场"打绕棺"。这个仪式的程序之一就是道士要带领死者的家人到古井"取水"。"取水"仪式完成后，再回到死者家中。其实，与水井有关的祭祀仪式还有很多，本文就不一一列举了。

综上，咱伦古井以其独特的结构体系完美地阐释了咱伦民众的生态智慧。这些智慧在咱伦人长期的生态生计生命中发挥了重要的角色。略微遗憾的是，当今由于工业现代化进程的大力推进，支撑着咱伦人延续发展的村寨文化正慢慢淡化，导致时下的咱伦古井，结构依在，但灵魂已逝。

四、几点启示

在大多数前现代文化中，甚至在那些强大文明中，人类也多半把自己看成自然的延续。他们的生活与自然界的波动和变化联系在一起：人们从自然资源中获取食物的能力，庄稼的丰收与歉收，畜牧繁殖的多寡，以及自然灾害的冲击，等等。由科学与技术的联盟所构筑出来的现代工业，却以过去世世代代所不能想象的方式改变着自然界。在全球的工业化地区，并且逐渐地也在全球别的地方，人类开始生活在一种人化环境之中，这当然也是一种物质性的活动环境。但是它再也不仅仅是自然的了。[①] 通过上文对咱伦古井结构体系和生态智慧的解释，本文特提出以下三点启示。

一是对传统生态知识的再认识。长期以来，由于受工业文明的干扰和

---

① 安东尼·吉登斯.田禾，译.现代性的后果[M].南京：译林出版社，2021：53.

影响，传统生态知识被戴上了"落后""过时"和"愚昧"的帽子。相比于现代科学技术，这是要被淘汰和抛弃的东西。在这种发展思维的影响下，形成了一股"唯技术论""唯经济论""唯发展论"的思想潮流，这些西方理论思潮在很长时间左右了我国农村发展的思路，而且愈演愈烈。

传统生态知识真的是"过时""落后""愚昧"的东西吗？其实不然，传统生态知识是人们与所处的自然生态系统在长期的相互磨合中，积淀形成的一种知识体系。这种发展体系与工业文明无限制追求的资本积累和经济利益的发展体系截然不同，其遵循的是一种人与自然的和谐共生，把大自然视为人类命运共同体的一部分，而不是经济发展的牺牲品。为此，在当下倡导绿色发展的背景下，重新审视和反思西方发展理论和思潮，重视和复兴传统生态知识体系，打破"贫困陷阱""环境库兹涅茨曲线""进步陷阱"等西方思潮的干扰，把传统生态知识作为绿色发展的要素之一，显然有着重要的时代价值和意义。

二是对生态文明理念的再认识。由于工业文明"唯技术论"的推进，生态环境被视为需要为经济发展而牺牲的事物。为此，在经济利益面前，生态环境已变得破烂不堪。为扭转这种状况，中国政府及时提出了生态文明建设，变青山绿水为金山银山的宏伟蓝图。

当下，对生态文明理念的理解，基本上还是立足于人与自然的和谐共生而展开的。但通过对一些个案的研究，例如咱伦古井所体现的生态智慧，就不仅仅是人与自然的和谐而已，而是一种多维度的理念。除了反映人与自然的属性外，还反映了人与他人、人与社会、人与后代、人与信仰的和谐属性。为此，对生态文明理念的理解，应当不局限于人与自然的和谐，还可以拓展到人与他人、人与社会、人与后代、人与信仰的范畴。

三是对乡村振兴的再认识。从某种程度上说，乡村振兴是一个田园综合体，涉及人与所在乡村的山山水水、草草木木的多维度性质。然而，在当下乡村振兴的推进中，很多地方把产业发展视为乡村振兴的唯一路径，因此在任何一个村寨不加选择地引进产业、发展产业。殊不知，如果这种产业与当地生态系统不相兼容的话，不仅达不到预期的效果，反而会成为一种破坏。

为此，在乡村振兴推进中，努力避免"一刀切"的模式，而是先要深入挖掘乡村的文化、生态与智慧。基于文化生态特点，思考一条真正适合不同乡村的振兴之路。像咱伦这样的村寨，有着丰富的生态文化，在乡村振兴的设计中，应该挖掘好、维护好、利用好、传承好这些流淌着咱伦村寨文化血液的古井、古道、古树、古屋、石桥、溪流、瀑布、峡谷等，而不是盲目地模仿别人，一味地追求所谓产业化发展。

共同富裕与牧区现代化建设
——基于"共享草场"的集体行动视角

孙　岿　大连民族大学
孙吕明　中央民族大学民族学与社会学学院

摘　要：我国牧区现代化建设必须走牧区美、牧业强、牧民富的中国式现代化之路。从民族学视角看，草原生态退化的实质可以归结为牧户集体行动能力的下降，构建人与自然和谐共生模式首先要建立以草场资源为核心的牧户之间新型合作经营关系。通过对"共享草场"概念的分析，探讨草场共享性与小牧户的集体行动形成逻辑，阐述制度供给、共同治理、利益联结是形塑生态—生产—生活"三生共同体"的机制。以新巴尔虎右旗芒赉畜牧专业合作社和阿拉坦额莫勒镇七村集体经济组织合作联社两个牧区现代化试点案例，进一步验证"共享草场"对生态经济体系建设的重要作用。研究认为，以共同富裕为目标，贯彻"共享发展"理念，才能避免单家独户高成本、高风险、高利润的人与自然对立冲突模式，形成生产、生活、生态协同发展的中国特色牧区现代化建设道路。

关键词：草原生态保护；共享草场；共同富裕；牧区现代化

党的二十大报告指出，中国式现代化是人与自然和谐共生的现代化，强调人与自然是命运共同体，要"像保护眼睛一样保护自然和生态环境，坚定不移走生产发展、生活富裕、生态良好的文明发展道路，实现中华民族永续发展"。然而，我国是人口规模巨大的现代化国家，"大国小农"基本国情使得牧区人均草场面积少，导致草原生态保护面临严峻挑战。2023年6月，习近平总书记在内蒙古考察时强调，铸牢我国北方重要生态安全屏障是内蒙古必须牢记的"国之大者",要统筹山水林田湖草沙综合治理,大力发展生态农牧业,抓好农畜产品精深加工和绿色有机品牌打造,促进一、二、三产业融合发展,推动农牧业高质量发展。学术界围绕草原生态治理问题已经展开了大量研究,强调从承包到"再集中"的社区治理机制、人口流动下的牧区生态治理、平衡生态治理权力关系、生态治理政策绩效评价、牧区生态多元治理等。但是,关于人与自然如何形成生命共同体、草原生态保护与共同富裕之间的联系则研究得较少,对于中国式牧区现代化的本质的理论总结不足。从民族学视角看,草原生态退化的实质可以归结为牧户集体行动能力的下降,构建人与自然命运共同体首先要建立以草场资源为核心的牧户之间新型合作经营关系。本文引入"共享草场"关键要素,通过对"共享草场"概念进行分析,厘清共同富裕与生态保护的内在逻辑,并以内蒙古自治区新巴尔虎右旗牧区现代化建设试点——芒赉畜牧股份制专业合作社和阿拉坦额莫勒镇七村集体经济组织合作联社两种模式,进一步验证"共享草场"的制度供给、共同治理、利益联结等机制对于草原绿色发展转型的重要作用,明确"三生协同"的中国式牧区现代化建设战略思路。

一、"共享草场"的内涵与视角转换

党的十八届五中全会提出了"创新、协调、绿色、开放、共享"的新发展理念,其中共享是出发点和落脚点,是实现共同富裕的必由之路,是全面建成小康社会的必然要求。关于共享发展的内涵,习近平总书记从"全民共享、全面共享、共建共享、渐进共享"四个方面,明确了共享的主体、共享的内容、共享的条件以及共享的实现。近年来牧区"共享草场"的绿色发展模式①是"共享"发展理念在草原生态环境保护的一种具体实践,因而,需要对其运行逻辑和实现机制进行探究。

---

① 2018年,内蒙古自治区党委、政府在呼伦贝尔市新巴尔虎右旗、锡林郭勒盟阿巴嘎旗等地区开展"共享草场"发展模式试点,探索出了以生态优先、绿色发展为导向的牧区现代化建设新路径。见于保明,任阿龙."共享草场"新模式让牧区变了模样[N].中国改革报,2021-08-23(004).

(一)"共享草场"的概念界定

"共享"(sharing),即共同享有、共同使用的意思。广义上,"共享草场"是指在共同享有、共同使用的理念下,将碎片化草场整合起来,在更大范围建立草原生态产品价值实现机制。狭义上,"共享草场"是指通过"党组织+合作社+牧户"模式,以规范草场经营权流转,引导鼓励按照放牧单元实行合作经营,提高草原合理经营利用水平。

"共享草场"不同于"共享经济":从资源上看,共享经济是拥有闲置资源的机构或个人将资源使用权有偿让渡给他人获取回报,如共享汽车、共享充电宝、共享房屋等。而草场对于牧民来说是维持生产生活的必要资源,共享草场是在保障牧民生产生活权益和尊重牧民意愿的基础上,将分散的草场整合起来,实行集中、规模经营。从过程上看,共享经济通过互联网把社会闲散资源和需求集中到一个平台上,采用数字化匹配对接进行交易,反映的是人们之间有偿对等的商业交换模式。"共享草场"则是通过租赁、股份、托管等方式,建立多元主体间的生产、经营、管理等利益共同体,反映的是牧区生产关系与社会关系的重塑。从主体上看,"共享经济"是交易双方认可电子契约的个人行为,而"共享草场"体现为草原资源的公共管理和集体行动,是集生产、生活和生态为一体的治理现代化,因而,"共享草场"回答了牧区现代化应"实现什么样的发展、怎样发展"的根本问题。

(二)"共享草场":一种理论视角转换

马克思指出,"人对自然的关系就是人对人的关系",揭示了人与自然的关系和人与人的关系实质上是内在统一的。草原生态环境保护是公共问题,单靠一家一户是无法解决草原退化问题的,只有建立在牧民志愿基础上的互助合作,才能采取共同的行动保护草原环境。以往关于草原生态保护的讨论可归为三种观点:持文化观点的学者根据本土生态知识主张恢复放牧。持制度观点的学者从草原产权制度视角提出了"共有""共管"的社区自我管理。持草原非平衡性生态学观点的学者从气候变化与草原生态脆弱性角度提出移动放牧是更合适的策略。

然而,大量实践经验表明,恢复放牧是需要有前提条件的。一是牧业生产力的发展。傲仁其指出，游牧实际上是靠天养畜的生产方式，是"顺应"自然的被动行为，而现代科学的轮牧制度是一种从古代游牧生产方式中获得启发、演变、发展而来的主动"顺应"行为。换言之，忽视牧区生产发展倡导恢复游牧不仅不能得到牧民的认同，还会导致牧业脱离现代化发展的主流方向。二是牧民生活条件的改善。贾幼陵指出，传统游牧能够保护自然生态环境的根本原因在于原始游牧生产方式致使大量的牲畜因灾死亡，从而减轻了草原生态的负担。也就是说，恢复放牧不能以降低牧民生活水平为代价，否则生态保护就失去了意义。因此，中华人民共和国成立后，我国始终坚持走生产稳定、生活安定的建设型草原畜牧业发展之路。三是"共有""共管"的社区管理。历史上牧区保持"牧场共有，牲畜私有"的部落经济组织制度，由于家庭拥有牲畜数量不同，少数牧主、富人占用草原，少畜或无畜的贫困牧户通常为牧主放牧维持生计，导致牧户的两极分化问题。因此，中华人民共和国成立后，党和政府采取"草原公有，牲畜公有"制度，改变了牧区经济社会落后面貌。但计划经济不能充分调动牧民积极性，也不能有效解决草原"公地悲剧"。20世纪90年代牧区实行草畜双承包责任制，极大提高了牧民生产的积极性，但伴随着家庭人口增长，家庭草场因分家越分越细，牧民将自家的草场围封起来导致草场面积日益碎片化，过度放牧危及到草原生态自我修复能力。这表明"共有""共管""私有"制度均存在各自的弊端。

可见，草原是具有自然—经济—社会三重属性，生态、生产、生活三种功能都不能分割开来讨论。若忽视牧业生产、牧民生活问题，试图通过地方性知识来修正现代生产方式引发的生态危机，不仅无法弥合"自然—社会"的关系裂缝，反而强化了地方性知识与普遍性知识的对立。构建人与自然生命共同体的核心问题是如何通过"共享草场"引导鼓励牧户按照放牧系统单元实行合作经营，进而形成生态、生产、生活协同发展的"三生共同体"。鉴于此，本文聚焦牧区嘎查村落这一空间单元，试图从相关主体互动的视角出发探讨牧民合作共赢的社会文化机制。一是基于共同富裕目标，探索"共享草场"破解草原碎片化问题，实现整体性生态空间打造与生态资源要素化；二是关注牧民主体利益联结机制，探索多要素集聚、多业态拓展如何使牧民融入牧区绿色发展进程之中，构建人与自然和谐共生的集体行动模式；三是研究不同场景的选择，探索不同场景下"共享草场"的运行模式和实现路径，发现人与自然、人与人、人与社会和谐共生的基本逻辑和实践路径。

（三）"共享草场"的理论基础与分析框架

实现共享发展，是乡村建设首先要面对的挑战。如果能找到改善这个格局的机制，就可以顺利推进乡村建设。"大国小农"的基本国情决定了广大小牧户仍是牧区生产生活的主体，如果不能贯彻共享发展理念，就无法让牧户参与到草原保护的集体行动中。奥尔森提出的"集体行动"是指具有相互依赖关系的个体为了实现共同利益，通过协商等方式形成一致行动的过程。从定义可看出，集体性与共享性二者有着紧密联系：一是"相互依赖关系"是指成员之间必须要以生产资料为基础建立稳定的合作制度；二是"共同利益"是指成员之间要建立持久的利益共享机制；三是"协商方式"是指多元主体通过共同治理机制达成一致行为。"共享草场"通过合作制度、协商机制和共同利益机制，打破了小牧户无法合作的僵局。

1. "共享草场"的合作制度

自《公地悲剧》发表以来，早期的解决思路是"国家或市场"二分法，要么主要依靠国家所有制，通过国家的力量来打破个体理性与集体理性相背离的集体行动困境；要么将公共事务分割为私人所有权，通过市场力量来解决集体行动的困境。实践证明，单一的国家力量和市场力量都不能起到草原生态保护的作用。在大多数情况下，在"纯粹利己—弱集体主义—对等集体主义—强集体主义—大公无私"谱系中存在不同强度的集体主义，对等的集体主义是帕累托最优结果。我国"三权分置"改革兼具集体主义与个体主义的包容性产权制度，即草原集体所有制确保了牧民对草场等重要资源的所有者地位；家庭承包制为牧民融入现代牧业经营体现提供了重要的产权联结基础；承包权和经营权的分离实现了草场使用权的市场化配置，也保证了牧民能够以产权主体身份获得要素收益权，因此，"三权分置"突破了"共有""共管""私有"的局限性（见表1），提供了对集体行动起决定性作用的制度供给、可信承诺和相互监督，为构建"人人为我，我为人人"的"共享草场"提供了制度保障。

表 1 牧区生产资料（草场、牲畜）所有制与草原生态管理变迁

时段	产权形式	组织形式	牧区生产	牧民生活	草原生态
1949 年前	共有私用	氏族部落阿寅勒	靠天养畜	贫富两极分化	草场利用率低
1949—1983 年	公有公用	公社—大队体制	定居放牧	低生产、生活水平	公地悲剧
1984—2013 年	家庭经营	公有私用	围栏放牧	摆脱贫困	草原退化
2013 年至今	三权分置	公有共享	草畜平衡、适度放牧	共同富裕	休养生息

2."共享草场"的共同治理机制

诺贝尔奖获得者埃莉诺·奥斯特罗姆在《公共事务的治理之道》一书中提出了通过用户自主治理（self-governance）的方式打破集体行动的困境，即在特定的制度条件下，人们完全能够自愿合作和自主治理公共事务。然而，在现实中，以家庭为单位建设围栏、棚圈和购买机械设备的追求产量为单一目标的高投入高产出模式，让许多牧户背上了沉重的债务，导致破坏的草原生态无法自然恢复。牧户普遍有"抱团发展"的强烈愿望，但即便是亲兄弟也难以自发形成生产合作。按照牧民的说法是"太麻烦"，指的是自然风险和交易成本太高。显然仅靠资本、土地、产权是无法破解牧民集体行动的困境。而我国牧区的"党建引领基层治理"既不同于传统氏族部落组织模式，也不同于资本化发展模式。村党支部以共同富裕作为目标，坚持发展为了人民、发展依靠人民、发展成果由人民共享，在纵向上建立"党组织＋合作社＋牧民"的经营模式，保证国家资金项目大量投入到牧区的基础设施建设中，克服了影响集体行动的自然地理特征因素。横向上建立合作社与龙头企业、服务公司、保险公司和金融机的合作关系，吸引稀缺性资源进入牧区，为多业态拓展创造了条件。同时，村两委和骨干成员的领导力和信任度极大地降低了牧民之间的交易成本（沟通、决策、监督等活

动)。《畜牧专业合作社章程》为广大牧户提供公平公正的制度环境,使合作社成为"牧民之家",切实将草畜平衡、禁牧休牧政策落实到位,达到"自然—社会"的动态平衡。因此,黄宗智认为,国家与社会的二元合一是中国乡村发展的制度优势,国家宏观的政治结构、产权制度、文化特征打破了影响牧户微观集体行动的自然因素和社会因素,突破了西方公共事务治理研究中因更多地集中于微观领域而陷入集体行动困境的局面。

(四)"共享草场"的利益联结机制

集体行动就是"为了改变群体的劣势状况,维护或提升群体共同利益而采取的统一行动",但是,长期以来,牧区缺乏其他产业支撑,草原畜牧业独立承担着当地经济发展和牧民生活的沉重负担,成为危及到草原生态自我修复能力的根本原因。第二轮草原生态保护补助奖励政策完成后,超载牧户比例仍高达80.8%,其深层原因是产业结构单一、牧户生计对牲畜数量的高度依赖。"共享草场"通过股份合作社保障牧民按照股份分享产业发展收益,促成多要素集聚和多业态拓展,打破草原牧区产业结构单一局面,为牧民提供更多就业岗位,增加牧民财产性收入和工资性收入。更进一步从县域全局性角度统筹规划县域草场、耕地等资源,优化牧区、半农半牧区和农村资源配置,将原先各村单一合作发展为集生产、供销与信用"三位一体"的合作社联合社,实现养殖、种植、旅游、加工"一体化"发展模式,营造了宜居、宜业、宜游的牧区环境,带动更多农牧民拓宽产业覆盖面,实现共同富裕。因此,"共享草场"围绕牧民为主体的利益共享原则,通过制度供给、共同治理和利益联结三个机制,阐述从单一专业合作社到合作社联合社、从全要素合作到全过程合作两个维度上,发挥合作经济组织制度优势,深化合作社与社员之间利益关系,是构建生态、生产、生活的"三生共同体"和人与自然生命共同体的基本方向。

生物资源保护与可持续利用

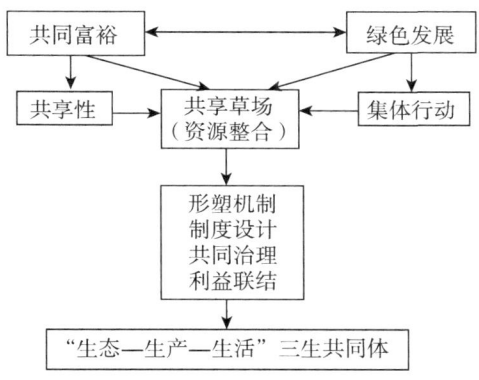

图 1 牧区现代化和共同富裕的机制

二、案例分析与讨论:"共享草场"的牧区现代化实践

本文选择新巴尔虎右旗(又称"西旗")克尔伦苏木芒赉嘎查和阿拉坦额莫勒镇作为典型案例,主要基于以下原因:其一,两个样本都地处新巴尔虎右旗,属于典型的干旱半干旱气候区,年平均降水量 250 毫米左右,蒸发量为降水的 7.6 倍。其二,选择同属新右旗的两个样本,一个是典型的纯牧区,另一个是近郊半农半牧区,二者在自然环境、资源禀赋、发展条件等方面有很大差异,具有多案例研究的优势。其三,两个样本在 2018 年被确定为内蒙古自治区首批牧区现代化试点,四年来成功探索了芒赉畜牧专业合作社和"七村一体化"模式。通过两个典型案例比较,并结合前文"共享草场"的集体行动分析框架,进一步探索不同场景下"共享草场"的牧区现代化实践路径。

(一)案例一:股份合作社模式

克尔伦苏木有 15 个嘎查 2 个社区,北边是克鲁伦河,南边是蒙古国边境,嘎查按照四季轮牧的生产方式自然形成了细长条型的行政区划。其中,芒赉嘎查有 119 户、358 人。草场总面积 60.34 万亩,其中集体草场 10.91 万亩。2018 年以前,牧户以家庭为单位独立经营,造成牲畜超载、草场退化、草畜矛盾突出,牧民生产生活遇到了发展瓶颈。2019 年 6 月,新右旗成立了第一个股份制专业合作社——芒赉畜牧专业合作社。2021年芒赉嘎查被授予"第二批全国乡村治理示范村"。草场和牲畜是牧户的命根子,为什么牧户自愿把自家草场和牲畜交给合作社统一经营呢?

1. 制度供给:"共享草场"打造草原整体生态空间

(1)党建引领致富路。边境地区一直注重"红色堡垒户"建设,从致富能手、返乡大学生中培养入党积极分子和后备干部,扎实做好"北疆红色堡垒户"示范群体,使得芒赉嘎查党支部、党群服务中心在群众中具有较高的信任度。在创建芒赉畜牧专业合作社过程中,党组织、党员先锋起了关键的引领示范作用。嘎查党支部书记米吉格道尔吉是中国青年五四奖章、五一劳模获得者,在他的带领下,设置了11个放牧点(浩特)。每个浩特长都是由牧民选举出来的信誉高、爱牧业、业务好、责任心强的人担任。

(2)股权量化。成立股份制合作社是一个很复杂的过程,需要入户调研、宣传动员、牧民自愿申请入社、通过畜群评估办法、建立健全管理制度、转变经营管理方式、清产核资、成立合作社、股权量化、拆除优化网围栏、发放股权证等一系列环节,其中,最关键的环节是牲畜评估合群和股权量化。牲畜评估是按照健康、年龄、品质等指标对牧户牲畜进行评估,比如,按照羊有几颗牙对其价格进行评估[1]。股权量化是将牧民的牲畜折合为不同的股份入社。这两个环节都涉及牧民的切身利益,牧区的每个牧民都是评估专家,那么,如何让牧民信服评估结果呢?米吉格道尔吉说:"我们建立合作社的初衷是站在大多数牧民的利益上去考虑问题,不能斤斤计较自己的利益。"正是为牧民利益着想使得影响集体行动因素得到有效化解。

(3)实施草畜平衡政策。《芒赉畜牧专业合作社章程》规定按照林草部门制定的草畜平衡动态载畜量来入股[2],平均16亩草场1只羊作为1股,每股股值=16亩草场×10元(每亩草场1年租赁定价)×6年(本轮草场租赁到期年份)+1500元(1只羊定价)=2460元。牧户入社必须按照草畜

---

[1] 8颗牙齿的羊一般为5岁,牧民们普遍认为8颗牙的羊是最好的羊。
[2] 草畜平衡的饲养承载能力是由林草部门根据每年降水量和对植物的长势自定来制定草原载畜量。例如,新右旗在干旱的时期,规定每20亩养1只羊。降水量增多,草势变好,载畜量变为10亩、12亩、16亩养1只羊。

平衡的数量来入股,即入股的羊数量与自家的草场载畜量匹配,多余的羊可以转卖给其他社员。有的牧户草场多、牲畜少,而有的牧户牲畜多、草场少,合作社是如何平衡不同牧户的利益将他们吸纳入社呢?对于有草场、无牲畜的社员,合作社让他们先以草场入股,再替他们做担保贷款买羊。对于申请了国家禁牧补助的牧户,他们的草场暂时不能放牧,但合作社允许他们先以草场入股,等到禁牧期到期后草场交给合作社使用。通过合作社成员内部草场和牲畜的相互调整,解决了长期以来有草场无牲畜或有牲畜无草场的矛盾,最大限度地将牧户吸收到合作社中,实现共享共富共赢。2020年,芒赉嘎查牧民正式取得股权证,草场整合率达到了46%、牧户的入社率达到了60%、牲畜入股率42.1%。集体草场10.91万亩全部折股入社,整合39万亩草场,7万米网围栏被拆除,初步打造了较为完整的草原生态空间,实现了生态资源要素化。

2. 共同治理:"共享草场"推动生态产品价值转化

政府、市场、牧民等多元主体共同治理乡村,发挥了互补性作用,产生多业态的生态产品价值效应。一是品牌创建。"呼伦贝尔最好的羊在西旗","西旗羊肉"地理标识源自高寒天然干旱盐碱地放牧长大的羊,但是,如何让"西旗羊肉"实现从牧场到餐桌的生态产品价值转化?大多数苏木(乡镇)都没有建设全产业链的实力,比如,建设屠宰车间、熟食品加工车间、购买机器设备和物流销售等。"政府主导,市场运作"的多元利益主体联动,优化了多元生产要素组合方式。一是提升生态产品溢价。在呼伦贝尔市政府引导下,洪吉拉食品有限公司在新巴尔虎右旗投资建设了集牛羊屠宰加工、观光综合体项目,总占地面积6万平方米,建筑面积为30516平方米,计划每日屠宰6000到8000只羊、200头牛,80%的羊在当地加工。洪吉拉公司与芒赉畜牧专业合作社签订统销合同,芒赉合作社每年卖给龙头企业1万只(头)牲畜,企业则以每千克高出市场价格1元的价格统一收购,带动牧民增收致富。同时,政府、龙头企业帮助芒赉合作社建立优质种羊繁育基地和羊肉质量安全追溯体系,提倡少养精养,培育和保护羊肉品牌,虽然牧户的牲畜数量减少了,但人均收入却增加了。二是拓展多业态促进生态产品价值增值。在政府项目支持下,合作社整合克鲁伦河周边草场生态资源,建立了一个旅游营地,建造了木刻楞木屋,并与深圳旅游公司签订委托经营协议,一个木屋(包括2餐)住宿价格是2800元/天。公司每年给合作社保底20万元,超过150万元,合作社获得30%的分成。此外,政府支持合作社购买乳肉兼用的三河牛,并配套挤奶器和储奶罐,成立了奶食品加工车间,发展民族奶食品产业,为在家赋闲的妇女提供了就业机会。因此,政府、企业、合作社等多元主体的共同治理效能超过了单一市场体制下的生产要素组合方式,使得芒赉嘎查的生态产品价值得以快速实现。

3. 利益共享:"共享草场"促进共同富裕

"共享草场"在清晰界定草场产权主体的基础上建立多元主体的利益共享机制,保障生产—生活—生态"三生共同体"的稳定、持久发展。"共享草场"的利益共享机制:(1)节约生产成本。加入合作社之前,单家独户需要雇羊倌放牧,每家要打一眼井、建设棚圈和购买铲车、打草机等机械设备等。加入合作社,草场整合之后,合作社只有11个浩特(放牧点),每个放牧点只需要雇用一个羊倌、使用一口水井和一套机械设备,为牧户节省了大量开支。(2)拓宽增收渠道。牧民不再像过去那样从事单一牧业,可以身兼各种职业,增加了增收途径。比如,牧民在合作社当羊倌能领到6000元的月工资。合作社建立克鲁伦河旅游营地需要一批专业的管理人员和服务员,深圳旅游公司和芒赉合作社签订合同,由公司免费送牧民到全国连锁景区进行高端旅游接待培训。(3)合作社改善牧民生产生活条件。合作社一年实现盈利376万元,社员中分红最多的达到40余万元,最少的也有10万元。社员贷款由2018年的660万元减少到450万元。2020年芒赉嘎查集体分红收入48.36万元,户均分红2.93万元。为改善牧民生活质量,党群服务中心购置移动宿营车、养殖牛舍和消毒隔离圈等,将部分收入用于乡村公共服务建设,让牧民们共享牧区现代化建设成果。合作社拆除核心区网围栏48千米,实施核心区禁牧56万亩,巴尔虎黄羊自然保护区已开通黄羊通道。与周边嘎查相比,芒赉嘎查植被覆盖度达58%,植被平均高度达25厘米,是草场植被保护得最好的。

(二)案例二:"七村一体化"模式

阿拉坦额莫勒镇位于新巴尔虎右旗近郊,包括赛罕呼热嘎查、西庙嘎查、希日塔拉嘎查、东庙嘎查、山达嘎查、海拉斯图嘎查、巴音德日斯嘎查和蓝旗苗社区，总人口1585户3086人，其中种植业473户、养殖业486户。该镇属于半农半牧区，总面积约50万亩（其中草场面积47.9万亩、耕地面积2.7万亩），牲畜总头数12.9万头。由于草场面积小，没有承包到户，草场、耕地均属嘎查集体所有，牧户在集体草场无序放牧导致载畜量较大、草畜矛盾较为突出。但是，从地理位置看，"七村"沿呼伦湖、克鲁伦河有序分布，具有与中心镇接壤、人口聚集、交通便捷、旅游资源丰富的优势，具备统筹规划、整体发展的先决条件。所以，该镇通过党建引领打造合作联社，探索了"七村集体经济组织联社"模式，促进生产、生活、生态协同发展。2021年，阿拉坦额莫勒镇获评"乡村振兴示范案例"。

1. 组织制度：党总支+合作联社+合作社

草场与耕地只有统一规划利用，才能有价值，才能构建农牧相互支撑的产业体系，而草场、耕地资源统合首先要打破村庄之间的行政制度区隔。一是在七村嘎查党支部基础上，组建七村党总支，强化七村中心党组织领导，打造"克鲁伦先锋"党建品牌。二是通过集体产权制度改革，对基本草原、人工草地、耕地、林地等集体资产进行清查、登记、量化。按照摸底调研、宣传动员、申请入社、制定章程、召开成立大会、注册等级等规范程序，构建七村各自的新型集体经济组织——股份制合作社。三是组建七村合作联社。以联社自营或与专业合作社等其他经济组织联营等方式，形成以集体所有制为基础的"党总支+合作联社+合作社"发展模式。合作联社下设农业经济体、牧业经济体、旅游业经济体、加工业经济体、劳务输出部门，统筹标准化生产、市场化营销、品牌化运作。因此，"七村"发挥了集体土地所有制和基层党支部的组织优势，提高草场资源配置效率，对接农牧业现代化。

2. 共同治理：统筹山水林田湖草沙综合治理

"七村集体经济组织联社"成立之前，"七村"近一半的居民有牲畜，夏季争夺嘎查仅有的12.5万亩集体草场上的牧草资源，使得集体草场持续退化。在地方政府支持下，党总支和合作联社统一规划草场、耕地用途，培育了养殖、种植、加工、旅游四大产业。（1）"以地养畜"的新发展模式。

利用农用地种植青贮饲料，为牲畜提供饲料，解决了草场少、牲畜多的发展困境。（2）产业布局一体化。按照宜农则农、宜牧则牧、宜商则商、宜游则游的原则，初步形成东庙—希日塔拉种养殖基地、蓝旗庙地区种养殖基地、赛罕呼热—西庙加工服务基地及七村旅游环线。（3）农牧产品加工业。按照"稳羊增牛"的总体规划，培育规模化肉牛养殖基地、精饲料加工、牛羊肉附属产品加工、传统手工奶制品加工、果蔬制品加工、民族服饰和手工艺制品等新产业，拓展群众增收渠道。（4）建设文化旅游体验长廊和"七村一体"旅游环线。"七村合作联社"改变了呼伦湖、克鲁伦河沿岸无序的旅游现状，培育了现代农牧业休闲观光、牧业点、知青点、小渔村、沿湖观光度假、餐饮等旅游服务产业。

3. 利益共享：重识牧业价值

"党总支＋合作联社＋合作社"以共同富裕目标为导向，建立多种利益联结机制，促进小牧户和现代牧业有机衔接，共享发展成果，重新认识牧业的价值。（1）从"单一合作社"到"合作社联社"转变，有助于促进资源共享，降低交易成本，强化产业联合与链条延伸，也推进集体资产折股量化到个人，牧民按股份参与集体经济收益分红。牧民通过股份分红、工资收益、生产生活资料团购、多行就业，形成工资性、经营性、财产性和转移性等多种收入，将七村农牧民联结成一个利益共同体。（2）从"自我服务"到"社会服务"转变，改变了小牧户生产服务自我供给的限度。政府通过种羊基地、电子商务服务平台、现代物流集散中心等项目，打破部门和领域界限，整合服务资源，为牧民提供更多就业岗位，打造社会共享服务平台。（3）从"单一功能"到"多种功能"转变，使牧区兼具生产、生活、生态、文化等多重功能。"七村集体经济组织联社"通过资源共享拓宽了保护生态环境、传承传统文化、提供休闲娱乐、协调城乡发展等多功能产业增值空间，促进了牧业产业链的重塑和价值链的重构。同时，新右旗整合各类资金11.42亿元，实施阿拉坦额莫勒镇水生态治理、民俗文化产业园和老年养护院建设等重点项目46个，完善社区服务、商业金融、医疗卫生、文体娱乐等服务设施，实现了百姓富、生态美的统一，使得呼伦湖保护区核心区18万亩禁牧方案得以实施。

三、进一步讨论

上述两个"共享草场"案例是在共享理念引领下，建立"党组织＋合作社＋牧户"的组织模式，吸纳了绝大多数小牧户入社，建立与草原资源相匹配的生产生活方式，实现了生产生活生态协同发展。"七村集体经济组织联社"则从单一合作社发展为集生态、生产、生活"三位一体"的合作社联社，具有更高稳定性、持久性的"三生共同体"。但是，"共享草场"在先富带后富、抗旱减灾能力方面还有很大的研究空间。

（一）牧业大户与合作社的共享发展关系

调查发现，仍有近三分之一的牧户未加入合作社，其中绝大多数是牧业大户。主要原因：一是合作社的包容性不足。为了防止合作社出现新的贫富差距和"精英俘获"问题，在《畜牧专业合作社章程》中都对入股的金额、牲畜规模进行了数额限制，牧户只能按照《草原承包经营权证》所规定的草场和草畜平衡规定的牲畜数量入股，而牧业大户不仅有自己的草场，还有租赁来的草场，这就将牧业大户排斥在外。同时，草场上的基础设施（包括水井、棚圈和铁栅栏的全套设施）统一无偿提供合作社使用，而牧业大户在承包的草场上已投入几百万元进行基础设施建设，这就使得大户不愿意加入合作社。由此，产生了大户与合作社争抢草场的状况。比如，当牧户急需用钱时，大户可以用现金预付小户的草场租金，使得牧业大户仍具有竞争优势。但是，这并不表明"共享草场"模式和机制存在问题，恰恰说明这种模式发展得还很不够。可以预见的是，一方面，随着国家进一步加强对牧民合作社的支持力度，合作社的经营能力效益快速提升，其对不同主体的包容性也会变得更大。另一方面，牧业大户独自面对经营成本高、抵抗自然风险弱等问题，也需要得到合作社的支持，这就为合作社和牧业大户的"强强"联合提供了可能性。

（二）提升牧区抗旱减灾能力

灾害性气候和爆发性鼠灾都会给刚成立的牧民合作社带来波动和风险，

成为考验"共享草场"模式的最大挑战。春季有效降雨不足①会造成牧区草饲料匮乏,而克尔伦苏木地处风口,人工降雨效果不明显,抗旱压力仍很大。例如,芒赉嘎查只有2.5万亩打草场,不能满足春季牲畜饲料的供应,需要从市场购买草饲料,造成合作社经营成本上升。另外,秋季鼠灾也是一种考验,害鼠啃食草根,把大量草根储藏在鼠洞中,导致秋冬牲畜无草可食。因此,统筹山水林田湖草沙综合治理,加快转变传统草原畜牧生产方式,优化牧区、半农半牧区和农区资源配置,推行"牧区繁育、农区育肥"的生产模式,机动灵活地调整草场载畜量,并加强草原鼠害防治工作,可以极大地提升牧民集体行动能力。此外,利用新右旗阿日沙哈特边境口岸的便利条件,从蒙古国进口天然牧草,推动"一带一路"两国区域产业合作,也能助力我国草场合理休牧、轮牧和草原生态修复。

四、总结与思考

在共同富裕、共享发展与牧区现代化建设背景下,"共享草场"作为草原生态资源利用方式而成为构建生态、生产、生活"三生共同体"的关键切入点。本文通过理论探讨和案例分析,阐释"共享草场"融合共享性与集体行动的内在机制。第一,制度供给是关键。把握"三权分置"产权制度改革的契机,以党建引领致富路,构建"党组织+合作社"的新型集体经济组织平台有利于促进互信关系的建立与集体行动的达成,吸引广大中小牧户加入合作社,为碎片化的草场被再度整合创造了条件。第二,共同治理是条件。国家、市场、社会的多元主体共同治理能有效克服草原自然条件、交通不便、市场交易成本高等不利因素,以多要素集聚、多业态拓展,实现从单一粗放型牧业方式向多种经营方式转型,减缓草原生态保护与牧民增收的深层结构性矛盾,保障牧民集体行动。第三,利益共享是实现共同富裕目标的必然要求,只有综合考虑多元主体利益诉求,保障广大牧民生活水平不断提升,才能持续推进集体行动与共同治理。上述三种机制,重塑了"自然与社会"的关系,阐释人与自然是生命共同体的实现路径。

---

① 有效降雨指近一周时间内降水量达到20毫米,因为草原下层多为沙砾,储存不住水,遇到暴雨,水都流入洼地。

实质上讲，草原生态退化可以归结为牧民集体行动能力的下降。本文的价值：一是以共同富裕为目标导向的"共享草场"集体行动模式，可弥补广大小牧户融入现代牧业发展进程的短板，对促进中小牧户集体行动有积极作用；二是党建引领基层治理、股份制合作社、合作联社是促成生态资源一体化、产业布局一体化、生产经营一体化、环境治理一体化，最终完成人与自然和谐共生的基本选择；三是"共享草场"的集体行动逻辑分析丰富了中国特色牧区生态、生产、生活"三生协同"理论。因此，以共同富裕为引领，贯彻"共享发展"理念，才能避免单家独户高成本、高风险、高利润的人与自然对立冲突模式，形成生产、生活、生态协同发展的中国特色牧区现代化建设道路。

基于生态系统服务的内蒙古山水林田湖草沙综合治理研究

娜 丽 郭 泺 中央民族大学

摘 要：生命共同体中的山水林田湖草沙构成了一个复杂而互相依存的生态系统。为了保护和修复这一生态系统，我们必须将重点放在提升生态系统服务功能上，这意味着确保它们能够维持各种关键的生态服务，如水资源净化、土壤保持和气候调节。此外，我们还需要考虑生态系统本身的脆弱性，以及如何在生态保护和经济发展之间取得平衡。因此，在考虑生态系统及其要素的分割管理问题时，生态保护与修复工程必须采取整体统筹的方法。以内蒙古为案例，通过综合生态系统服务和景观脆弱度分析，我们能够明确生态系统服务的重要性在空间上的分布情况，从而有针对性地确定需要进行生态修复的重点区域。进一步从生态保护与经济发展的角度深入研究，分析二者之间的潜在冲突，探讨如何平衡保护和发展的需求，以实现可持续的发展路径。结果表明，生态系统服务价值高价值区域位于北部的大兴安岭核心区和中部的高覆盖草原区，而低价值区域则位于西部的沙地阿拉善地区、南部沿黄河地区和东部的科尔沁地区。呼包鄂城市群城市化水平最高。内蒙古生态系统服务与城市化耦合协调度（CCD）并不理想，大部分地区协调度仍处于较低水平，中部和东部地区较高，北部和西部地区较低。

关键词：生态系统服务；山水林田湖草沙；生态保护与修复；内蒙古

山水林田湖草沙是一个生命共同体。生态学的基本原理和规律在山水林田湖草沙系统治理中得到了充分体现，着重强调了区域生态系统中各种要素之间相互依存和相互制约的关系，包括森林、草地、湿地、河流、湖泊和农田等。山水林田湖草沙系统理念凸显了对整体性和系统性的尊重，体现了不同生态系统之间的协同作用与有机联系，这构成了生态保护与修复的重要理念和指导思想。既有研究主要探讨了山水林田湖草沙系统保护和修复的意义、理论基础、存在的问题以及建议的措施。同时，一些学者还介绍了山水林田湖草沙系统保护和修复的实践案例，例如河南省淅川县的移土培肥工程、环巢湖生态示范区的建设、福建省长汀县南山下村与半坑村的村庄整治、河北省围场县的生态保护和修复工作。这些研究强调了要理解山水林田湖草沙系统保护和修复的关键，包括森林、草地、湿地、河流、湖泊和农田等要素之间的相互依存和相互制约关系。通过保护和修复受损的生态系统结构，能够优化区域生态系统的格局，同时维护和增强生态系统提供的各种服务功能，以维持生态系统的高度稳定性，最终实现生态系统的可持续性。为了有效地协调山水林田湖草沙系统治理，必须以提升生态系统服务为中心进行保护和修复工作。这将有助于增强生态保护和修复工程的系统性和整体性，从而确保生态系统的健康和可持续发展。最终，实现生态产品和服务的可持续供应。

生态系统服务，是生态系统提供的产品和服务的总称，即人类从生态系统中获得的各种惠益。研究生态系统服务具备重大战略意义，包括生态系统的恢复、生态功能区划以及维护国家生态安全。不同生态系统如森林和草地，凭借其独特的结构，能够截留、渗透、蓄积降水，通过蒸散发影响水流和水循环，以此来调控地表径流、补充地下水、减轻季节性河流波动和洪水风险，同时保障水质，这通常被称为水源涵养功能。此外，生态系统如森林和草地以其结构和过程，有效地降低了土壤侵蚀，这被称为土壤保护功能。湿地生态系统具备一项被称为洪水调蓄的功能，它有能力储存并逐渐释放洪峰水量，以降低洪水风险。这种生态系统可以通过积聚洪水峰值水位，然后逐渐释放，以减少并延缓洪峰，从而有效减少洪灾风险。同时，农田生态系统为人类提供重要的食物和畜牧产品。然而，生态系统的综合评估，仅仅依靠其生态系统服务功能，难以充分反映生态系统受到的干扰程度和恢复潜力。这一限制需要我们考虑更广泛的因素。景观格局的变化会显著影响生态系统的服务能力。因此，在评估生态系统服务的重要性时，必须充分考虑到景观格局在空间上的变化。景观格局在各种生态过程中扮演着关键角色，因而对生态系统服务的重要性产生深远的影响。因此，从评估山水林田湖草沙的综合整治效益的角度来看，考虑生态系统服务的重要性具有显著的价值。

位于中国北部边疆的内蒙古，扮演着中国北部生态屏障的重要角色，同时也是第三批14个山水林田湖草沙生态保护修复工程试点之一。近年来，生态文明建设一直是该地区的首要任务。在内蒙古这一生态退化地区，一系列重要的生态保护和建设工程已经在林草植被，以及森林覆盖率等方面取得了显著的进展。然而，生态系统服务功能仍然需要进一步的恢复和提升。鉴于此，我们的研究以内蒙古山水林田湖草沙综合整治为目标，通过对区域生态系统服务的重要性进行评估，以及对生态保护和经济发展之间冲突的分析，确定内蒙古山水林田湖草沙生态修复工程的措施建议。

一、研究区概况与数据来源

（一）研究区概况

内蒙古横跨中国北方，面积118.3万平方千米，人口2500万。由101个县组成，占中国国土面积的12.3%。由于纬度和海拔较高且远离海洋，该地区的气候主要以大陆季风为主。年平均气温0-8℃，由南向北逐渐下降。年降水量由东北向西南递减，范围为50—550毫米，其中75%发生在7月至9月之间。区内由灌丛荒漠、荒漠草原、森林草原、典型草原、草甸草原、落叶林六大植被生态区组成。根据2020年内蒙古土地利用与覆盖情况，草原占内蒙古总面积的46.13%，其次是荒漠或荒地（25.37%）、林地（14.46%）、耕地（9.99%）、湿地（3.14%）和建设用地（1.02%）。近年来，凭借能源资源优势，该地区社会经济发展和基础设施建设取得长足进步。这不仅会直接侵占生态环境，而且会对环境、能源、资源产生强制影响。因此，生态环境与经济发展的矛盾日益突出。

（二）数据来源

本文中的 LUCC 数据集来自中国科学院资源环境数据中心（RESDC）。此外，还从 RESDC 获取了研究区 2020 年分辨率为 1km×1km 的人口密度（PD）和国内生产总值（GDPD）。生态系统服务重要性数据来自中国科学数据共享平台。

二、研究方法

（一）生态系统服务重要性评价

在评估生态系统的重要性时，通常需要考虑两个主要因素，即生态系统服务能力指数和景观脆弱性指数。这两个指标的结合可以用来确定生态系统的重要性，并且可以进一步划分出生态重要区域。

生态服务价值（ESV）经常通过基于单位面积价值的等效因子方法广泛评估。在这里，根据改进的等效因子方法评估 ESV，并根据具体情况调整等效因子的价值。根据谢研究，标准计量单位的 ESV 等效系数等于一公顷农田每年生产的天然粮食的经济价值，约等于当年全国粮食平均价值的七分之一。考虑到粮食生产经济价值的年际变化，计算了该地区平均粮食价值和研究领域内每个标准化等效因子的调整 ESV，参考值为 2172.62 元 / 公顷。ESV 的估算采用以下公式：

$$ESV = \sum_i \sum_j A_i \times VC_{ij} \tag{1}$$

式中，ESV 表示生态系统服务总价值，A_i 表示土地利用类型 i 的面积，VC_{ij} 为土地利用类型 i 价值系数和生态系统服务功能类型 f。

景观的脆弱性可以通过景观适应度（LAI）和景观敏感度指数（LSI）的结合来评估，形成景观脆弱性指数（LVI）[15]。

$$LVI = LSI \times (1-LAI) \tag{2}$$

LAI（景观适应度指数）的计算公式如下：

$$LAI = PRD \times SHDI \times SHEI \qquad (3)$$

式中，PRD 表示斑块丰富度密度指数，SHDI 表示香农多样性指数，SHEI 表示香农均匀性指数。

LSI（景观敏感度指数）的计算公式如下：

$$LSI = \sum_{i=1}^{n} U_i \times V_i \qquad (4)$$

$$U_i = aFN_i + bFD_i + cDO_i \qquad (5)$$

式中，n 表示景观类型数量，i 表示景观类型；U_i 表示景观干扰度指数；FN_i 表示破碎度指数；FD_i 表示分维数倒数，DO_i 表示优势度指数，权重 a，b，c 分别为 0.5，0.3 和 0.2；V_i 为景观类型易损度。景观指数通过 Fragstats 4.2 计算获得。

（二）耦合协调度分析

城市化分为三个维度，可以进一步细分为三类：人口、经济和土地城市化。具体而言，三个关键指标是人口密度（POP）、GDP 密度（GDP）和城市土地百分比（UBP）。然后，通过将 PD、GDPD 和 BLP 的 1×1 km 分辨率数据聚合到每个 2×2 km 的评估网格中，获得城市化因子层。最后，通过叠加 PD、GDPD 和 BLP 得出综合城市化水平。公式如下：

$$CUL_j = \frac{1}{3}(PD'_j + GDPD'_j + BLP'_j) \qquad (6)$$

式中 CUL_j 是单位网格 j 中的综合城市化水平，PD'_j、$GDPD'_j$ 和 BLP'_j 对应于人口密度（PD）、国内生产总值密度（GDPD）和建设用地百分比（BLP）的标准化值。

耦合协调关系，耦合是指多个系统通过各种交互方式相互影响的现象，耦合度可以衡量系统之间交互的程度。耦合协调度（CCD）是基于耦合度来衡量集成系统开发耦合程度的指标。为了获得各地区生态系统服务价值与其主导城镇化因子的耦合协调发展水平，采用以下公式构建 CCD 模型：

$$C = \left\{ \frac{f(\alpha) \times f(\beta)}{\left[\dfrac{f(\alpha) + f(\beta)}{2}\right]^2} \right\}^{\frac{1}{2}} \quad (7)$$

$$T = af(\alpha) + bf(\beta) \quad (8)$$

$$D = \sqrt{C \times T} \quad (9)$$

式中 D 为 CCD 值，取值范围为 0~1；f（α）指 ESV 指数；f（β）为城市化因子指数（PD、GDPD、BLP、CUL）；C 指子系统之间的耦合程度；T 指子系统之间的整体协调程度，式中的 a、b 分别代表其贡献度。本文将 ESV 和城市化因子视为同等重要的子系统，因此 a 和 b 的取值相同，均为 0.5。

（三）山水林田湖草沙分区方案

内蒙古地区的生态修复至关重要。首先，我们通过综合分析植被衰退趋势、生态与发展冲突区域以及生态重要性，明确了山水林田湖草沙修复的优先区域。这有助于最大限度地提高修复效率和生态效益。其次，我们可以汲取已实施的生态修复措施的经验和知识，以制订详细的分区方案，优先工程布局。这将有助于有针对性地推动修复工作，确保资源得到最有效的利用。最后，我们将深入分析现有的功能分区和生态修复途径，以确定潜在的改进和优化点，进一步提高内蒙古地区的生态修复成效。

三、研究结果

（一）内蒙古地区生态重要性空间分异

内蒙古生态系统服务价值在空间分布上呈现明显的异质性。东部地区的生态系统服务价值较高，而西部地区较低，南部也高于北部。这种差异在地图上呈现出阶梯状分布。高价值区域位于北部的大兴安岭核心区和中部的高覆盖草原区，而低价值区域则位于西部的沙地阿拉善地区、南部沿黄河地区和东部的科尔沁地区。这一空间异质性主要与植被的分布有关，因为不同地区的植被类型和覆盖率不同，导致生态系统服务价值的差异。景观脆弱度在西部阿拉善地区最高，该地沙漠、戈壁广布，降水稀少，只有少数绿洲镶嵌在沙地之中。库布齐沙漠、巴彦淖尔北部地区较高。

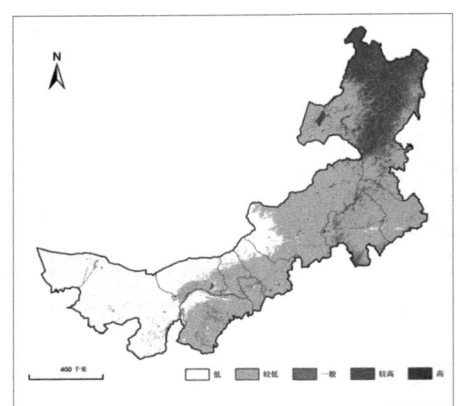 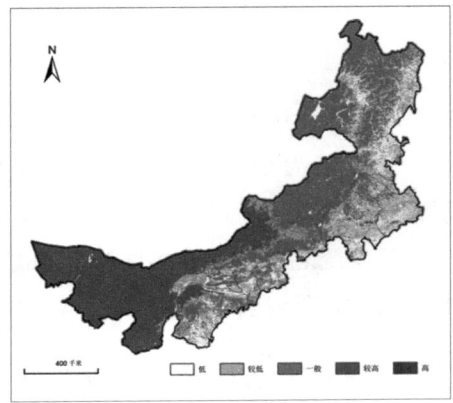

图1 内蒙古生态系统服务价值和景观脆弱度分布

通过结合生态系统服务能力指数和景观脆弱性指数，我们可以更准确地评估生态系统在不同地区的重要性分布。内蒙古的生态重要性分布与景观脆弱度分布趋势一致，在西部阿拉善地区最高，库布齐沙漠、巴彦淖尔北部地区较高。

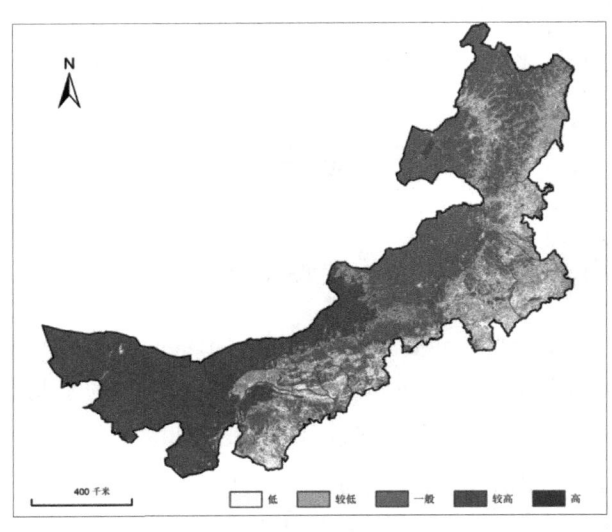

图2 内蒙古综合生态重要性分布

(二) 内蒙古地区生态系统服务与城市化耦合协调度分析

1. 内蒙古城市化评估

本研究对内蒙古城市化水平的综合评价采用经济、人口、土地等城镇化要素对内蒙古城镇化水平进行综合评价。内蒙古城镇化空间差异显著。各地区高城镇化率县区以省会城市和地级市为核心向外拓展，呼包鄂城市群的城市化水平最高，省会城市和地级市等高城镇化县区集聚人口和辐射带动周边城镇发展的作用趋于增强。

2. 内蒙古ESV与城市化耦合协调研究

从空间格局看，中心城市群包头、呼和浩特、鄂尔多斯地区协调关系表现较好，始终处于初级或高质量协调发展阶段。近年来，鄂尔多斯、包头等地区面临产业转型和劳动力短缺的问题，积极发展旅游业，改善产业结构，并投资技术创新，提高企业生产力，减少传统产业对环境的污染。相比之下，通辽、赤峰、锡林郭勒等东部地区城市尚未实现生态系统服务与城镇化的协调关系，仍处于基本或极端不协调阶段。西部阿拉善地区CCD处于极度不协调水平。在呼伦贝尔、兴安等北方地区，生态系统服务与城镇化的协调关系表现不佳，处于中度不协调阶段。

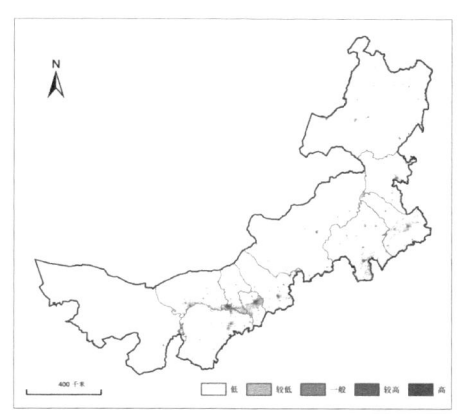

图3 内蒙古城市化空间分布　　图4 内蒙古ESV与城市化耦合协调度空间分布

3. 内蒙古山水林田湖草系统整治工程措施

为了有效指导内蒙古地区的生态保护和修复工作，我们建议采用不同的生态保护与修复模式，以充分发挥其在防风固沙、水土保持、水资源供给和农牧产品供应等方面的重要功能。具体而言，针对每一种生态保护与修复单元，我们建议分别采用保护、自然修复以及辅助再生的保护与修复措施。因此，针对内蒙古的生态环境问题和高风险区域的空间分布，我们进一步提出了重点工程措施的空间分布建议。（1）严禁在水土流失严重的地区，挖掘沙漠植被，破坏森林和草地。应保护河岸、水库和永久性雪区周围的生态环境。（2）严禁草原超载，大力推进退牧还草工程。在天然林、胡杨林、天然草原等植被破坏严重的地区，应采取森林和草原保护措施，通过自然恢复和人工恢复工程，确保生物多样性。（3）禁止在永久积雪地区进行任何开发建设活动。应采取及时封山造林、暂停放牧或定期禁牧和季节性轮牧措施。合理改善水土环境，确保下游农业区水资源平衡。（4）在交错带，可选择耐旱、耐碱的灌木物种，构建灌木与草的混合生态屏障，形成沙漠—绿洲的共生生态系统。（5）针对内蒙古土壤质量较差的地区，开展综合修复（物理化学修复和生物修复技术），提高耕作效率，提高土地生产力。（6）通过河道改造，调节河道径流量，补充地下水，保持区域水平衡，协调灌区农业用水和生态用水。山水林田湖草沙系统整治不仅提高了生态环境服务的供给能力，而且促进了生态保护与区域经济的协调发展。

四、结论与讨论

（一）讨论

本文以山水林田湖草生命共同体理念为基础，从生态系统服务的角度来看，我们将森林、灌丛、草地、湿地以及农田等各类生态系统视为一个有机整体。评估生态保护的重要性时，我们依赖于整个系统提供生态系统服务的能力作为衡量标准。通过识别生态系统服务退化问题的空间特征，我们可以确定出重要的保护和修复目标，以及需要关注的重点区域。本研究提出的山水林田湖草生态保护与修复工程措施，为建立区域尺度的生态安全格局并实现退化生态系统的修复，提供了一些有益的思路和途径。本研究通过对内蒙古地区的案例进行深入分析，为干旱和半干旱地区的山水林田湖草生态系统保护与修复工作提供了重要的参考。通过建立一套可行的指标和定量分析方法，我们能够更准确地识别关键的生态保护区域，有助于制订有效的生态修复计划，确保可持续的生态平衡和资源管理。

（二）结论

1）生态系统服务价值在空间分布上呈现明显的异质性。东部地区的生态系统服务价值较高，而西部地区较低，南部也高于北部。这种差异在空间上呈现出阶梯状分布。景观脆弱度在西部阿拉善地区最高。

2）内蒙古省会城市和地级市等高城镇化县区集聚人口和辐射带动周边城镇发展的作用趋于增强。内蒙古生态系统服务与城市化耦合协调度（CCD）并不理想，大部分地区协调度仍处于较低水平，中部和东部地区较高，北部和西部地区较低。

3）内蒙古关键生态修复区的生态问题源于其空间分布格局，为解决这些问题，本文提出了一系列生态修复措施。首先，针对不同的生态问题，如土地沙漠化、湖泊污染和森林退化，制定相应的修复对策。其次，通过实施生态修复工程，包括植树造林、湖泊水质改善和草原恢复等，逐步实现生态系统的修复。最后，通过生态分区的划分和修复工程的整合，达到山水林田湖草的一体化修复目标，提高内蒙古的生态环境质量。这一综合性的修复计划将有助于保护内蒙古的生态系统，提升生态环境的可持续性。

科学规划,探求新能源开发与生态环境融合发展的新路径

黄 昉 山东艺术学院

大力发展可再生能源,推进能源结构绿色转型,对于实现生态环境质量持续改善、落实碳达峰碳中和目标任务、应对全球气候变化意义重大。"十四五"时期,我国生态文明建设进入减污降碳协同增效、经济社会发展全面绿色转型的关键窗口期。国家发改委、国家能源局等9部门联合印发的《"十四五"可再生能源发展规划》指出,"十四五"时期我国可再生能源将进入高质量跃升发展新阶段,呈现大规模、高比例、市场化、高质量发展新特征,将进一步引领能源生产和消费革命的主流方向、发挥能源绿色低碳转型的主导作用,为实现碳达峰碳中和目标提供主力支撑。

然而,从可再生能源开发规划建设全过程来看,要实现完全"环境友好"尚有不小差距。比如,在我国风光资源丰富、适合大规模发展风光一体化的地区也往往是重要的生态功能区或生态功能脆弱区,可再生能源的开发建设对区域生态系统的结构和功能可能造成显著影响;太阳能虽然属于清洁能源,但光伏发电产业链中部分前端制造企业仍属于高污染、高能耗行业;可再生能源光伏发电、风力发电尤其是化学储能电池的矿物开采、加工生产,以及废弃后处理处置造成的生态破坏、环境污染也不容忽视。此外,生物质能发电除利用农业秸秆、果木枝条等以外,城镇生活垃圾分类后的干垃圾也将是生物质能的重要来源,而垃圾发电的社会关注度高,其规划选址建设运行须做好公众参与,避免发生环境群体性事件等等。

一、"双碳"目标背景下,结合我国可再生能源发展现状,将构建现代能源体系与生态环境保护、经济社会发展目标深度融合

在生态优先、绿色发展原则下促进可再生能源高质量发展,具有重要的现实意义与社会意义。将生态环境保护贯穿于可再生能源规划建设的各方面、全过程,坚持生态优先、因地制宜、多元融合开发可再生能源。

一是推动风光发电和沙漠治理、观光旅游、现代农业、矿坑修复、盐碱滩涂地开发保护等结合发展,并结合光伏开展工矿废弃土地生态修复,利用盐碱滩涂地等土地资源建设风光储输一体化基地,推动可再生能源与现代农业、养殖业融合发展;

二是科学有序推进大型水电基地建设,按照生态优先、确保底线原则做好抽水蓄能电站的勘测设计和开发建设;

三是因地制宜与北方供暖、乡村能源升级、空气质量保障行动等相结合,推动生物质能多元化开发,合理发展城镇生活垃圾焚烧发电、农林生物质发电和沼气发电等;

四是在确保海洋生态功能和生态系统完整性的前提下,稳步推进海洋能开发,结合"生态岛礁"工程,勘测评估海洋可再生能源,推动海上风电、潮汐能、生物质能等海洋能源的开发与利用。

这些方面的实例很多。例如,我国首条以开发沙漠光伏大基地、输送新能源为主的特高压输电通道——"宁电入湘"工程正式获得核准批复,并即将开工建设。预计到 2025 年投运时,这项工程将从宁夏腾格里沙漠深处架设的光伏板产生的绿色电能,沿着输电线路输送到湖南,成为我国实现新能源与生态融合发展的重要路径。这一工程不仅充分利用了沙漠地区丰富的太阳能资源,还通过"草光互补"方式增强了防沙固沙和植被恢复等生态效益。

该工程的核心是在沙漠深处建设光伏大基地,利用沙漠地区丰富的太阳能资源,通过安装大面积光伏板来产生绿色电能。这些光伏板将被连接到特高压输电线路上,以高效地输送能源到湖南等用电大省。研究表明,每平方米沙漠每年可以接收到 2000 千瓦时到 3000 千瓦时的太阳能。以常规家庭用电量计算,仅需 2 平方米的沙漠面积就足以满足一个家庭一年的

用电需求。这一巨大的潜力引发了"宁电入湘"工程的实施。这种输电通道的建设将进一步促进我国能源的清洁化和绿色化发展,同时也有助于减少传统能源的使用和碳排放。

除了能源利用的好处,这项工程还通过"草光互补"方式带来了生态效益。沙漠地区的防沙固沙和植被恢复是长期面临的挑战,而在光伏板的遮挡下种植草地可以形成草光互补效应。光伏板的遮挡可以降低沙漠风速,减少风沙侵蚀,稳定沙漠地表,促进土壤水分的保持和植被生长。同时,草地的覆盖还可以减少土壤的水分蒸发,提高土壤湿度,为沙漠地区的植被恢复提供更好的条件。

通过这种草光互补的生态方式,沙漠地区可以实现防沙固沙的效果,减少沙尘暴对周边地区的影响。同时,大面积的草地还有助于改善沙漠地区的生态环境,吸收二氧化碳,净化空气,提供栖息地给野生动植物,促进生物多样性的保护与恢复。

二、推动可再生能源装备制造、运营维护和废弃后处置全过程绿色化发展,构建可再生能源全生命周期绿色闭环产业链供应链

一是实施可再生能源产业智能制造、绿色制造和清洁生产,鼓励可再生能源前端高污染、高能耗的风电、光伏发电等装备制造业100%使用可再生能源,减少煤炭开采的生态破坏和燃煤发电的水资源消耗,降低生产过程中污染物排放对生态环境的影响;

二是充分防范及时应对可再生能源设备运营使用期间的生态环境影响、事故环境风险、危险废物以及社会稳定风险等;

三是针对可再生能源尤其是风电、光电及化学储能设备批量退役与回收处理等问题,制定具体的全生命周期影响分析与管理体系和管理办法。

三、细化生态功能区对可再生能源开发的空间管控

可再生能源项目规划选址、开发建设不能突破生态承载能力与生态红

线的"硬约束",处理好可再生能源项目选址与国土空间规划,做好"城镇空间、农业空间、生态空间"三区布局,尤其是与"城镇开发边界、永久基本农田保护红线、生态保护红线"三线的关系,借助国土空间一张图和国土空间基础信息平台等公共信息资源,完善可再生能源空间用途管制规则。既要尽量避免可再生能源开发建设侵占生态空间和农业空间,尤其要保障生态保护红线和永久性基本农田,又要保障可再生能源开发利用的合理用地用海空间需求。

一是坚持生态优先,避让生态保护红线、天然林和基本草原等管控因素。对于风电、光伏发电项目,其占地应选择位于三线之外的一般农田和生态空间,项目规划原则上应严格避让各种自然保护区、特别保护区、自然历史遗迹保护区、重要渔业水域、河口、海湾、滨海湿地、鸟类迁徙通道、栖息地等重要、敏感和脆弱的生态区域,以及划定的其他生态保护红线区。

二是协调可再生能源开发与生态保护,细化各主体功能区的空间布局与可开发强度。限制开发区不等于不能开发,需要对限制开发区内的生态环境基底、资源能源禀赋、社会经济发展情况进行综合勘测与评估,衔接各类规划要求,明确空间布局,制定可再生能源产业和项目准入清单。例如,对于水电项目,其工程项目应尽量避免占用三线范围内国土空间,如确实无法避免占用三线范围内用地,应通过规定程序调整三线范围。

三是可再生能源跃升发展对空间需求激增,在"三线"等限制下,风光发电项目土地供给严重不足,在强化三线约束、规范可再生能源项目用地的同时,应考虑出台差别化用地政策,合理规划土地资源,统筹推进可再生能源推广应用与生态环境协调发展。如"林光互补"项目,虽然占用林地、草地,但基本不破坏原来的土地生态功能;"光伏治沙"项目,使用戈壁、荒漠等未利用土地,不占压土地、不改变地表形态。对于此类项目,可给予一定的用地政策优惠与便利。

四、针对可再生能源政策规划建设的重大决策,建立以环评为中心的综合评价体系

一方面,形成协同推进可再生能源高质量发展的制度合力。将生态环

境因素纳入可再生能源政策规划建设的决策源头，建立包括"决策前优化—过程中管控—实施后总结"可再生能源决策全过程、涵盖政策规划项目决策各层次，既包括减缓不良环境影响，也包括提升正面环境效益、挖掘潜在生态价值的综合评价体系，做好可再生能源发展相关的政策环境影响评价、规划环境影响评价和项目环境影响评价。

另一方面，制定相应措施，防范可再生能源发展中也会涉及的安全事故环境风险、危险废物以及社会稳定风险等。

例如，水电项目建设中抽水蓄能、电化学储能、输电和升压变压等设施涉及群众切身利益或社会关注度较高，可能带来一定的社会稳定风险。诸如此类可再生能源发展过程中可能涉及的事故环境风险、社会稳定风险等，应一并纳入环评进行综合评价。

五、探索生态环境导向的可再生能源开发模式

2018年8月，生态环境部《关于生态环境领域进一步深化"放管服"改革，推动经济高质量发展的指导意见》提出探索开展生态环境导向的城市开发模式（简称EOD模式）。EOD模式下的可再生能源开发以生态保护和环境治理为基础，以特色产业运营为支撑，以区域综合开发为载体，采取产业链延伸、联合经营、组合开发等方式，推动生态环境治理与可再生能源发展有效融合，挖掘发展可再生能源的生态价值和正面环境效益。

一是将开发利用可再生能源纳入传统工业的生态化升级改造。一方面，鼓励工业企业尤其是钢铁、石化等开展清洁能源替代，在新建厂房和公共建筑积极推进光伏建筑一体化开发，发展可再生能源，既能满足企业电力需求，又能促进工业企业节能减污降碳；另一方面，新可再生能源的开发与利用纳入创建生态产业园区，在工业园区、经济开发区等区域积极推进风电开发，或利用工业园区等建筑屋顶，发展"自发自用、余电上网"的分布式光伏发电，因地制宜建设新能源自备电站，推动绿色电力直接供应和对燃煤自备电厂替代。

二是以可再生能源发展推进生态城市和美丽乡村建设。在美丽乡村建设中，利用建筑屋顶、农院空地、田间地头、集体闲置土地等推进风电和

光伏发电分布式发展，发展生物天然气和沼气，提高畜禽粪便、农业废弃物等的利用率，整治农村人居环境。利用政府、学校与医院等公共建筑、体育文化场馆等公共设施或公共场所、道路两侧和公共交通设施、污水与垃圾处理设施以及公共绿地等发展、利用分布式光伏发电等可再生能源。

三是探索和实施生态友好的可再生能源开发模式，将减缓生态影响的措施贯穿可再生能源开发建设运营各环节的同时，探索将可再生能源发展作为新基建的重要方面，发展契合当地社会经济发展、收益能力强的可再生能源产业，反哺生态环境治理、配套设施建设类项目，以可再生能源开发建设推进生态环境修复。

六、推进环境治理体系和治理能力现代化，以生态环境治理体系现代化促进可再生能源高质量发展

要提高市场主体和公众参与的积极性，形成多元主体共建共治共享的环境治理格局，落实各类主体责任，形成导向清晰、决策科学、执行有力、激励有效、多元参与、良性互动的环境治理体系，以高水平的生态环境治理促进高质量的经济发展和高品质的人民生活。

一是政府要完善生态文明领域统筹协调机制，构建有利于可再生能源发展的协同监管机制，加强可再生能源规划、产业政策、开发建设、电网接入、调度交易、消纳利用等监管，持续优化可再生能源市场化法治化营商环境，确保科学规划决策和有效实施。

二是激发市场主体活力，健全市场体制机制，鼓励和引导金融机构加大对可再生能源行业的贷款发放力度，鼓励可再生能源企业和重点工业企业充分利用全国碳市场，积极参与碳交易。通过绿色金融、绿色发展基金投资支持可再生能源发展。

三是引导鼓励社会主体参与，积极探索可再生能源服务商业模式和运行机制，在政策规范和引领下充分发挥大众传媒等社会资源，宣传、引导、提升全社会绿色生产和消费意识。

生计适应与生态移民社区可持续发展
——以果洛藏族自治州玛沁县生态移民社区为例

完德吉　中央民族大学

摘　要：政策性移民与其他移民相区别的首要本质特征是非自愿移民，正是在这一基础上，对于生态移民社区的可持续发展问题需要将政府与移民双主体纳入讨论的维度。在生态移民工程不可扭转的发展趋势下，有必要重新审视移民生计适应过程中政府与移民的角色及作用。本文以三江源生态移民群体的生计适应过程作为研究对象，发现移民、政府及外部环境共同作用于移民的生计选择，尤其是政府政策对移民群体生计适应与变化具有重要影响，移民的生计选择依政府政策的变化，而在不同时期出现不同的变化趋势，文章以此探讨生态移民背景下实现移民社区可持续发展的路径和机制。

关键词：生态移民；生计适应；生计选择；可持续发展

一、研究背景与问题

（一）研究背景

政策性移民的可持续发展问题是学界关注的重要议题，对此学界主要集中于讨论移民的生产生活及文化适应等问题[1]，尤其强调了生计适应是影响移民可持续发展的重要因素，认为在诸多影响移民可持续发展的因素中，

---

[1] 祁进玉. 草原生态移民与文化适应——以黄河源头流域为个案[J]. 青海民族研究，2011（1）：50—60.

最根本的是就业与收入。① 关于移民群体生计适应问题的原因研究分析中，部分学者将移民的生计适应困境归咎于移民群体"文化素质普遍不高""传统观念落后"等原因。② 国外部分学者反对这种将牧业文化视为"落后"且对环境有害的观点。③ 从政策规定等方面具体分析困境产生的原因，认为在生态移民工程的具体实施过程中，不够重视移民在城市移民点的生活适应问题，例举了其中存在的问题。④ 包智明从政府视角看环保政策为何会出现诸如生计生活及可持续等问题的原因，认为在既有的制度结构下生态移民等生态保护政策的实施，面临结构性的困境，因此环保政策或可持续发展战略有赖于更为深入的制度性改革。⑤ 同时有学者认为对于生态移民的可持续发展需要牧民、政府、社会多方力量参与，应当倡导移民广泛参与的生态治理模式，完善生态移民补偿方案，建立移民非农生计扶持的长效机制以促进生态移民可持续发展。⑥ 总体上，学界对于移民生计适应问题研究的出发点和落脚点集中在移民自身，政府政策以及二者结合的范畴，以解释移民生计适应困境产生的原因，并作出相应的对策分析。

移民生计适应问题中政府与移民的互动关系讨论，一般从功能主义视角出发，分析二者在生计适应实践中的角色与作用，以讨论如何实现生态移民可持续发展。束锡红等人从生计资本的角度认为应当精准识别不同移民的生计资本，以此制定相应的生计策略。⑦ 李培林和王晓毅认为移民面

---

① 束锡红，聂君，樊晔.三江源藏族生态移民社会融入实证研究——以青海省泽库县和日村为个案[J].中南民族大学学报（人文社会科学版），2017（4）：38—43.
② 张娟.对三江源区藏族生态移民适应困境的思考——以果洛州扎陵湖乡生态移民为例[J].西北民族大学学报（哲学社会科学版），2007（3）：38—41.
③ Bessho Yusuke. Migration for Ecological Preservation? Tibetan Herders' Decision Making Process in the Eco-migration Policy of Golok Tibetan Autonomous Prefecture (Qinghai Province.PRC) [J]. Nomadic Peoples, vol.19, (2015): 189-208.
④ Jarmila Ptackova. Sedentarisation of Tibetan nomads in China: Implementation of the Nomadic Settlement Project in the Tibetan Amdo area Qinghai and Sichuan Provinces[J]. Pastoralism: Research, Policy and Practice, Vol.1, no.4 (2011): 1-11.
⑤ 荀丽丽，包智明.政府动员型环境政策及其地方实践——关于内蒙古S旗生态移民的社会学分析[J].中国社会科学，2007（5）：114—128.
⑥ 刘红，马博，王润球.基于可持续生计视角的阿拉善生态移民研究[J].中央民族大学学报（哲学社会科学版），2014（5）：31—40.
⑦ 束锡红，聂君，樊晔.精准扶贫视域下宁夏生态移民生计方式变迁与多元发展[J].宁夏社会科学，2017（5）：147—154.

临非农就业机会少，生态环境和水资源问题制约移民可持续发展，标准的安置方式难以满足移民的差异化需求，缺乏发展资金等问题。① 东梅用计量分析方法对比移民在搬迁前后生产和生活水平的变化，认为生态移民单纯依靠农业收入不可能大幅度改善其生活水平，需要从例如通过外出务工来提高其总体收入水平。② 刘学敏认为生态移民使得移民收入增加，移民产业结构得到调整，但同时存在移民法律介入不足，科技扶持不足，政府部门协调成本较高等问题。③ 包智明认为移民群体搬迁后衣食住行方面的变化较为明显，同时出现产业结构单一，市场风险增加，社会贫富分化明显等问题。④ 张建军的移民研究认为移民群体需要学习现代生产技术，且农业生产投入费用也明显增加，同时面临变革生产技术、调整经营模式等各种问题。⑤ 迈丽莎认为移民群体在生计方式的转换和适应方面陷入了极大的困境，为适应新生计，终日奔波，甚至造成新的环境破坏问题。⑥ 杜发春认为生态移民的实施关键在于是否能够对移民主体提供稳定的生计和就业机会，当前移民的后续生计少，政府应加大经济扶持，给移民提供稳定的就业机会。⑦ 祁进玉认为移民社会的失业率较高，择业渠道十分狭窄，移民搬迁后仍在适应生计变化，且适应性存在差异，需要政府政策进行引导，后

---

① 李培林，王晓毅.生态移民与发展转型——宁夏移民与扶贫研究[M].北京：社会科学文献出版社，2013：4—9.
② 东梅.生态移民与农民收入——基于宁夏红寺堡移民开发区的实证分析[J].中国农村经济，2006（3）：48—52.
③ 刘学敏.西北地区生态移民的效果与问题探讨[J].中国农村经济，2002（4）：47—52.
④ 包智明，孟琳琳.生态移民对牧民生产生活方式的影响——以内蒙古正蓝旗敖力克嘎查为例[J].西北民族研究，2005（2）：147—164.
⑤ 张建军.生态移民与环境治理——基于塔里木河流域的经验考察[J].西南民族大学学报（人文社科版），2015（9）：56—62.
⑥ 迈丽莎："生态移民"的贫困机制——甘肃省肃南裕固族自治县明花区个案，新吉乐图主编：中国环境政策报告——生态移民：来自中、日两国学者对中国生态环境的考察[M].呼和浩特：内蒙古大学出版社，2005：91—104.
⑦ 杜发春.三江源搬迁牧民的后续生计和就业类型——基于格尔木昆仑民族文化村的调查[J].青海民族大学学报（社会科学版），2014（4）：142—149.

期扶持资金不足是制约生态移民定居工程后续发展的最大因素。① 纵观学界对全国各地生态移民生计适应和政府政策的研究，可以发现，移民在新的安置区生产方式急剧变化，新的生产方式似乎在短期内使移民群体的收入水平得到了提高，同时由于政策辅助方式等原因，面临难以满足差异化需求、生产方式变革、产业结构调整、生产成本增加等问题。以往的研究主要集中在比较移民搬迁前后的生计方式变化，讨论移民搬迁后所面临的问题，但对移民搬迁后的生计适应与变化过程研究较少，且对政府政策与移民生计适应间的关系尚未作出充分解释。

（二）研究问题

政策性移民与其他移民类型区别的首要本质特征是非自愿移民，正是在这一基础上，对于生态移民社区的可持续发展问题就必然需要将政府与移民二者均纳入讨论的维度。当前在生态移民工程不可扭转的进程趋势下，有必要研究政府政策与移民群体间复杂波动的互动关系过程，重新审视移民生计适应过程中政府与移民的角色，如何发挥政府和移民群体在生计适应中的作用？如何将生态移民带向一个可持续发展的未来？本文以三江源生态移民群体的生计适应过程作为研究对象，发现移民、政府及外部环境共同作用于移民的生计选择，尤其是政府政策对移民群体生计适应与变化具有重要影响，使得移民生计适应过程出现起伏波动的变化趋势，以此探讨生态移民背景下实现移民群体可持续发展的路径和机制。本文认为，如果能把政府政策等支持与移民主体能动性的实践因素结合起来，或许能够形成一种真正意义上的生态移民社区可持续发展的制度安排。

二、多元与稳定：生计选择、政策与外部竞争

本文通过对青海省果洛州玛沁县生态移民社区的实地研究，探讨移民

---

① 祁进玉.三江源生态移民的社会适应与社区文化重建研究［J］.中央民族大学学报（哲学社会科学版），2015（3）：47—53. 祁进玉，央金拉姆.定居牧民的宗教生活与社会适应性调查研究——以青海省果洛藏族自治州大武镇为例［J］.宗教学研究，2018（2）：195—201.

生计适应过程中政府与移民及外部环境之间的关系,在此基础上,探索生态移民可持续发展的新思路。三江源生态移民工程实施至今已逾19年,移民社区自2004年从果洛藏族自治州玛多县扎陵湖鄂陵湖乡陆续搬迁,被集中安置至州所在地玛沁县大武镇。搬迁之初户数为150户,现户数已增至321户,新增户数在村民原有院落式住房结构内新建彩钢房、帐篷或在城镇租房居住。搬迁时总人口为612人,现已增至834人,男性413人,女性421人,搬迁至现居地后总人口增长了26.61%。目前社区内0—17岁有317人,占总人口的38%,18—60岁有473人,60岁以上有44人。[①] 笔者进行了累计五个月的实地调查,本文所用实证资料即源自这一社区的调查。

为了解移民搬迁后的生计选择与变化过程,本文将大部分受访群体的年龄集中在40—60岁之间,以了解搬迁时大部分青壮年群体的生计适应状况。受访者平均年龄为45岁,其中0—15周岁的少年儿童人口占4.1%,16—59周岁的青壮年人口占72.7%,60周岁以上的老年人口占23.2%。其中占多数的青壮年人群的生命历程经历了两个时期,即过去在牧区的游牧生活和正在经历的城镇定居生活,他/她们因生产和生活系统的变化面临转变生计方式的问题。移民的生计适应过程是本文重点展示和分析的实证资料,对他/她们的生计适应过程进行深度访谈,以了解这一过程中移民主体能动性的实践、政府政策的作用及外部环境等对移民生计选择和移民社区可持续发展的影响与作用。

(一)多样化的生计选择与外部竞争压力

1. 寻虫草

冬虫夏草(下文简称虫草)是三江源高海拔地区的支柱产业之一,移民社区所在的城镇附近也是虫草盛产区。移民迁出区域不产虫草,因此移民无采挖虫草经验,为增加家庭收入,在搬迁之初每个家庭都曾尝试通过采挖虫草获得收入。直至2013年左右,大部分家庭均在虫草季节到附近盛产虫草的区域采挖虫草,少部分家庭直到近几年才停止采挖虫草这一生计方式。采挖虫草的时间一般在5月初到6月中旬,由于采挖地距离玛沁县城

---

① 资料来源:由移民社区委员会工作人员据2022年底社区工作总结提供。

较远，因此移民决定去采挖虫草，便需要收拾行李，在虫草生长区"安营扎寨"度过采挖期。

> 我家搬迁后第二年开始挖虫草，当时"萨查"（地租）不贵，一人一两千左右，收入在两三千左右。我们以前没有见过虫草，很难找到虫草，后来慢慢学习才能找到一些。①

搬迁之初，由政府提供的移民生活补助金额为每户一年8000元，移民的日常衣食住行均需从市场上购买获得，据访谈资料显示，大部分家庭的开销常常处于入不敷出的状态。因此，移民即使在没有采挖虫草经历的背景下，也开始尝试"拖家带口"采挖虫草，从分辨不了草和虫草尖，到慢慢学会找寻虫草的门道。

搬迁初期，因几乎所有家庭均前往附近的虫草生长区采挖虫草，届时，只能看到三三两两的年老长者、年幼儿童及无劳动能力的村民在村口巷尾寂寥地打发着时间。由于移民社区在搬迁之初，大部分家庭是主干或联合家庭，核心家庭较少，因此整体而言，移民社区内家庭劳动力充足。如有一户家中有五个孩子的家庭，家中劳动力富余，家长便带着孩子们去采挖虫草。

> 那时候我和丈夫带着三个孩子挖虫草。挖虫草时，小孩比大人机灵，小孩不需要交"萨查"，有虫草假，收入还可以。后来孩子们的虫草假取消了，地租也变得越来越贵就不去了。②

家中成员除无劳动能力的老人和幼童外，都在找寻着一切可能获得收入的机会，这一机会因当时的学校和社会环境及人力等因素的支持，才得以使村民短期的劳动付出中获得较为可观的一笔收入。首先，移民搬迁初期采挖虫草的经济成本在移民可接受的范围内。搬迁初期正值虫草市场的新兴阶段，即使是对于无多少积蓄的移民而言，地租也在可承受的经济能

---

① 注：GL，藏族，59岁，女性，访谈时间：2022年5月7日。
② 注：GZ，藏族，49岁，女性，访谈时间：2022年6月29日。

力范围内；其次，在产虫草的地区，学校均在虫草生长季节实行放假制度，且在虫草采挖区有不成文"优惠"，未成年人在少交或不交地租的情况，可为提高家庭收入出力；最后，搬迁初期移民家庭结构处在劳动力最富余和可支配的阶段，所有家庭成员都能为采挖虫草这一经济活动提供支持，年长者能在家照顾年幼者，其他可支配劳动力充足。当支持条件逐渐被削弱，直至这些条件的消失，于移民而言，采挖虫草就成为有诸种条件限制且风险较高的谋生途径。

采挖虫草是大部分移民在搬迁初期尝试并获得些许成功的生计方式之一，但因外部竞争压力和其他条件的限制，最终不得不退出这一生计行列。首先，因虫草市场的发展，虫草采挖区的地租翻番上升，大部分移民家庭无力承担一人上万的地租，地租上升的经济压力与因采挖人数众多带来的竞争双重压力，使得采挖虫草可能导致的赔本风险越来越大。其次，学校逐渐取消了虫草生长期间放假制度；最后，核心家庭逐渐增多，家庭成员对于风险的看法不同，并不能如搬迁初期般合力合作。种种条件变化之下，移民因羸弱的风险抵御能力，无奈退出市场，转而尝试其他成本较低和风险可控的生计方式。

2. 当"看护"

与采挖虫草同期，在移民社区除青壮年外，一部分年迈的移民也寻得了另一份类似"看护"的工作，以增加家庭收入。在移民社区城镇所在地及附近草山上的牧民均在虫草季节采挖虫草，这部分家庭在虫草季节有看管家院、孩童和牲畜的"劳力"需求。据移民讲述，在虫草期周边的牧民就会来找寻能看家护院的"看护"，社区里的中老年女性前去"应聘"。

> 附近的牧民知道我们年长女性移民闲着，就来找我们看家。我去过附近甘德县和久治县照看孩子或房子。挣钱是很难的事，结束后，看表现，付的报酬时多时少。[①]

这份工作并不稳定，付出的劳动也没有明确的工资，时高时低，全看雇主的意愿。年长女性在新的生活环境中能获得收入的机会少之又少，因

---

① 注：ZM，藏族，女性，76岁，访谈时间：2022年8月1日。

此，即使工资并不稳定，她们也很乐意去接受这份工作。除了女性外，也有少部分年长男性去做这份工作。

> 我在虫草期去过周边的牧区给人看家放牧，差不多 50 天左右，也去过城里看孩子、照顾老人、洗衣、做饭、喂狗。我去看家就像在自己家一样，什么活都要干。①

随着玛沁县大部分学校逐渐实行寄宿制，周围牧区也开始实行"草畜平衡"，周围大部分牧户在玛沁县城获得政府安排的安置房，学龄儿童或老人在虫草季便不需要专门留人照看，移民社区周围的牧户逐渐不再需要"看护"。

3. 打零工

2004 年移民搬迁至玛沁县时，正值果洛藏族自治州城镇建设发展的初期，大部分中青年男性移民尝试在建筑工地打零工，这一工作技术要求较低，主要负责挖坑、搬运水泥和砖等力气活儿。当时因本地和外来务工人口少，而劳动力需求比较大，于是移民们便又多了一份可获得收入的生计方式。

> 打工最难的是不会使用工具，我们在工地上挖地洞要用铁锹，很费力，但"加荣洼"（ཞིང་རོང་བ་）②没这么吃力，慢慢学他们才知道怎么发力，但是干一天的活回来非常累。③

这是一位年纪较大的男性移民谈起自己初到果洛打工的经历，移民原先世代放牧，日常生活劳作中几乎没有需要使用类似铁锹等工具的劳动，因此绝大多数移民是第一次使用这些建筑工地上的工具。与采挖虫草和当"看护"相比，打工是移民最为印象深刻，也觉得最为艰难的生计选择，这一生计方式完全不同于以往的牧业劳动，仅是学习这一劳动工作花费了移

---

① 注：CD，藏族，男性，67 岁，访谈时间：2022 年 6 月 9 日。
② 当地日常用语。牧民为区别生活在牧区和农区的人，而使用的对生活在农区的汉族与藏族的统称。
③ 注：SZ，藏族，男性，61 岁，访谈时间：2022 年 5 月 7 日。

民不少心力。

> 我们听不懂"大工"①在说什么，大工说搬砖过来，我们把别的什么东西拿过去，大工就会生气。后来慢慢注意听"砖""水泥"这些词，也就慢慢听懂在说什么。②

除了工具的使用和劳动学习问题，语言交流的障碍也是移民难以适应的一大原因。由于搬迁前移民在日常生活中不需要使用汉语，而在工地干活，诸如搬运水泥、砖等材料则需要和大工进行交流，而这些大工一般是来自外省或其他县域，操的是各地的汉语方言，很多移民表示存在交流障碍，影响工作效率甚至是否获得这份工作。

> 刚搬迁到这儿时，自己年轻就去工地当小工，也遇到听不懂汉语就吵起来，再找别的工地，那时工地多，不愁没地方打工，不像现在工地少，机器多，打工的地方很少。③

不同年龄的移民在遇到语言交流问题时，所采取的应对措施不同。因语言问题发生争吵情况时，相对身强体壮的年轻移民在发生矛盾时，会选择"撂挑子"，因为他们在劳动力市场上的竞争力较强，且劳动力市场需求比较大。但年长的移民因竞争力弱，只能采取相反的应对措施。

> 如果去挖虫草留一部分工钱，好挖完虫草后继续雇你。因为年纪大，经常被雇主搪塞说不需要工人，即使想去干活，也很少有人愿意雇你。④

年长移民在工作中因竞争力相对较弱，在劳力市场处于劣势地位。如移民在工地上不成文"主动"拖欠工资的做法，大部分移民每年五月初会去

---

① 建筑工地上按照图纸设计，负责实际操作砌墙、涂抹水泥等工作的工人统称，绝大多数大工为操着地方方言的汉族。
② 注：SZ，藏族，男性，61岁，访谈时间：2022年5月7日。
③ 注：SJ，藏族，男性，40岁，访谈时间：2022年6月21日。
④ 注：TG，藏族，男性，61岁，访谈时间：2022年5月7日。

采挖虫草补贴家用,这时本身就没有竞争优势的年长移民通过"主动"让工地雇主拖欠工资的方式,以期挖完虫草回来后能够继续被雇用。

移民在工地上打工的生计方式也逐渐受到外力影响而中止。一方面,移民与外来务工者相比本就处于竞争劣势,"加荣洼"是移民打工时的一大竞争对手,而在挖虫草时,他们也是竞争者之一,这些外来务工者逐渐将移民挤压出局;另一方面,建筑工地引进大量的建筑机器设备,劳动力市场需求大幅萎缩,移民在原本竞争压力不小的市场中逐渐败下阵来。目前,只有少数二十七八岁的男性移民偶尔去工地打零工,因劳动力市场几近饱和,这些仍在工地上寻求打工机会的群体,也并无太多的就业机会。

4. 开"出租"变"黑车"或退出

2006年至2015年,很多青壮年男性移民购置二手车载客谋生。由于"禁牧减畜"的规定,大部分移民家庭在搬迁之初变卖牛羊,因此搬迁之初,除政府每年按户发放的生活补助外,移民手中还有一些盈余。

> 我在2006年花一万两三千元买了一辆二手车用来跑出租,当时油价不高,跑出租的车少,所以能赚到一些钱,好的时候一天能赚六七十元。①

大概在2006年,很多青壮年男性移民购买价格在两三万之间的二手车,他们在玛沁县上载人跑短途,类似于"出租车"。

> 2015年开始,在县上用车拉人要花五六万元办手续、改装汽车才行,之后油价变高,社区里继续开出租的人就少了。②

2015年果洛州开始实行出租车制度,出租车的准入门槛提高,需要办理相关的准入手续,办理齐全的出租车手续需要花费五万到六万元。于是就有很多人退出跑短途的行业或转为跑长途,其中大部分选择了其他行业,因为油价在不断升高,很多人认为跑长途和短途都是没有太多利润的。

> 我早上七八点发车,晚上11点收车,中午12点稍作休息。

---

① 注:MM,藏族,男性,50岁,访谈时间:2022年7月30日。
② 同上。

一天能挣两百多元，现在油价变贵了，挣的少了，但一天挣两百多元没问题。①

2020年交通管制法规定禁止使用私家车收费载人，不然被列为"黑车"，跑长途的移民人数也自此锐减。自从移民所在城镇实行出租车准入制度，村中仅有五户移民家庭继续开出租。据访谈得知，即使是在实行出租车制度后，花费五万到六万元的手续费，这一生计方式仍然"有利可图"。

碍于成本和对前景的预判失误，大多数移民错失这一生计方式。目前移民社区所在县城共有288辆出租，其中只有60多辆是本州下辖县域牧民所有，其余均属邻州县域或外省人员所有，如黄南藏族自治州同人县、尖扎县，海东市循化和化隆撒拉族自治县以及甘肃省甘南藏族自治州夏河县拉不楞镇等地。其中大部分出租车所有者为藏族、回族或撒拉族，少部分出租车由所有者开或是出租给本地人或其他外来人口。多数移民除因成本和预判失误而放弃开出租外，来自外部的竞争压力也使得移民无力再跻身出租车行业。

（二）政府政策与稳定的生计选择

据田野访谈资料显示，2014年左右至今随着政府对移民补助政策的变化，移民的生计选择也有了相应的变化。相比于搬迁初期移民向外拓展寻求生计机会的发展方向，由于政府补助政策和扶助方式的变化，部分移民开始寻求向内稳定的发展方向。向内稳定的发展方向指移民选择依靠就业政策、社区内部"行政"岗位就业、"安置"工作或在服务行业打工等生计选择。

1. 草场管护员

自2014年为"保护生态和改善民生"，青海省人民政府发布《关于三江源国家生态保护综合试验区生态管护员公益岗位设置及管理意见》，其中生态管护员队伍以"牧民为主"。② 自2015年本文田野点的移民群体享受由政

---

① 注：NJ，藏族，男性，50岁，访谈时间：2022年8月5日。
② 关于三江源国家生态保护综合试验区生态管护员公益岗位设置及管理意见[EB/OL].青政〔2014〕76号，（2014-12-31）[2023-01-12]. http://www.qinghai.gov.cn/xxgk/xxgk/fd/zfwj/201712/t20171222_18180.html.

府安排的公益性岗位就业机会。移民担任管护员所做的主要工作是定期到迁出区视察环境状况，保护生态安全。在本文的田野点中，每一户移民家庭均享有一名管护员名额，由家庭成员中65岁以下的非残疾成年人担任。工作地点为移民迁出区玛多县，管护员工作以自己原来所在的"日科"①为单位，五六人一小组结伴轮流做管护工作。工资为每月1800元，一年总计收入21600元。

> 因为去工作就是回家乡，所以大家乐意去做管护工作。路程远，来回油费和维修费是自理，一旦汽车发生故障，管护员的工资能支付维修费就不错了。②

移民社区担任管护员的一般为青壮年男性，因工作地点在过去的家乡，大部分人乐意去做管护员的工作，但同时工资的收入与花费的成本常常不成正比。笔者在田野时有两次看到移民正在为去做管护工作做准备。由于工作地点在距离移民居住区五六百千米开外的牧区，做管护工作不仅需要自行解决出行问题，其他衣食起居均由移民自己负责。每小组去做管护工作一般需要十天左右，足够的口粮、出行工具及其维修和检查，一系列准备工作花费不少时间、精力和金钱。具体的管护工作则是捡拾垃圾、检查围栏、巡视是否有捕鱼、采矿等破坏环境的行为，看到野生动物需要摄制影片等工作。

> 管护工作任务时少时多，前年有七八个人，半夜在扎陵湖③捕鱼被我们发现，最后这些非法捕鱼的人被带到了西宁，法院判了七年。④

管护工作虽有如收入较少的问题，但移民在生态环境保护中发挥了积极的作用。管护员公益性岗位的设置，既保护了生态环

---

① 移民未搬迁前在牧区类似村庄的单位。
② 注：HJ，藏族，男性，53岁，访谈时间：2021年8月20日。
③ 位于黄河源区核心自然保护区。
④ 注：JXJ，藏族，男性，49岁，访谈时间：2022年8月7日。

境，也解决了生态移民的就业问题。①

> 每一家都有一个管护员，因为去做管护工作的时间不固定，组队轮流进行，有些人生病或不在，去不了，需换人，大家轮流时间就不固定，期间干不了其他活。②

这是移民社区刚上任不久的书记对管护员工作实际情况的述评。每组管护队轮流在各自"日科"的草场上做管护工作，轮岗时间不固定，因此每位管护员需要做好不定期工作的准备，移民家庭需要有一人专为管护工作而在家等待轮岗。自 2015 年设置管护员公益性岗位政策实施以来，大部分从打零工、采挖虫草、开"出租"拉人等行业中退出来的移民，转而选择管护员的岗位。管护员公益性岗位使移民家庭拥有一项稳定的收入来源，增加了移民基本生活收入，同时，这一职业也限制了移民找寻其他更高收入的就业可能性。

2. 编织厂女工

2012 年"玛多县河源新村克里姆编织厂"在社区内建厂，这是一项由政府扶持移民就业的项目。编织厂的工人都来自移民社区内部，编织厂的工作人员分别是三位男性负责人和 30—65 岁间的二十名女性员工。在建厂初期员工基本工资为每月 600 元工资，外加提成在三四百或是五六百不等。2019 年基本工资提高至每月 900 元，编织厂的工期一般是每年的 3 月中旬至 10 月底，周六天双休，节假日有假期，工资按月发放。编织厂不仅解决了一部分女性的就业问题，同时因工厂离家近，这部分就业的女性既能获得一些收入，又能够兼顾家人起居。

> 第一年编织厂成立时就去当员工，活不重，总比闲着好，在编织厂还能和大家一起聊天，虽然工资并不高，但大家在一起很开心。③

---

① 祁进玉.三江源生态移民的社会适应与社区文化重建研究[J].中央民族大学学报（哲学社会科学版），2015（3）：47—53.
② 注：DQJ，藏族，男性，42 岁，访谈时间：2022 年 1 月 12 日。
③ 注：ZXZM，藏族，女性，38 岁，访谈时间：2022 年 6 月 29 日。

在编织厂工作的女性移民因过去在牧区的生活经历，熟悉编织手艺，无需在编织厂工作学习陌生的技能或是语言，熟悉工厂里的编织设备操作便能适应和胜任这份工作。编织厂自建厂以来，主营产品是藏毯，厂里有九架编织机，每架编织机可供两人同时进行编织工作。藏毯编织的技艺要求并不高，只需学会穿线的步骤和操作编织机的方法，而这对本就有编织手艺基础的移民女性来说易掌握。这一工作能够让移民女性充分发挥地方性知识的作用，成功将过去的技能运用到现有的工作环境中，成功实现了本土知识的生计适应。

3. "安置"或打工

目前移民社区公共事务主要由党员带头负责，社区组织设有党支部书记、党支部副书记两名，组织委员、宣传委员和支部委员各一名，任职人员均在社区内进行选举产生。大小公共事务主要负责人为支部书记、副书记和宣传委员，负责政策文件的上传下达与实施。公共事务主要包括社区例行会议，每两三天开会传达县级及以上的会议精神，实施近期公共项目等事务。社区内类似"行政岗"的需求比较大，目前社区设有一个会计岗位，由社区内一位大专毕业生任职，负责账务工作、就业培训项目登记、实施等事务。社区设由四人组成的联防队，一人担任队长职务，其余三人是高中学历的年轻人任村警职务，负责社区内安全事务。除上述常设职务外，为解决年轻人就业问题，目前社区内已有三个"日科"设置了公益性岗位，由各"日科"为其发放工资，负责处理移民与各"日科"间的公共事务。

> 我孩子明年就大专毕业回来，如果社区或是"日科"能够安排一个"安置"的工作，最起码不用干活，能用学到的知识赚点钱。现在的工作难考，有毕业证也不一定有用，不像以前能识字就给安排工作。①

移民用"安置"一词主要指在社区内或县乡级政府及其他部门工作的公益性岗位或临时工。多数移民认为子女拿到大专毕业证后，找到"安置"工作是年轻人较好的就业选择。目前村中有26名大专毕业生，他们是移民搬

---

① 注：SZ，藏族，男性，54岁，访谈时间：2022年7月22日。

迁后第一批适龄或超龄儿童开始上学接受义务教育，拥有大专毕业证和学位证的青年。访谈资料显示这部分青年群体中，有73%的青年认为很难通过参加公务员考试获得工作，他们坦言在考试中没有信心与本地或外县考生竞争，但大部分依然参加每年的公务员或事业单位考试；58%倾向于在社区中或其他公共部门获得就业机会，如在社区领导班子中任职或是找到"安置"工作；42%的人想通过打工或做生意等方式就业，但碍于缺乏资金、经验不足等问题，只有极少数人在尝试摆摊卖汽车挂件、装饰品、服装等小本生意。

上述寻求"安置"或在社区内任职的青年群体拥有中专及以上学历，其余初中以下学历的青年群体，大多在搬迁至社区之初是超龄入学儿童，随后辍学率也比较高，十岁左右上小学的群体在小学或初中未毕业前的辍学率高达48%。这部分群体的生计选择是在餐厅、宾馆或工地打工，就业率为61%，因属于底端服务行业，其职业上升空间小。

三、生计选择与政策的影响变化

（一）政府政策及变化

三江源生态移民属于政策性移民，移民在搬迁后享受由政府发放的生活补助，而政府的补助政策经历了补助金额较少、种类单一到补助金额增多、种类多元的变化过程。自移民2004年搬迁至移民社区，移民迁出区政府每年年底为每户移民家庭发放8000元的生活补助费，并在冬季来临之际发放2000元的燃料补助费，这一生活补助政策实施至2011年；自2009年开始政府依据移民家庭收入水平的不同发放不同级别的最低生活保障补助（低保），自2010年开始依据年龄标准发放儿童和老年补助，最初的补助金额从几百元到一千元不等，在随后几年该项补助金额逐年上升，目前0—18岁未成年人和60岁以上的老年人所得补助为每人一年5600元；2011年国务院发布《关于促进牧区又好又快发展的若干意见》[①]，开始实施"草原生

---

① http://www.gov.cn/zhengce/content/2011-08/09/content_2821.htm. 国务院关于促进牧区又好又快发展的若干意见[EB/OL]. 国发〔2011〕17号，2011-08-09.

态保护补助奖励机制"，自2012年政府发放草原生态保护补助（简称"草补"），移民社区的草补以"日科"为单位，通过测算草场亩数大小按人均分，平均每人每年获得的草补在12000元左右；同年，为解决社区一部分移民的就业问题和增加社区经济收入，由移民迁出区政府资助移民社区创办编织厂；2014年底青海省人民政府发布《关于三江源国家生态保护综合试验区生态管护员公益岗位设置及管理意见》[1]，自2015年每户移民家庭拥有一个管护员公益性岗位名额，工资为每月1800元。

纵观移民搬迁至今，政府对移民的扶持政策经历了渐进完善的过程，在这一过程中，不仅是补助金额的增多，尤其是补助种类的多元，使得移民面对新环境时，逐渐拥有更多的经济资本和更为完善的政策环境以适应新的生产和生活方式。政府补助政策在搬迁之初以户为单位发放固定金额数量的生活和燃料补助，但是自2009年政府依据移民家庭具体情况发放最低生活保障补助，再到2010年为无劳动能力的未成年和老年人发放补助，2012年起每户移民家庭按成员数量发放"草补"，上述多元化的补助政策变化体现了政府各项扶持政策不再将移民群体视为同质化的单一主体，而是根据移民家庭成员年龄结构、劳动力状况和经济收入水平等情况为移民提供相应的有针对性的补助。此外，政府为解决移民就业问题而出资建立编织厂和安排管护员公益性岗位的政策支持，体现了政府从移民主体能动性的角度出发，为移民提供挖掘和使用地方性知识的机会，使之在移民的生产生活实践中实现其经济价值，同时移民也"乐在其中"，以此改善移民生活水平，进而实现移民社区可持续发展。

（二）政府政策与生计选择的变化趋势

伴随政府政策的变化，移民的生计选择和适应也有了相应的变化。移民在搬迁初期补助金额较少，大量的访谈资料显示，搬迁后由于移民所需的所有生活保障用品均需通过市场购买获得，移民仅靠补助收支几乎处于入不敷出的状态。

---

[1] 关于三江源国家生态保护综合试验区生态管护员公益岗位设置及管理意见[EB/OL].青政〔2014〕76号,（2014-12-31）[2023-01-12]. http://www.qinghai.gov.cn/xxgk/xxgk/fd/zfwj/201712/t20171222_18180.html.

> 刚来这里的时候，给我们的补助只有8000多，不管干什么都需要钱，钱不够花，甚至有人用牛羊内脏做饭，以前在牧区的人不吃牛羊内脏，那是用来喂狗的。①

当政策补助较少时，移民通过采挖虫草、在牧区做"看护"、打工、开"出租"等多样化的生计方式获得补助之外的收入。通过上文移民生计摸索的过程可知，在初期移民不同年龄层群体在新的生产生活环境中，各自利用不同的地方性知识竭力摸索不同的生计方式。如移民过去在牧区高原多变的气候环境中，培养了敏锐的观察能力，使他们在学习采挖虫草以及在打工时能够利用观察和学习能力，逐渐适应这些新的谋生劳动；在给附近的牧户当"看护"时，更是直接动用过去牧业生计下的放牧和生活经验以适应这一生计方式；在开"出租"时，则是移民作为世居高原多变环境中的牧民后代，展示了其在新环境中所具有的应变能力。移民在城镇环境中的生计摸索体现了其主体能动性的实在性，同时他/她们的主体能动性在遇到其他外部因素的限制时，因其羸弱的风险抵御能力，移民又不得不逐渐退出竞争。

自2009年随着最低生活保障补助、"草补"、建立编织厂、管护员公益性岗位等政府补助金额的提高和补助种类的增多，同时，如采挖虫草、开"出租"、工地打工等多样的生计方式受到外部竞争压力的挤压，部分中青年移民在付出与所得、风险与稳定中选择退出其他生计行业，出现求稳的生计选择倾向。在政府生活补助和就业扶持政策的支持下，青年群体开始在移民社区找寻"安置"工作、在服务行业打工或做生意等生计方式，又出现了新的多元生计选择现象。

四、移民社区可持续发展的萌芽与可能性

20世纪80年代以来，国家承担了生态环境治理的主要责任。② 生态移

---

① 注：YL，藏族，男性，71岁，访谈时间：2022年1月18日。
② 王晓毅. 生态移民：一个复杂的故事——读谢元媛《生态移民政策与地方政府实践》[J]. 开放时代，2011（2）：154—158.

民政策作为一项政策性移民,政府在移民生计适应和实现生态移民可持续发展的过程中扮演着不可或缺的角色。在三江源生态移民中,政府在生态移民社区可持续发展中发挥了重要的作用。① 近些年来,本田野点移民社区的生计适应过程中,政府政策以移民主体能动性为主导,在此基础上对移民生计选择和适应进行的制度设计,蕴含移民社区可持续发展的萌芽和多种可能性。

(一) 编织厂

移民社区编织厂在政府的扶持下,自 2012 年创办以来,直到去年主要编织藏毯,而在今年社区因参加黑帐篷赛事需要,编织厂负责人组织员工编织具有民族特色的黑帐篷。笔者在田野期间参与黑帐篷编织、制作、搭建及参赛全过程,据参与观察厂内员工的工作情况以及与之进行深度访谈,比起过去编织藏毯,员工普遍更愿意编织黑帐篷。

> 我们过去是"卓巴"(འབྲོག་པ་ 牧民),但现在变成了"仲巴"(གྲོང་པ་ 城镇居民),今年开始织黑帐篷,之前都是织藏毯,虽然工资不算高,但是我很熟悉黑帐篷的编织流程,也很喜欢干这个活儿。②

编织厂换织物后,虽然工资依然不变,但是移民普遍更乐意织黑帐篷。黑帐篷是牧民在牧区的住房,男女都会在日常的牧业劳动之余,用牦牛毛纺线,再将线编织成布面,最后缝制并搭建起帐篷。搭建好帐篷后,还需要在日常中随时"检修",女性牧民会随身带着粗针和线,如果有松垮的地方就用线勾缝紧实。因此移民很享受编织黑帐篷时犹如身在牧区的体验,黑帐篷的编织工作受到员工的喜爱。同时,黑帐篷的销路市场见好,在移民社区织完黑帐篷并参赛获得一等奖后,有商人愿意出高价购买黑帐篷。

今年该编织厂在政府的支持下,计划将编织厂改建为四个不同商品生

---

① 张涛,张潜,张志良.三江源区生态移民的规模及其后续产业的选择[J].中国人口科学,2005 (S1): 28—33.
② 注: GL,藏族,59 岁,女性,访谈时间: 2022 年 6 月 15 日。

产车间，分别是茶叶包装加工、经幡生产、藏毯生产和手工编织车间。这四个车间是政府出资金扶持，由社区内负责人组织运行。对此，移民社区负责人及移民员工都认为编织厂的发展会走向好的态势。

政府在每个三江源生态移民社区都有类似编织厂的就业扶贫项目支持[①]，学界部分研究认为生态移民社区就业扶持项目借助政府的政策补助与支持而得到的短期发展，由于缺乏长期维系顾客网络和市场的策略，当政府的政策扶助介入暂停后，同样面临发展新生计的挑战[②]，同时优惠政策落实乏力，生态移民的生计适应发展缺乏切实可行的政策支撑。[③] 即目前政府扶助政策对移民社区的可持续发展助力不足。而在本文的个案中，移民社区在多年来的摸索中，政府政策针对移民自身具备的生产潜能，开发和生产能够激发移民主体能动性的商品，使得就业扶持项目解决了部分移民的就业收入问题，同时让移民在工作中获得精神上的满足。

（二）畜牧合作社

2019年移民迁出地县政府组织创办畜牧合作社，合作社以"日科"为单位创办，社员由已搬迁移民和未搬迁牧户共同组成。由于不同社员身份利益出现分歧等原因，大部分"日科"的合作社运作状况不理想，移民至今几乎未享受过合作社的"分红"。目前，移民社区中有一"日科"运作状况良好。该日科合作社社员均来自移民社区，看管合作社牛羊的放牧员从移民中产生。

> 我们合作社有三百只牛，合作社开了四年，选择一两家负责看管合作社牛羊。在合作社放牧一个人也能看管牛羊，现在想去合作社放牧的人较多，要等几年才行。[④]

---

① 祁进玉，陈晓璐. 三江源地区生态移民异地安置与适应[J]. 民族研究，2020（4）：74—86.
② Jarmila Ptackova. Hor–A Sedentarisation Success For Tibetan Pastoralists in Qinghai? Nomadic Peoples, Vol.19, no.2（2015）：221—240.
③ 周华坤等. 三江源生态移民的困境与可持续发展策略[J]. 中国人口·资源与环境，2010（3）：185—188.
④ 注：SJ，藏族，男性，40岁，访谈时间：2022年6月21日。

合作社的运作主要依靠放牧员放牧、看管牛羊得到收益。该合作社每两年换一次放牧员，放牧员在移民社区中抽签产生，放牧员的工资是以一年内牦牛和羊的产崽量为依据，将牛犊和小羊羔按比例分给放牧员和合作社。目前，担任放牧员的移民家庭，青壮年劳动力在迁出地草场放牧，老人和小孩则留在移民社区上学和养老。

在生态移民研究中多次讨论到移民回迁现象[①]，其中一种观点以移民与环境间是对立关系为研究基础[②]，认为移民回迁是生态移民失败的表现，因此将移民回迁现象视为需要被解决的问题，并分析回迁的原因及对策。[③] 而另一种观点则认为移民群体是生态环境保护的主体之一，移民与生态保护间并非对立关系[④]，以此种观点为基础的研究，认为移民的回迁存在实现生态环境与移民双赢的可能性。如包智明认为如果能把牧民流动性的实践因素与既有的牧区城镇化政策结合起来，或许能够形成一种真正意义上的草原生态环境保护与牧区社会经济发展双赢的制度安排。[⑤] 在本文的田野点中，首先，出于居住习惯、受教育或养老等原因，回迁的移民数量规模较小，对环境造成压力的可能性较小，其次一定数量的移民通过参与合作社得到重拾牧业生计的机会，并非永久性定居在牧区，而是在牧区与移民安置区间来回流动，既解决部分移民的生计适应问题，同时又能解决牧民接受教育及养老问题；最后，因生计选择的代际差异，回迁不具备持续性和普遍性，因此不会对生态保护造成规模性影响。移民社区的畜牧合作社的运营不仅解决了部分移民的就业和生计问题，同时以提供资源支持的方式缓和了移民在生计转换过程中的困顿与阻力。

---

① 李培林，王晓毅. 移民、扶贫与生态文明建设——宁夏生态移民调研报告[J]. 宁夏社会科学，2013（3）：52—60. 谭伟福，安辉，谭夏妮. 为什么自然保护区的生态移民要回迁：以广西十万大山保护区为例[J]. 生物多样性，2016（6）：729—732.

② 池永明. 生态移民是西部地区生态环境建设的根本[J]. 经济论坛，2004（16）：14—15. 侯东民. 实行生态移民 改善生态环境——关于整合扶贫与生态整治的战略思考[J]. 国土资源，2003（4）：22—24.

③ 隋艺. 生态移民迁移的动因分析——三江源X村生态移民为例[J]. 青海社会科学，2012（3）：71—75. 解彩霞. 三江源生态移民社会适应与回迁愿望分析[J]. 攀登，2010（6）：101—106.

④ Jenny Springer. Addressing the Social Impacts of Conservation: Lessons from Experience and Future Directions[J]. Conservation & Society，Vol.7，no.1（2009）：26—29.

⑤ 包智明，石腾飞. 牧区城镇化与草原生态治理[J]. 中国社会科学，2020（3）：146—162.

五、总结与讨论

　　移民搬迁至今，生计适应过程因政府政策和外部环境的变化而经历不同的发展阶段，其中政府补助政策的变化影响尤为关键。在移民生计适应过程中，首先，需要肯定移民的主体能动性，移民在新的环境中尽管没有太多就业竞争优势，但也找寻一切可以获得经济收入的机会，以往将移民生计适应问题归因于移民自身能力的研究有待商榷；其次，移民即使发挥主体能动性，最终由于外部环境压力退出某些行业，可见移民的经济风险抵御能力较弱，同时，政府的扶助政策的标准及规定偏简单化和普遍化，对移民发挥主体能动性造成了一定的限制，为此政府应当放宽移民享受补助的条件要求，以此增强移民风险抵御能力，给予移民更多生计探索机会，最大程度发挥主体能动性；最后，在移民社区最近的生计探索实践中，政府政策以移民自身的生计选择偏好为主导，激发了移民的主体能动性，针对性的扶持政策激活了移民部分尘封的地方性知识，并为实现其经济价值的可能性提供了支持，这一过程离不开政府政策和移民双主体的合力。

　　综上，政府力量和移民群体主体能动性的结合对实现生态移民社区可持续发展具有重要作用。移民通过发挥主体能动性利用不同的地方性知识摸索不同的生计适应模式，与此同时，政府依据移民选择和外部环境的变化，以移民发挥主体能动性的生计选择为主导，真正了解移民在生计适应探索过程中遇到的问题，出台有针对性且具体的制度或资金支持等方式制造就业机会，供移民选择最佳的生计方式以适应生计变化是实现生态移民社区可持续发展的可行路径。

乡村振兴背景下非物质文化遗产的活化利用研究

——以湘西苗绣为例

陈　萌　陈欣茹　吴合显　吉首大学

摘　要：湘西苗绣是湘西地区苗族女性书写本民族历史与文化的一种重要方式，是苗族女性世代传承的手工技巧。但是随着时代的变迁和现代化冲击的加剧，以及大众审美的嬗变，都使得苗绣在传承和发展上遭遇了困境。而苗绣有效的活化利用可以让苗绣在当代焕发出新的生机与活力，对推进乡村振兴具有重要的现实意义。

关键词：湘西苗绣；非物质文化遗产；活化利用

2006年，苗绣入选第一批国家级非物质文化遗产名录。2021年2月，习近平总书记在一项工作中指出："一定要将苗绣发扬光大，既能继承弘扬民族文化、传统文化，也能为扶贫产业、乡村振兴做出贡献。"[①] 苗绣是苗族人民记忆与憧憬的艺术载体，在时代的变迁和发展中不断获得国家认同，日渐成为被保护的文化珍品，这为苗绣的发展提供了契机。但从目前看来，苗绣的发展并没有很好地融入到人们的日常生活当中，而是渐渐淡出了人们的视野，苗绣的传承也因此而陷入了困境。如何在适应时代变迁和顺应科技发展的潮流下保护苗族文化，提出切实可行的苗绣活化路径，实现传

---

① 基金项目：吉首大学2022年校级科研项目"乡村振兴背景下湘西苗绣的'活化利用'研究"（项目编号Jdy22164）。
新华通讯社.习近平为苗绣点赞：一针一线绣出来，何其精彩[EB/OL].（2021-02-04）.[2021-02-04].http://www.xinhuanet.com/2021-02/04/c_1127062698.htm.

统苗绣的传承和发展是一个亟须解决的问题。

一、湘西苗绣的相关研究

苗绣图案绚丽多彩，款式多种多样，这展示的是苗族人民对美的独特追求，是一种记录了苗族人民古往今来心路历程的文化符号，更是显示社会地位、族群归属的象征符号，同时也是人生礼仪的过渡符号，它凝结着湘西苗族人的特殊民族情感，是苗族人民鲜明的族徽。很多学者对苗绣展开了比较深入的研究，主要集中在苗绣的图案和色彩研究、苗绣的传承和发展研究以及苗绣的解读和文化研究等几大方面。

（一）苗绣纹样图案及色彩研究

丁荣泉、龙湘平认为苗族刺绣具有苗族人民原始思维方式的特征，其图案造型具有传承性、地域性、互渗性以及寓意性等特征[1]。董宝玲指出苗族特殊的生存环境和传承方式，使一些支系的纹饰保存着许多远古的信息和原始艺术特征[2]。王淑华认为苗绣所运用的大部分材料、技法、骨架、纹样、匠意和制度文化基因与先秦时期中华文化原型高度契合，对铸牢中华文化共同体意识具有重要的历史精神凝聚作用[3]。李楚婧对湘西苗绣图案的研究是基于整个湘西苗族甚至中华民族的整体上展开的调查研究，她指出这对传承苗族文化，维护中华民族多元一体有着重要的作用[4]。在色彩研究方面，吴平、杨竑指出苗族刺绣在用色上没有高贵贫贱之分。而是根据不同的性别和年龄以及穿戴的场合来决定不同色彩的服饰，另外地域性的差异是偏重的色彩不同的主要因素[5]。

---

[1] 丁荣泉，龙湘平.苗族刺绣发展源流及其造型艺术特征[J].中南民族大学学报（人文社会科学版），2003，23（4）：25—28.
[2] 董宝玲.主位视角下苗族刺绣的文化释义及发展模式研究[J].黑龙江民族丛刊，2014（2）：131—135.
[3] 王淑华.从苗绣母题共享看中华文化共同体意识[J].中南民族大学学报（人文社会科学版），2022，42（7）：45—55，182—183.
[4] 李楚婧.湘西苗绣图案研究[D].北京：中央民族大学，2021：6.
[5] 吴平，杨竑.贵州苗族刺绣文化内涵及技艺初探[J].贵州民族学院学报（哲学社会科学版），2006（3）：118—124.

湘西苗绣的图案纹样以及色彩搭配很多是基于世代湘西苗族在生产生活中所见所闻事物的基础之上，又加之自身对外部环境的认识、感受及审美观念进行想象、夸张和再创造的结果。湘西苗绣呈现在世人眼前的不仅是其图案和色彩带来的视觉冲击，更是对其文化的一种诠释。充分解读图案纹样背后的含义，让湘西苗绣承担起苗族人民族徽的作用和功能才是对其最好的诠释。

（二）苗绣的运用传承和保护研究

邹文兵认为必须要以保障传承人的切身利益为苗绣活化传承的出发点。只有让传承人收益有了保障，才能形成用苗绣技艺传承的新范式[1]。刘文良、谢佳林认为非物质文化遗产的传承和保护，比如苗绣，早已经成为全世界的共识，其价值和意义甚至是无法估量的[2]。王至强、陈海红也指出在现代科技和机器逐渐走进传统手工业生产过程的同时，民族刺绣要继续保持其自身的独特性，要树立品牌意识，强化精品意识，建立特色意识，保质保量完成每一件绣品，理性对待市场和利益，进而促进民族文化传承和持久性发展[3]。彭泽洋、邓可卉、卫艺林强调要让苗绣在市场中接受检验并获得市场需求的认可，在随时代发展的同时，保持独立的民族文化身份，要让苗族刺绣在文化性和商业性发展中努力寻找平衡点[4]。

从总体上看，现今湘西苗绣的传承和保护整体受阻，表现为传承人的流失和湘西苗绣在当代人们日常应用场景的缺失。虽然苗绣被列入国家非物质文化遗产，但是还要不断去挖掘湘西苗绣更多日常应用的场景，只有真正让湘西苗绣进入人们日常的生活中，才是对其最好的传承和保护。

---

[1] 邹文兵.新时代非遗苗绣的"活化"特质、现状与路径[J].艺术百家，2019，35（01）：178—183.

[2] 刘文良，谢佳林.互联网＋文创：走出传统非遗创新性发展的困境[J].扬州大学学报（人文社会科学版），2019（3）：88—95.

[3] 王至强，陈海红.苗族刺绣的传承与现状——以黔东南苗族刺绣为例[J].凯里学院学报，2015，33（02）：36—37.

[4] 彭泽洋，邓可卉，卫艺林.黔东南苗族刺绣传承路径调查研究[J].东华大学学报（社会科学版），2022，22（2）：56—63.

（三）苗绣符号的解读和文化研究

根据雷蒙德·威廉姆斯（Raymond Williams）在《关键词》中提到传统苗绣正成为"众人喜好的文化"[①]。维克多·特纳（Victor Turner）认为人是能够使用符号的动物，并且对符号的解读提供了多种理论方法[②]。我们可以从特纳对符号象征意义的解读方式迁移到对湘西苗绣符号的解读上来。徐滢洁指出苗绣是承载苗族人民记忆的艺术载体，同时也是承载苗族人民憧憬的载体，在时代的发展中不断获得国家认同，由此而成为被保护的文化珍品[③]。胡嘉玮认为苗绣承载着苗族人民世代相传的图腾信仰，苗绣符号起着记录历史、传递信息、评定女性才德等各方面的作用[④]。

湘西苗绣不是文字，可以直截了当地表达出其内在含义；而是一种象征符号，蕴藏着巨大的文化价值，需要充分给予湘西苗绣符号以文化的解读，深刻理解苗绣的文化内涵和底蕴，由此来勾起人们对历史的缅怀，从而增强人们的文化自信。

二、湘西苗绣的传统技艺

湘西苗绣在长期的生产实践中形成了自己鲜明的民族特色和地域特色。其传统技艺有很多种表现手法，大多表现在纹样图案、色彩风格、刺绣针法等几个方面。湘西苗绣的技艺特征在深入的分析和解构之后，才能探索出湘西苗绣传承和保护的活化路径。

（一）丰富多样的图案纹样

在纹样图案上，苗绣纹样具有特有的符号特征。苗绣工艺起源于生活和自然，但又高于生活和自然。其图案变化万千，纹样丰富多样，以此表

---

① ［英］雷蒙德·威廉姆斯.关键词［M］.刘建基，译.北京：生活·读书·新知三联书店，2005：67.
② ［英］维克多·特纳.象征之林［M］赵玉燕，欧阳敏，徐洪峰，译.北京：商务印书馆，2006：5—9.
③ 徐滢洁.民族文创产品助推精准扶贫和乡村振兴研究——以湘西苗绣为例［J］.民族论坛，2021，（03）：69—77.
④ 胡嘉玮.黔东南施洞苗绣的艺术特征解析［J］.中国民族博览，2020（14）：5—6.

达出的寓意也不尽相同。如龙纹、凤纹、牛纹、蝴蝶纹等纹样体现的是苗族人民的祖先崇拜和图腾崇拜思想；各种动植物纹如葫芦纹象征新的生命、石榴纹象征多子、枫叶纹象征长寿、花卉纹象征少女等都诠释了苗族对于自然的崇拜[①]。例如在苗绣中经常会出现蝴蝶的纹样，这是起源于蝴蝶妈妈的传说。苗族传说中蝴蝶与水泡"游方"相爱，生下了十二个颜色各异的蛋，其中十一个蛋分别孵化出了世间的万事万物，最后一个蛋则孵化出了人类的始祖姜央。至此，苗族人民敬奉蝴蝶，认为蝴蝶是万物的始祖，这体现了苗族祖先对生命起源的理解和对祖先的崇拜思想[②]。苗族人民将植物纹与动物纹交叉绣制、将动植物拟人化，赋予其人类的情感，形成了湘西苗绣中超自然的形象。其中的图案纹样有对自然和生活真实的描绘，又有对其进行艺术的加工。湘西苗绣的传承不是对这些图案进行简单的临摹，而是在情结感染下和文化熏陶下对"物"的再次创造，是苗族人民书写向往的美好生活的一种表达方式。人们向往的生活是多姿多彩的，这也从侧面反映了图案纹样的丰富多样。

（二）风格各异的色彩构成

湘西苗绣物像的色彩一般习惯按照本民族、本地区的审美特点进行大胆创作，在配色上不受任何色彩理论限制，而是脱离物体在自然界中的真实颜色，对大自然中五彩缤纷的色彩进行高度的凝练和概括，最终色彩的搭配同时也体现出了传承者自己对色彩的理解和本民族对审美的要求。湘西苗族人民塑造了一系列夸张的色彩审美体系，灵活地运用到纹样题材中。例如，红色是苗绣使用频率相对较高的色彩，因为苗族人民认为红色代表青春、生命，这是吉祥和富贵的象征，以这种色彩为主的服饰多用于未婚女子以及儿童的服饰之中；而蓝色象征庄重、沉稳，多用于已婚妇女的服装当中；黑色则象征着深邃、凝重，多见于男子的服装之中[③]。就其配色来说，或浓烈浪漫，或单纯朴素，随心意进行搭配，风格各异。

---

① 吴晓东. 苗族图腾与神话[M]. 北京：社会学科文献出版社，2002：23.
② 张明霞. 湘西苗族刺绣[M]. 长沙：湖南大学出版社，2015：12.
③ 贺琛. 中国女工[M]. 苏州：古吴轩出版社，2009：95—96.

（三）丰富多变的刺绣针法

刺绣的独特针法是湘西苗绣的灵魂。绣娘采用不同的绣制针法在织物间来回穿梭，最终形成了一幅幅栩栩如生的湘西苗绣图案。湘西苗绣纷繁复杂的针法是其呈现原始、粗犷风格的方式。绣娘在日常绣制的过程中会依据纹样使用场合的不同，而选择不同的刺绣针法来绣制纹样，使其体现出不同的功能作用和呈现出不同的风格气韵。例如在绣制龙、麒麟、鱼等大型动物的身躯部分时多采用平绣，可以增强绣面的纹理感，同时突出湘西苗绣实用性和适穿性；在绣制枝蔓、云、草等纹样的线条勾勒时多采用锁绣，这样绣制出来的图纹清晰牢固、古朴典雅[1]。绣娘凭借一针一线书写出了苗族女性对情感的祈盼和对生命的感悟。

克罗伯（A.L.Kroeber）和克拉克洪（Clyde Kluckhohn）认为文化由外层的和内隐的行为模式构成，象征符号是这种行为模式获致和传递的主要方式。文化的核心部分是传统观念，尤其是传统观念价值[2]。湘西苗绣的形成从图案构成、色彩搭配以及刺绣针法上都是适应特定自然条件的行为模式，对外它是具有地域特色的视觉名片，对内则是具有民族特色的文化符号编码，外显的和内隐的一整套技艺流程构成了湘西苗绣的文化。

三、湘西苗绣传承困境的因素

近年来，中国正处在工业化、城镇化的转型时期，大多数年轻人选择进城务工，苗绣面临传承主体缺失的困境。湘西苗族先民在创作苗绣的过程中，喜欢从自己的角度去理解和认知世界，将对世界的理解用一针一线谱写在服饰上，表达了他们对自然的敬畏和喜爱之情，湘西苗绣也因此而被注入了苗族人民的灵魂。湘西苗绣因为其文化内涵走入大众视野，但却没有深入大众生活。接下来笔者将从以下几个方面针对湘西苗绣传承困境

---

[1] 李昕. 湘西苗绣及其传承发展现状研究[D]. 北京服装学院，2018：37.
[2] A.L.Kroeber ect.Culture：A Critical Review of Concepts and Definition[M].Brighton：Harvard University Press，1952：7.

的因素展开探讨,以便能在后文针对这些问题提出苗绣活化利用的可行性建议。

(一) 生计变迁的影响

不同的族群在生存和发展的过程中,其生计方式是与一定的生态环境、社会结构和族群文化等相适应的结果,并且总是处于不断的发展和变迁当中[①]。在封建王朝的制度下,苗族地区被划分为"生苗区"与"熟苗区"。生苗区禁止与外界往来,其文化服饰也得以独立发展,并保留了当地的特色。

传统的湘西苗族社会实行的是一种自给自足的小农经济体制,苗族人民在自己的土地上种植作物用于日常食用,再利用农作物秸秆或者谷草喂养鸡、鸭、狗、牛等动物。村民中大部分男性按照自然规律或节令安排农业生产,兼顾果蔬种植和畜禽养殖,女性负责家庭事务或手工业生产如苗绣,形成了时间上相互重叠、空间上相互补充、身份上相互分工一套自给自足的生计方式。但是在自然环境、社会环境、制度政策等多重因素的影响下,湘西苗族地区的生计方式也在不断发生更迭和变迁。随着社会的进一步开放,苗、汉杂居区域也愈加广泛,各种形式的交往交流交融更为频繁,虽然原来自给自足的传统生产模式依然存在,但是随着社会的进步和科技的发展,各式各样的新兴职业也层出不穷,收入的方式也愈加广泛,人们也不再仅仅是为了基本的生存需要而参加生活和生产,而是更高层次的追求,在进行职业选择的时候,将收入、兴趣、学习难易程度、是否能产生成就感等一系列因素综合考虑,相较于湘西苗绣学习过程的复杂性和长期性,一些年轻人更愿意选择离开寨子到外地去打工赚钱,而留在寨子里从事苗绣生产工作的大多是一些年纪较大的苗家女性。原来自用的苗绣也开始逐渐走向市场,成为一种交换商品,自给自足的小农经济也逐渐向市场经济引导的生计方式发生转变,从而导致了原手艺人流转和后继承人流失的现状。

---

① 刘忠良,李忠先,周萍.少数民族农村社区生计变迁研究:以攀枝花仁和区彝族村寨迤计厂为例[J].民族学刊,2016(2):63.

（二）社会变迁的影响

社会变迁是社会结构变化的一种社会现象①。在改革开放以前，湘西大部分苗族地区地处偏远、交通不便、信息闭塞，而且仍然处于一个较为封闭的社会。在进入改革开放时期后，政府大修公路、水利、义务教育、电视网络甚至是电商平台的加快普及，促进了湘西苗族地区的社会经济交往和文化普及。社会制度的改变、科学技术的进步使得传统思想观念受到冲击和挑战。而思想观念的改变进而会影响到湘西苗族人民的行为方式，从而促使苗族社会发生变迁。例如以往苗绣所承担的最大的功能就是日常生活服装，这也贯穿了当地民众一生的重要时刻。但在新时代背景下，很多苗族村寨的年轻人都外出打工，他们所面对的群体不再仅仅局限于苗族社会的苗族人民，而是来自全国各地的各族人民，新的环境也使现代化着装的理念逐渐融入苗族人民的生活，同时也开始追求经济实用、时尚潮流的服装。而苗绣面对复杂的工艺、少之又少的受众群体使其传承和发展难以为继，这些充满历史与回忆的技艺逐渐走进博物馆，成为苗族人们深埋心间的记忆。从另外一个角度来说，家庭是"乡土中国"的基本生产单位，在湘西苗绣的传承中，一种重要的方式便是家庭式传承，而年轻人外出打工的普遍现象改变了苗族社会的家庭结构，这些年轻人不愿意在花费时间和精力去学习湘西苗绣，从而造成了传承人流失的现状。

（三）文化变迁的影响

文化变迁指的是一个族群和其他族群的交流过程当中，新的观念或行为方式造成本族群传统价值观念和行为方式发生改变的过程②。人类文化在时代的演变中，也是时刻在发生变化的。文化的价值与每个民族，甚至每个人的生活都息息相关。各种风俗、习惯、道德、价值、宗教、信仰、伦理、哲学等精神文化，更具有直接构建人的价值意识的地位和作用③。湘西苗绣作为非物质文化遗产中的一员，代表着本民族传统民族文化的根基，

---

① 费孝通.论文化与文化自觉[M].北京：群言出版社，2005：1.
② 王铭铭.想象的异邦——社会与文化人类学散论[M].上海：上海人民出版社，1998：198.
③ 司马云杰.文化价值论[M].西安：陕西人民出版社.2003：3.

更是本民族世界观、宇宙观和价值观的体现。但是在经历由传统社会向现代社会转型的过程中，人们承受着当代文化与传统文化所带来的冲击，尤其是年轻人。例如人们接受新事物的渠道越来越多，各种服装品牌通过媒体向年轻人传播新的时尚或者流行元素。如今各大热门手机应用，如小红书、淘宝、抖音以及微博等这些热门平台，都驻扎着很多博主分享自己的穿搭图片，与粉丝交流自己的穿搭心得，甚至一些知名品牌更是有明星助阵代言，形成了各种粉丝效应，这些新时代的产物无时无刻都在帮助年轻人重新构建新的审美系统。越来越多的苗族年轻人走出苗寨，追逐梦想，他们也追逐各大社交媒体上的"新时尚"，他们对祖辈世世代代传承下来的苗绣以及苗绣文化越来越淡漠，苗绣在这样的竞争中处在了劣势地位，民族群体审美意识发生嬗变，日益削减了人们对苗族文化的认同，所以苗绣就渐渐淡出了大众的视野。

综上所述，变迁是顺应时代的要求，如果一味固守传统，则苗绣必将会被取代。且变迁的过程是渐行不息的，既有对传统文化的汲取和摒弃，也有对现代文化的吸收和批判。随着网络和机器的普及，苗族地区社会结构发生变化，加快了苗族地区传统刺绣工艺的变迁。但在变迁的过程中要会去探究传统苗绣工艺中哪些元素能变，哪些元素不能变，要在尊重苗族情感的前提下，融入现代元素，从而做到既有效保护苗绣文化精髓，又能适应现代化生产和生活的需要。

四、湘西苗绣的活化利用

传承弘扬中华优秀传统文化已逐渐成为全社会共识和自觉，作为中华优秀传统文化的重要组成部分，非遗传统手工艺也正在努力实现创造性转化和创新性发展①。我们要将苗绣的发展引入大众的视野，完善相应的活化利用措施，激发苗绣的文化魅力和经济价值，为此我们需要讲好苗绣故事，传播苗绣文化；融合市场规律，打造苗绣品牌；传承苗绣技艺，助推乡村振兴。接下来我将从以下这三个角度去探讨苗绣活化利用的路径，并为国

---

① 罗春寒，杨玲，蒋友财，彭晓青."苗绣""贵银"非遗产业工匠培养模式的创新与实践——以黔东南民族职业技术学院为例[J].凯里学院学报，2022，40（2）：112—117.

内相似文化资源的再利用提供借鉴。苗绣的传承发展可以让更多的人有机会认识苗族的历史文化及了解苗族人们的生活状态，能够让苗族的文化艺术得以传承发扬。

（一）讲好苗绣故事，传播苗绣文化

虽然时代会催生一些受大众欢迎的产物，但这些产物大部分并没有被赋予特殊的含义，为了赶时髦所追求的快时尚也必定会很快被其他的产物替代。苗绣和这些快时尚的品牌不同。湘西苗绣原本就有自身独特的优势，它是湘西苗族地区人民书写天地万物、记录历史和生活的一种独特文本和符号，它作为一种文化载体被苗族世代沿袭下来，饱含着人们对历史的一种情怀。

1. 以保护传承人为主

要讲好苗绣故事，传播苗绣文化必须以人为主体，尤其是传承人。只有传承人在充分了解苗族刺绣的文化基础上，才能进一步去做好宣传和推广工作。湘西苗绣实际上是湘西苗族人民编织的文化意义之网。克利福德·格尔茨（Clifford Geertz）主张我们的任务就是阐释人们所攀附的文化意义之网[1]。为此，可以组建苗绣研究小组或者兴趣小组，去充分解读每一个苗绣纹样及图案背后隐藏的含义。同时还可以在古老传说或故事的基础上加以新的解读，赋予它新时代的意义。对于湘西各地区学校可以采取苗绣传承人入课堂的方式，将产业和学业双业并进，为新一代苗绣传承人奠定良好基础。政府可以组织和举办湘西苗绣大赛，用这样的方式去鼓励湘西苗族人民自觉传承宝贵的民族文化。同时深入湘西苗族地区挖掘绣娘身上感人的故事，并且评选湘西州"十佳绣娘"，树立绣娘的坚定、果敢、勤劳的美好劳动人民形象，并可以在当地中小学的开学第一课进行播放观看，向潜在的苗绣传承人传递核心文化价值观，并且对湘西苗绣产生强烈的认同感。充分解读苗绣符号背后的故事，懂得背后真正的含义，尊重苗绣传承人，并向下一代传承人传递湘西苗绣的文化价值，才能使苗绣得以更好的传承和发展。

---

[1] 克利福德·格尔茨.文化的解释[M].韩莉，译，南京：译林出版社，1999：5.

2. 以尊重消费者为辅

要让苗绣成为人们生活中不可替代的部分，需要在关键时刻抓住消费者的眼球，不能一味打着苗绣是非物质文化遗产的口号就将购买的责任推给消费者。实际上，人们消费，买的不仅仅是一种产品，有时候还是一种风格、一种生活方式，有时甚至是一种生活态度或者情感体验。就如知名服装品牌优衣库，人们一想起优衣库，就可以联想到一种简洁素净的风格，简单俭朴的生活方式。其实每个人都有自己的消费习惯和审美方式，我们不需要做到去迎合每一个人，世界上从来不缺一件衣服、一张绣片，我们缺的是一种精神、一种文化内核，因此我们可以根据具体情况开设苗服体验馆，既可以让消费者穿戴苗绣成品，还可以让其参与和体验刺绣的过程。在这样的过程中逐渐去理解苗族深厚的文化底蕴。甚至可以开设苗绣夏令营，让消费者们与绣娘同吃同住同劳动，体验学习刺绣的过程，同时绣娘也可以在此类活动中听到消费者的心声，并将他们的需求融入到日后的苗绣创作当中，自然可以设计出符合大众消费者审美和需求的绣品，不断挖掘出湘西苗绣产品的忠实受众和潜在受众。

（二）融合市场规律，打造苗绣品牌

中华民族上下五千年的历史，所承载的中华文化博大精深、源远流长。湘西苗绣也囊括了精深的文化背景，需要不断去挖掘，打造符合中华文化价值观的品牌。

1. 为品牌赋能

要将一种服装产品打开市场，走入大众的视野，树立自身品牌形象是尤为重要的。例如国内知名品牌七匹狼，利用狼的形象作为标识，暗含着狼勇往直前、不屈不挠的个性特征，折射出了部分消费者内心的价值观，从而激发出了消费者的购买欲望。又如国际知名服装品牌阿迪达斯，用一句深入人心的广告语"Nothing is impossible"体现出年轻人无所畏惧的拼搏精神，因此而赢得了年轻人的市场。这些成功服装品牌背后有一个共同的特点就是它们能与消费者产生共鸣或者身份的认同。

树立苗绣自身的品牌形象，我们可以向这些成功的服装品牌学习经验。第一，我们可以根据苗绣千百年来发展至今仍然保留的一些元素来设计吸引眼球的苗绣品牌标志。例如我们讲到香奈儿（Chanel）品牌就会联想到它的双C标志，这种品牌视觉形象设计最终成为一种品牌文化。同理，湘西苗绣利用类似的原理可以设计M（苗）的标志，虽然一枚标志可能在整个服装的占用面积上略微渺小，但是它的作用是不可忽视的。简单又有代表性的品牌标志是服装产品树立产品理念的第一步，它能容易被公众识别和理解，并且它有超强的信息传达功能；第二，我们可以根据苗绣千百年来传承的文化理念来设计耐人寻味的广告标语。例如"男人的衣柜，海澜之家"就是著名服装品牌海澜之家的广告标语，湘西苗绣可以设计诸如"苗绣在身，幸福傍身""苗族的衣柜——湘西苗绣"的广告语，这样的标语深入人心，受众群体也会对这个品牌产生强烈的认同感；第三，我们可以请明星帮忙代言，明星作为公众人物，具有很强的粉丝效应，这对树立品牌形象也是很有帮助的。帮助苗绣树立品牌形象，是将苗绣符号"活化"的关键一步，在苗族内部也会有一种强烈的认同，从而激发人们的购买欲望。此外，外族人购买苗绣也是对苗族文化的一种赞同，可以加快民族融合、促进民族友好关系的发展，从而不断获取经济效益和社会效益。

2. 多样化营销

随着互联网的普及，越来越多的商品通过网络进行交易，这样的交易方式给传统经营模式带来了革命性的冲击。对于一个服装品牌的发展，除了优化产品、树立品牌形象，学会适应市场发展的规律，才是新时代不变的定律，也是新时代背景下苗绣"活化利用"的重要路径。如今消费者的审美潜移默化地受到了各大手机应用平台上明星和博主的影响，以及购买欲望很大程度上被一些网络带货主播所激发。作为传统工艺品苗绣应该要与时俱进，不能再一味地坚守原来的销售模式，也应该融入一些与新时代接轨的销售渠道，如请一些带货主播帮忙在网络进行苗绣的销售和开发相对应的APP来宣传和推广苗绣文化双向进行，以及与一些相关类型的或者粉丝效益好的明星博主达成合作关系，一方面帮助推广苗族文化，另一方面也可以扩大经济效益，创造属于湘西苗族文化的高地。

（三）传承苗绣技艺，助力乡村振兴

传统湘西苗绣在时代的变迁中也需要不断去适应新的生存环境，在新时代背景下，传承苗绣技艺是发展好本土特色产业的关键，也是助力乡村振兴的重要举措。

1. 融入苗绣元素助创新

传统苗族服饰大多以夺目的色彩、夸张的纹样、丰富的针法从普通服饰中脱颖而出，成就了它深厚的文化底蕴，但也正是因为这些特点使得湘西苗绣渐渐与日常生活相脱离，且制作过程不易，日用穿戴也不便。虽是如此，但是湘西苗绣巨大的价值大部分蕴藏在其苗绣元素中，深入了解苗绣元素，将其融进入我们的日常生活当中，并且挖掘出更多的苗绣应用场景。例如我们可以将特征鲜明，具有良好寓意的湘西苗绣图案应用于室内装修行业的设计中，尤其是一些当地的酒店和民宿中，对床单、地毯、壁画，以及木质家具上都可以融入相应苗绣图案元素，不但具有鲜明的地域特色，还可以促进文化的传播和产业多样化发展；我们还可以将其与现代服饰融合，现代服饰轻便简洁，符合大众审美，也能满足日常需求，将苗绣元素应用在现代服装设计中，可以扬长避短，实现湘西苗绣的传承与保护；同时可以将苗绣元素应用在包装设计上或者镶嵌在日常用品上，让苗绣元素深入大众的生活，挖掘出更多的应用场景是对湘西苗绣传承与保护的重要活化路径。

2. 结合现代技术助发展

传统的湘西苗绣是以纯手工技术为主，效率低下，消耗的时间成本高，与其所带来的经济效益往往不成正比。虽然工业化的发展给传统手工业带来了巨大的冲击，但是我们也应该从中看到好的一面。由此，我们可以让传统手工业与现代技术结合，让现代化工业技术反哺传统手工技艺。而3D打印技术在服装品牌上的成功应用就是一个很好的例证，如今3D打印技术已经可以完成服装制版、缝制试穿、面料模拟、渲染等相关步骤，这为传统服饰在当代服装产业中的发展和创新提供了新的思路。我们通过现代科技手段，比如电脑刺绣软件和电脑绣花机械等工具，大大缩短了刺绣工艺流程，提高了劳动生产率。在这个时代里，现代科技的运用使传统苗绣的发展突破了地理位置的边缘性，克服了传统经营模式的限制性，同时也克服了消耗时间成本高的缺点。任何一种技艺的传承和发展都不可能在科技进步的背景下固守传统，所以苗绣的变迁、苗绣与现代技术的结合是一种必然趋势[1]。而我们接下来要走的路正如聂羽彤所说，手绣催生了机绣，但机绣也保持了手绣的诸多特点，所以机绣与手绣在一定条件下均可以互相转化，关键要找到机绣和手绣并存的方法，以便能实现苗绣的可持续发展。随着人们需求的多元化，市场也会随之而发生多元化的转变，机绣与手绣在未来的发展中必将长期并存下去，机绣的优势是不断满足人们的一般需求，手绣则应以更高的精神享受和打造艺术品的方式存续下去[2]。符号是静态的，但是其含义是不断发生变化的，处于新时代下的湘西苗绣也要运用新的技术才能让活化路径不断延续。

五、结 语

传统湘西苗绣技艺在时代变迁的背景下面临着全新的生存环境。人们的审美潜移默化地受到各种现代文化的冲击，手机以及网络媒体的发达使得这样的冲击更为加剧。同时由于学习苗绣过程的长期性、艰巨性及经济效益不足等因素，越来越多的苗族年轻人更愿意走出偏远苗族村落谋求发展并欣然接受现代化的淘洗，如今的年轻人对传统苗绣的敬畏感逐渐消逝，他们不愿再一针一线来继承先人的技艺，这使得传统湘西苗绣传承人的老龄化现状更为严重，传统的手工技艺也难以延续。因此，苗绣必须在这个全新的生存环境中找到活化利用的路径，不断给民族传统文化注入新鲜的血液和活力，才能得以保证苗绣的发展和传承，才能在新时代焕发出苗绣的活力。

---

[1] 杨和英.论现代科技境遇下传统苗绣的出路[J].贵州民族研究，2016，37（8）：75—77.
[2] 聂羽彤，刘锋.机绣与手绣工艺的传承分析——以黄平县苗族服饰为个案[J].贵州民族学院学报（哲学社会科学版），2011（5）：12—17.

数字化推进内蒙古宜居宜业和美乡村建设何以可能与何以可行[①]

——基于鄂托克前旗的调研

连雪君　内蒙古工业大学人文学院　副教授
　　　　内蒙古自治区人文社会科学重点研究基地—内蒙古
　　　　乡村建设研究中心　主　任
申姗姗　内蒙古工业大学人文学院

摘　要： 党的二十大报告提出中国式现代化本质及发展方向，并明确建设宜居宜业和美乡村作为乡村振兴进一步工作。"宜居宜业"是对党的十九大提出乡村振兴战略总要求中的"产业兴旺、生态宜居、乡风文明、治理有效"高度概括，"和美乡村"是对乡村建设的未来愿景。内蒙古自治区推进宜居宜业和美乡村建设不仅是对乡村振兴工作的最新响应，更是自治区推动完成"五大任务"的见行见效。同时，信息化、数字化的发展给新时代推进乡村建设带来了新的可能，随着数字化技术在乡村各个领域的大量普及，以及数字治理、数字产业转型等的渐进成熟，数字乡村建设也逐渐走向成功。本文从鄂托克前旗数字乡村建设现状出发，研究数字化是如何赋能宜居宜业的和美乡村建设，为内蒙古自治区更好的推动乡村振兴工作提供新思路。

关键词： 宜居宜业；内蒙古乡村建设；数字化

[①] 项目来源：本文系内蒙古教育厅"党的二十大精神研究·哲学社会科学重大专项"："推进中国式现代化的内蒙古乡村建设实践研究"（项目编号：ESDZX202301）的阶段性成果。

一、引　言

推进农业农村现代化发展是实现社会主义现代化强国的基础，是实现中华民族伟大复兴的根基。党的二十大报告指出："全面建设社会主义现代化国家，最艰巨最繁重的任务仍然在农村。"而且，习近平总书记强调："建设什么样的乡村、怎样建设乡村，是摆在我们面前的一个重要课题"。从党的十六届五中全会提出的"社会主义新农村建设"，到党的十九大提出"乡村振兴战略"，并将"产业兴旺、生态宜居、乡风文明、治理有效、生活富裕"作为乡村振兴战略的总要求，再到党的二十大进一步提出"建设宜居宜业和美乡村"，我国乡村建设的思路总是与时俱进体现了我国乡村建设更高水平、更高阶段的要求，乡村建设内涵不断得到拓展。如今，信息化趋势已席卷全球，建设数字乡村、实现数字化乡村振兴也将会成为攻略乡村振兴工作的重点模块。从2018年中央"一号文件"首次提出"实施数字乡村战略"，到2020年《关于开展国家数字乡村试点工作的通知》推动各省级及自治区落实数字乡村建设，再到《2023年数字乡村发展工作要点》，深入推动数字化乡村产业发展、乡村建设和乡村治理工作，力求整体带动农业农村现代化发展、促进农村农民共同富裕，推动农业强国建设取得新进展、数字中国建设迈上新台阶。这些政策的出台无一不是在大力推动数字乡村建设的步伐。在此背景下，探究"宜居宜业和美乡村"的内涵和特点与数字化赋能乡村建设的逻辑关系，不仅保障了"宜居宜业和美乡村"建设目标的实现，而且对于推动我国农业农村现代化进程发展有着极大的促进作用。

二、宜居宜业和美乡村内涵及特点

"宜居宜业"指的是适合人们居住和工作的地方，是基础设施建设要符合现代化生活条件；"和美乡村"是造就和谐美好环境的乡村，既指乡村的精神文明建设，又是指和谐安定的社会环境建设。建设宜居宜业和美乡村，从基础设施到公共服务，从农民自给自足到产业系统化，从传统文化保护到精神文明建设，涉及农村生活生产的各个方面，是对完善乡村治理体系和提高乡村治理能力的考验。

（一）宜居宜业的概念及内涵

党的十九大报告中提到实施乡村振兴战略总要求是产业兴旺、生态宜居、乡风文明、治理有效、生活富裕。这对党的二十大提出的建设"宜居宜业的和美乡村"作出了目标指引，即"宜居"要打造生态宜居、乡风文明、治理有效的新农村。"宜居"不仅"农村美"是首要衡量标准，更是对中国式现代化所要求的"人与自然和谐共生"特征的重要回应[①]。"宜业"就是要发展特色农村产业链，发展乡村数字经济，促进农村地区的产业多元化和经济发展。在发展产业的同时，提升村民就业机会，减少农村人口流失，为乡村发展储备高素质人才。其不仅是保障"农民富"的重要前提，更是实现中国式现代化"共同富裕"特征的重要途径。

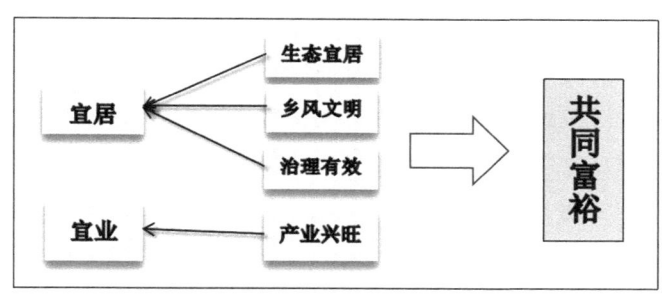

图1 "宜居宜业"概念逻辑图

1."宜居"的内涵

一是要建设生态宜居的舒适乡村。生态宜居是"宜居"的基础，是实施乡村振兴战略的一项重要任务。环境是人们赖以生存的基础，良好的生态环境是乡村最宝贵的财富，也是最大的优势。2005年8月15日，习近平总书记到安吉天荒坪镇余村考察时，首次提出"绿水青山就是金山银山"。随后在浙江日报《之江新语》发表评论指出："生态环境优势转化为生态农业、生态工业、生态旅游等生态经济的优势，那么绿水青山也就变成了金山银山。"党的十九大以来，党中央高度重视生态问题，大力推进生态文明建设，加快污水防治，实施流域环境和近岸海域综合治理；强化土壤污染管控和

---

① 吕捷，赵丽茹.中国式现代化语境下的"宜居宜业和美乡村"建设[J].学习与探索，2023（08）：132-140+2.

修复，加强农业面源污染防治，开展农村人居环境整治行动。同时，加强生态系统保护力度，健全耕地草原森林河流湖泊休养生息制度，建立市场化、多元化生态补偿机制。党中央始终坚持着人与自然和谐共生的原则，走乡村绿色发展之路，守住生态保护"红线"，让良好生态成为乡村振兴的支撑点，让生态美起来、环境亮起来。在具体实践方面，乡村宜居建设要坚持推进厕所革命、因地制宜完善农村生活污水设施和农村有机废弃物综合处置利用设施建设，擦亮乡村振兴的美丽底色，增强乡村内部环境的舒适度与吸引力，打造生态环境宜居的良好村庄形态。

二是要建设乡风文明的"精神"乡村。乡风是指农民在乡村社会环境中，潜移默化地受到某种思想、行为影响并世代相传的一种风俗或风气[1]。人们会对世世代代所传的乡风有着极大的认同感，所以，促进懂文明、讲礼仪、担责任、传文化等从知识到精神素质的新乡风建设对于乡村振兴战略的落地实施提供了前提条件，是"宜居"的动力源泉，是实施乡村振兴战略的重要内容，是乡村振兴之魂。习近平总书记曾说："共同富裕是全体人民的富裕，是人民群众物质生活和精神生活都富裕。"推动乡风文明建设要注重物质文明和精神文明共同进步，协同发展，要坚持以社会主义核心价值观引领建设文明乡风；要坚持继承和弘扬中华民族优秀传统文化，加强乡村农耕文化的传承与保护；要因地制宜创新本村传统文化，让本土文化符合潮流不断发展；还要注重对于群众的教育工作，引导农民作新乡风的倡导者、实践者，为乡村的精神面貌抹上亮丽色彩[2]。

三是要建立治理有效的和谐乡村。治理有效是乡村振兴战略的重要内容，是建设"宜居"乡村的有力保障，"没有乡村的有效治理，就没有乡村的全面振兴，更无法实现国家治理体系和治理能力现代化的战略目标"。党的二十大报告提出，要推进基层治理体系和治理能力现代化，健全共建共治共享的社会治理制度。"共建共治共享"就是要坚持以人民为主体的价值观，将政治、自治、法治、德治、智治相结合，实现乡村社会的产业兴旺、

---

[1] 魏微.乡村振兴战略下乡风文明建设探析——以黑龙江省为例[J].边疆经济与文化，2023（08）：65—69.
[2] 杨磊磊，张娇.中国式现代化视角下乡村振兴发展研究[J].山西农经，2023（15）：21—24.

生态宜居、乡风文明、治理有效和生活富裕，走向乡村善治[①]。农民是乡村建设结果的享受者，必须从广大农民群众最关心、最直接的利益问题出发，有效解决乡村治理的能力弱、制度差等问题，切实增加农民的幸福感和安全感，让治理有效成为"宜居"乡村建设的有力保障[②]。

2."宜业"的内涵

乡村要振兴，产业必振兴。产业兴旺，是解决农村一切问题的前提。只有实现乡村产业振兴，才能更好推动农业全面升级、农村全面进步、农民全面发展。党的十八大以来，我国农村创业环境不断提升，乡村产业快速发展，以农产品为主的特色产业创响了10万多个"乡字号""农字号"特色品牌；乡村特色旅游业快速发展，不少特色小镇不仅吸引了外来游客来此观赏、休闲，给当地农村经济带来了发展，而且吸引本乡青年返乡创业，以农产品为主延伸的食品加工业、电商销售渠道，以旅游业为主的延伸的服务行业也逐渐在乡村中蓬勃发展[③]。产业兴旺给乡村经济带来了增在，也给人们提供了良好的就业机会，在实现乡村产业高质高效发展的同时，给农民带来了富裕富足。

总的来说，宜居宜业和美乡村建设旨在创造一个综合而可持续的乡村发展模式，提高农村地区的整体质量和竞争力，推动城乡一体化进程，实现社会、经济和环境的全面发展。

（二）内蒙古和美乡村建设的特点

内蒙古自治区地域辽阔，农牧区被划分为"两区三带"，即沿黄流域农牧业主产区、西辽河流域农牧业主产区、草原畜牧业发展带、大兴安岭沿麓农牧业发展带及阴山沿麓农牧业交错带，两区三带地区根据土壤质量、水资源、草原植被覆盖率等不同被规划的发展方向不一致。农区与牧区作为两种不同的社会经济形态，即有属于"大国小农"的国情一般特点，也有"大区小牧"的特殊区情。在第一产业结构现代化发展受阻和城镇化的迅猛

---

① 于利."五治融合"推进乡村治理现代化研究[J].智慧农业导刊，2023，3（16）：93—96.
② 江亚琦.乡村振兴战略下乡村治理的难题、路径与重要意义[J].智慧农业导刊，2023，3（15）：103—106.
③ 农业农村部.全国乡村产业发展规划（2020—2025年）[EB/OL].https：//www.gov.cn/.

发展的情况下，乡村社会结构不得不面临着转型，同时，自草原生态保护政策实施以来，牧区以传统家庭牧场为主导的乡村生计生活模式发生了深刻的变化，也面临着畜牧业现代化发展的需求和挑战。现阶段，自治区坚定不移走以生态优先、绿色发展为导向的高质量发展新路子，加快建设"两个屏障""两个基地""一个桥头堡"，为农牧业、农村牧区发展指明了方向。站在历史的新节点，全面实施乡村振兴战略是推动自治区农区、牧区、边区的乡村现代化发展的关键举措，是解决新时代自治区农牧区发展的短板和加快自治区特色农村牧区现代化进程的重大举措。

当前，我国正站在关键的转折点上。"十四五"时期是我国全面建设社会主义现代化国家的第一个五年，是迈向第二个百年奋斗目标征程的第一个五年，是推进农业农村数字化的重要战略机遇期，也是内蒙古自治区走好以生态优先、绿色发展为导向的高质量发展新道路，实现更高、更快、更强发展的关键时期。《内蒙古自治区国民经济和社会发展第十四个五年规划和2035远景目标纲要》（简称《纲要》）指出：目前自治区存在基础设施瓶颈突出、社会治理较弱、生态环保任务艰巨等问题，尤其是资源环境约束、科技创新能力不足、传统发展路径依赖、产业结构转型困难等问题。同时，为深入落实网络强国、数字中国战略，《纲要》对自治区数字化建设明确了发展方向，即培育壮大数字经济、加快数字社会建设步伐、提升数字政府建设水平、营造良好数字生态。其中，数字乡村作为数字社会建设内容之一，《纲要》中明确细化要推进自治区国家数字乡村试点建设工作、推进电子商务进农牧区、优化区域教育资源配置、提升"互联网+政务"向乡村覆盖等工作。由此可见，推动内蒙古和美乡村建设及数字乡村建设是自治区十四五规划对乡村振兴工作的最新规划，也是乡村建设工作的重点。

三、数字化赋能内蒙古宜居宜业和美乡村的可行性——基于鄂托克前旗调研

鄂托克前旗位于鄂尔多斯市西南端，地处蒙陕宁三省区交界，是自治区 33 个牧业旗之一，全旗总面积 1.22 万平方千米，辖 4 个镇、1 个自治区

一类园区，68个嘎查村，总面积1.2万平方千米，常住人口9.3万人，从事农牧业人口5.7万人[①]。2020年9月，鄂托克前旗入选国家级"数字乡村"建设试点旗县。根据《鄂托克前旗国民济和社会发展第十四个五年规划和二〇三五年远景规划纲要》，鄂托克前旗农牧业综合机械化率达到86%，耕地节水灌溉率超过90%，科技普及率高达70%。目前，鄂托克前旗政府积极探索推动互联网、大数据、人工智能与农业农村发展深度融合，启动建设全区首个乡村振兴战略指挥平台，构建从农资供应到农畜产品生产、经营、管理、服务都放到线上统筹、指导、调控的现代农牧业发展模式，并将"数字乡村"纳入政府重点工作之一，并印发《鄂托克前旗数字乡村"试点建设（2021—2023）三年行动方案》统筹落实各部门有关数字乡村建设的工作部署。进入"十四五"时期，鄂托克前旗聚焦乡村振兴样板区、红色文化传承区、区域合作示范区、双碳实践先行区建设，全力推动产业转型升级，开启现代化鄂托克前旗新征程。

（一）宜居：消解数字化生态文明建设的人才鸿沟

数字技术为高质量生态保护持续注入新动能，为生态文明建设提供人才保障。此前，由于生态保护领域教育资源配置不均衡，人才队伍的知识、专业结构与生态环保任务快速发展的态势不相适应，我国生态环保人才队伍在数量规模、结构层次、制度政策上难以适应生态环保新形势的需要，是制约数字化生态保护人才资源培育的主要短板。生态文明和美丽中国建设、实现碳达峰碳中和目标等任务对生态环保人才工作提出了更高要求，而依托数字技术搭建的基础能力建设平台成为突破数字化生态保护人才培育瓶颈的一个重要途径。

鄂托克前旗政府各部门联手大数据中心搭建起"一网、一云、一图、一平台、一端、N类应用"建设体系。"一云"，即建设鄂前旗政务云平台，通过实施数据上云和系统上云工程，累计部署虚拟服务器105台，承载20个部门32个业务系统[②]，构建起了"物理分散、逻辑互联、统一规范、动态扩

[①] 数据来自鄂托克前旗人民政府网：http://www.etkQQ.gov.cn/.
[②] 数据来自鄂托克前旗大数据中心工作人员。

展"的政务云体系。"一图",即整合林业、国土等部门图层数据,构建基于全旗"一张图"的地理空间数据服务。"一平台",即依托市级公共信息平台,为各部门提供数据传输通道,实现政务数据资源的交换共享。

其次,根据《鄂托克前旗"数字乡村"试点建设(2021—2023)三年行动方案》规划,搭建"1+1+3+N"数字乡村建设体系是建设数字乡村的重点工作之一。第一个"1"即创建一所数字乡村研究院,鄂托克前旗政府相关部门积极对接华中农业大学开展院地合作,通过"合作+聘用"的方式,成立"数字乡村"产业创新人才团队。以人才团队为技术核心,在此基础上,扩大引才规模,由鄂托克前旗大数据中心、鄂托克前旗农牧局与华中农业大学宏观农业研究院三方合作联合建立运行了数字乡村人才工作站。目前,吸纳进站专家13人,其中引进专家人才4人、本土专家人才8人。第二个"1"即建设一个现代农牧业产业园,大数据中心联合各部门加强了信息资源整合汇聚,搭建乡村振兴战略指挥平台。"3"是打造一个数字乡村产业示范村、培育一批数学家庭农牧户、打造一条数字乡村示范街。鄂托克前旗通过多种手段培育本土人才,积极培育懂技能、有技术的"土专家""田秀才"和懂市场、会电商的"新农人""农创客"等一批专业化、规范化、职业化的"四土"人才队伍。

(二)宜居:数字乡村治理体系初见成效

习近平总书记在中共中央政治局第二次集体学习并讲话中强调:"要运用大数据提升国家治理现代化水平。要建立健全大数据辅助科学决策和社会治理的机制,推进政府管理和社会治理模式创新,实现政府决策科学化、社会治理精准化、公共服务高效化。"乡村治理是体现国家治理体系的质量和水平的关键,是国家治理的基石[①]。随着互联网、大数据及云计算等技术的快速发展,以智慧党建、"互联网+政务服务"、网上村务管理为主的透明化智慧平台逐步应用于乡村治理工作中。

首先,数字化赋能乡村治理主要体现在消除时间信息差、帮助各级部

---

① 杨志玲,周露.中国数字乡村治理的制度设计、实践困境与优化路径[J/OL].经济与管理:1—8[2023-09-01].

门精准决策[①]。对于内蒙古自治区而言，传统乡村治理特别是牧区的治理面临着农牧民居住分散、难以统筹等问题。数字化技术的应用可以帮助政府解决因空间位置或者基础设施带来的信息沟通障碍，扩大信息覆盖范围。根据鄂托克前旗的村民调研数据（图2），目前村委会主要是通过微信群来维系与村民之间的联系。由此可见，互联网的普及能够实际地帮助偏远、分散的农牧民及时了解到最新消息，解决了村民与政府之间的信息差问题。同时，在农牧业等方面，政府各级部门可以依托数字农业综合决策分析系统、"乡村振兴战略指挥平台"，将数据集中到大数据中心，实现"一张图"管理服务，从平台上可以全盘了解农牧业产业布局、种植的作物种类、牛羊的数量、品种、产绒量等数据，也可以实时调度各镇、各嘎查村的产业发展情况，实现乡村振兴战略"一张图"管理。并在"i前旗"APP端为农牧民提供信息服务和指导。

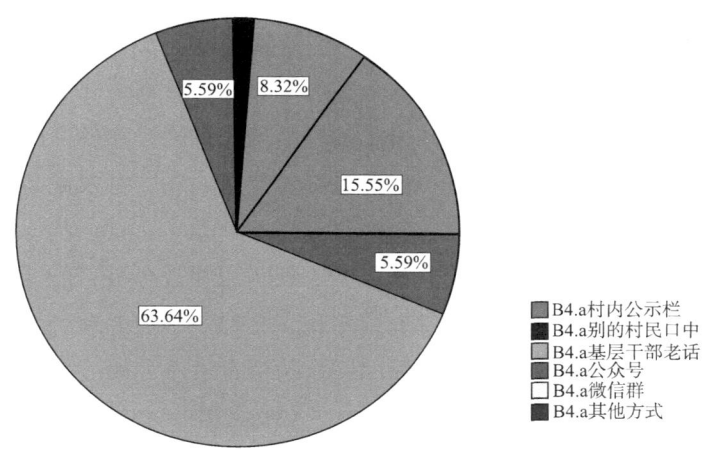

图2 鄂托克前旗村民集体消息接受渠道

---

① 张国胜，方紫意，赵静媛.数字赋能乡村治理的逻辑：从技术能力到制度容量[J].农村经济，2023（7）：95—103.

图 3　鄂托克前旗乡村振兴战略指挥平台

其次,"社区是城市治理体系的基本单元,我国国家治理体系的一个优势就是把城乡社区基础筑牢"①。内蒙古自治区践行《中华人民共和国国民经济和社会发展第十四个五年规划和 2035 年远景目标纲要》,以数字化赋能社区网格化管理,打造"智慧网格"管理模式。例如鄂托克前旗依托"数字鄂前旗指挥调度平台",通过无人机倾斜摄影对敖勒召其镇主城区进行了三维实景建模,全面还原镇区各部件的整体情况,通过构建旗、镇、社区、网格、网格员的 5 级网格化治理体系实时掌握社区管辖情况、网格划分情况以及管辖面积、居民户数、网格员等详细信息,同时在各部门包联责任片区突发公共卫生事件时,就可实时指挥、快速响应,有效提高突发事件的处置能力。

最后,"互联网+政务"模式的推行不仅可以使政务资料能够得到有效保护,而且可以保证政务服务过程透明化,有助于增加群众对于政府的信心。例如,鄂托克前旗信访局依托国家信访信息系统,建成互联网一站式网上信访平台,全旗 53 个旗直部门、4 个镇终端用户全部接入,将视频接访系统覆盖至嘎查村,将网访与走访、电话、视频接访诉求全部纳入网上信访信息系统"一网通办"。开通鄂托克前旗之窗网站、i 前旗手机 APP、鄂托克前旗信访局微信公众号三种网上信访途径,全面建立"信访网上投、事项网上办、结果网上评、问题网上督、形势网上判"的信访综合管理服务机制,网上信访占信访总量 75%,信访部门和有权处理信访事项的行政机关信访事项及时受理率、按期办结率、群众满意率均为 100%。

---

① 党建网微平台微信公号. 习近平: 社区工作连着千家万户. http://news.cyol.com/

（三）宜居：农牧业智能设备解放传统农牧形式

近年来，鄂托克前旗以数字化赋能产业发展新模式，推行农牧业向智慧化转型，加快互联网、大数据以及人工智能等技术在农牧业的应用，让农牧业尽显"数字"范儿[①]。一是大数据中心、农牧局联合农民建设了水肥一体化智能灌溉系统，实现灌溉水高效利用。同时，全面开展测土配方施肥化验，建立土壤养分地图，指导农户科学施肥，肥料利用率达到42%以上，并集成应用病虫害绿色防控及农产品质量安全溯源系统，保障了生产流通全程的食品质量安全。例如鄂托克前旗上海庙镇推行的"物联网+高标准农田"农业模式，建设控制系统管理房、输水管网等配套设施，农民可以利用手机APP通过物联网无线阀进行智慧水田的管理，该模式已经取得了很好的成效；二是基于"3S"的草原监管技术、牲畜自动化放牧和管理技术、节能环保型设施农业技术等民间研发专利得到推广和应用。例如，鄂托克前旗昂素镇牧民吉亚，引进自动饲喂机器，在手机上联通设备，定时完成羊群的饲喂。这种智慧设备的引进帮助了农牧民解放劳动力，改变了传统的农牧形式，不仅增加了农牧民的幸福感，而且推动了农牧业生产的现代化进程。

（四）宜业：产业的数字化转型逐渐成熟

纵观目前新兴的"淘宝村""旅游村"，这些数字乡村发展前沿的村庄，大多采取了拓展农村产业链，打造新产业、新业态的发展路径。将农村原有的第一产业与以农产品深加工为代表的第二产业和以农村旅游业发展为代表的第三产业相结合，开发电商产品销售和农村旅游的新路径。而在这些新产业的发展当中，数字化都能起到关键作用，一是通过物联网、大数据、云计算等现代信息技术可以实现乡村信息的集聚，为农产品加工提供规模、种类、生产周期的指引；二是数字化技术可以将农村的风土人情"上网"传播，乡村旅游发展"酒香也怕巷子深"，而互联网为潜在的外地游客提供了了解乡村的渠道，从而为乡村旅游的发展创造了可能性；三是乡村

[①] 韩雪茹，薛来．为乡村振兴插上"数字翅膀"[N]．内蒙古日报（汉），2021-09-30（001）．

产业的进一步发展,也有利于数字乡村的不断推进,随着新产业在乡村建立,为乡村吸引技术人才提供了可能,而懂技术、懂应用的人才是数字乡村建设当中最欠缺的生力军;四是农村产业的深度融合为打造地域品牌创造了可能,而数字技术又可以促进品牌化、标准化进一步发展。

当前,鄂托克前旗坐拥"城川辣椒""鄂前旗羊肉"等特色农牧产品有待深入开发、绿色清洁能源蕴藏丰富、红色旅游产业蓬勃发展,数字乡村建设正是促进诸产业融合发展、打造乡村产业融合新业态的最好增长点。同时,鄂托克前旗政府联合城川干部学院,借助 VR 技术打造延安民族学院城川纪念馆、王震井纪念园等具有区域性的红色文化遗产数字化网络平台,提升红色文化遗产保护的现代化,实现区域性红色文化资源的系统性传承。同时在自媒体时代,新媒体人利用微信公众号和抖音公众平台等向公众推送城川红色文化相关信息,以此助力不同区域民众通过视频和线上交流的方式了解城川红色文化,感受红色文化,品味红色文化,从而传承红色精神。

数字化赋能产业的转型在一定程度上缓解了乡村人才的流失,减少了农村的空心化率。同时,"互联网＋旅游"模式的推行不仅传播了红色文化,也吸引了外来游客前来游玩,推动当地第三产业的发展,增加了农民的就业机会,让人人都有工作干、有钱花。只有实现农村产业振兴,才能让农民增收致富,才能让农村留得住人、成为安居乐业的美丽家园。

四、结 论

民族要复兴,乡村必振兴。建设宜居宜业和美乡村是党中央站在中国式现代化理论下对乡村建设的要求,是我国乡村建设的最新目标。而数字乡村是乡村振兴的战略方向,也是数字中国的重要内容。事实证明,数字乡村建设为宜居宜业和美乡村建设提供了无限可能,它助力着城乡人才差距的消弭与乡村产业创新发展,助力乡村打造"宜居""宜业"的社会环境。数字乡村建设是打造宜居宜业和美乡村的现实路径,"宜居宜业"也是打造数字乡村的最终目标,把握好宜居宜业和美乡村建设和数字乡村建设的统一关系是走好当下乡村振兴工作的题中应有之义。

环境、生态与地方性知识

跨国女商多重角色与主体性建构
——中俄边境山西女商田野考察

祁进玉　孙晓晨　中央民族大学民族学与社会学学院

摘　要：本文基于实地调查与相关资料分析，对女性跨国从商群体的多重角色与主体性建构问题进行专题研究。研究认为，女性跨国从商群体仍面临着性别和移民身份的双重劣势，甚至仍在以"依附者"身份迁移就业。作为行动者的女性商人能够发挥自身能动性，在市场与家庭之间寻找和利用各种有利于自己生存的结构与机遇来开展各种跨国活动，从而实现从家庭妇女到老板娘再到女老板的个体成长与身份蜕变。女性的主体性建构不仅为女性自身、所在家庭带去了积极的变化，还对整个移民群体与迁出地、迁入地社会产生了深远影响。

关键词：跨国流动；女商；多重角色；主体性建构

一、问题提出

随着全球化进程的加快，人口的跨国流动日趋频繁，任何一个国家都不可避免地被置身于国际移民大潮之中。过去，传统跨国移民研究模式是以男性视角或是无性别视角为主，缺乏对女性移民群体的应有关注，并简单地将女性视为"附属者"，认为女性处于被动、边缘的地带。自20世纪70年代以来，国际移民女性化趋势越发明显。一方面，女性移民人数所占比重越来越高，到21世纪初女性人口比例高达49.6%；另一方面，越来越多的女性从依附者转变为独立移民并成为其家庭迁移就业的主体。特别是进入21世纪以来，随着劳动力市场内在结构变化以及国际化趋势的连锁效应，女性得以进入更广泛的就业领域，并在一些行业中真正撑起半边天。

越来越多女性通过移民打开新世界的大门，在那里，她们摆脱传统压迫和歧视，获得自由、平等、新的机遇和发展。因此，女性国际移民以及相关的问题也逐渐成为当前学界关注的焦点问题之一。

目前，学界对华人女性跨国移民的研究主要集中在东南亚、美国、欧洲等华人传统迁居地，重点关注到跨国婚姻、女性劳工、随迁女性等群体的关系网络、家庭地位、权利等问题，对有关女性跨国从商群体的研究并不多。在已有的针对女性跨国从商群体研究中，较有代表性的理论与观点有：①弱势理论，认为女性从事商业经营也有追求自身独立和个人理想的意图，但更多是一种被迫的生计选择，面临着性别、移民等多重弱势。②混合嵌入理论，认为女性从商群体作为行动者有其自身主体性，能够巧妙地利用性别特质与主观能动性，通过将己身在迁出地与迁入地的宏观、中观、微观的三个社会层面中的嵌入来开展跨国商业活动，从而实现了自身生存与发展。③也有一些学者从劳动力市场理论、移民聚集地理论、社会网络理论等不同视角出发，探讨了女性移民中经商群体的产生背景、角色担当以及所面临的诸多问题。总体来说，以往学者大多只看到了事物发展的一面，并没有综合起来看问题。一方面，学者仅仅看到了女性跨国从商群体被动与边缘的一面或是积极与强势的一面。诚然，女性在从事商业活动过程中仍面临着移民身份和性别的"双重劣势"，甚至从商的决定都是一种被迫的生计选择。但是，作为行动主体的女性也能根据外部环境以及自身实际情况来采取各种策略以求得自我生存与发展。因此，在对女性跨国从商群体进行分析时，既要考虑到其被动一面，也要看到主动一面。另一方面，以往对女性跨国从商群体的相关研究过多聚焦于女性自身，对所属家庭特别是女性与男性的关系甚少涉及。要知道，人类社会是由男女两性构成的，女性总是和男性及其家庭搅和在一起。因此，我们不能脱离女性来谈男性，反之亦然。在从事商业活动时，没有哪种行业只有女性而没有男性，或只有男性而没有女性。因此，我们在对女性跨国从商群体进行研究时，也要考虑到女性与男性的关系、女性与所属家庭的种种互动等。

基于此，本文以一群活跃于中俄之间的山西女商为个案，对今日世界范围内流动中的女性跨国移民群体的多重角色及其主体性成长做一探讨。在研究伊始，笔者引入了吉登斯"结构化理论"作为宏观理论视角。"结构化理论"主要探讨的是作为行动者的个人与外在客观环境的关系。吉登斯认为外在的结构不仅对人的行动具有制约作用,而且也是行动得以进行的前提和中介,它使行动成为可能;行动者的行动既维持着结构,又改变着结构。本文研究的对象山西女商虽然仍面临着移民与性别的双重劣势,甚至还在以"依附者"身份外出迁移。但是,在市场内外的活动中,山西女商能够充分发挥个人能动性,不断地改造和利用外在结构的各种规则和资源来开展各种跨国活动,从而实现自身的生存与发展。在具体分析女商的主体性成长时,笔者始终将对女性的探讨置于男女二元统一的整体观视角下,深入考察女性与家庭、市场三者之间的互动关系,女性在不同发展阶段扮演的角色及其担当,并在此基础上分析女性是如何实现从家庭妇女到老板娘乃至女老板的蜕变,以及这一主体性建构的意义何在。

二、女性跨国商人群体的来源与构成

20世纪80年代末中苏关系正常化后,中苏两国之间的跨国人口流动与商贸往来迅速发展起来。在民间,越来越多的中国商人将目光瞄准昔日的苏联"老大哥",他们将中国的皮衣、羽绒服、鞋类、计算器和其他生活日用品源源不断地运往俄罗斯进行易换和售卖。中苏两国物价的巨大差异与市场信息的不对称性,让这些商人在短时间内积累起巨额财富,像是"罐头换飞机,挣了一个亿"等商业故事在中俄跨国市场中迅速传播开来,并吸引了更多中国商人搭上开往俄罗斯的淘金列车。本研究的对象群体正是这一时期奔向俄罗斯的山西籍淘金客中的女性群体。

据笔者调查发现,山西商人是一群以满洲里口岸为大本营、穿梭于中俄两国来开展跨国商贸活动的跨国商人之一。他们全部来自晋西北的乡土社会中,其迁移与就业经历与诸如"巴黎的温州人""纽约唐人街"以及"北京浙江人""新化数码人"等的商业迁移群体相似,形成了"来自同一个地区的一群人来到某个地方从事同一样的职业"的移民现象。具体来说,山西商人也全部从事着汽配、汽修以及与之相关的行业,由家庭成员、亲戚、同乡、朋友等关系组合而成的关系网络是商人群体迁移就业的重要社会资源,依托"家庭作坊式"经营和"同乡同业"的策略,山西商人迅速在满洲里口岸与后贝加尔斯克口岸的汽配、汽修市场中站稳脚跟。到21世纪初，以满洲里为大本营穿梭于中俄两国之间的山西商人已有700多人，他们不仅控制了满洲里对俄汽配市场的3/4份额，还在后贝加尔斯克市场竞争中脱颖而出（后控制了当地汽配市场1/3的份额）。整个汽配生意在20世纪90年代初曾是男性商人的天下，男性的人数曾是女性的5倍。随着男性商人在中俄跨国市场中站稳了脚跟，他们也将妻子、女儿、侄女/外甥女等都带到满洲里以及后贝加尔斯克来。随着越来越多女性加入到迁移与就业的链条中，她们也在市场中闯出了自己的一片天地：从给别人打工、做销售到独自在市场中摆摊，再到拥有了自己的店铺。到21世纪的第一个10年，山西商人中的男女人数比例几乎持平，"妇女撑起半边天"这句话很形象地描述了山西商人群体内部劳动力的真相。在市场中，由女性独立经营的轮胎店、汽上用品店、汽车美容店等各类店铺随处可见。不仅如此，女性还积极涉足其他行业，如俄罗斯食品零售、木材加工等。在这个过程中，山西女商也搭建起专属自己的跨国商业网络，实现了从农家女到跨国女老板的蜕变。

显然，探讨女性商人这一特定群体的迁移与就业必然要放到一定社会结构与文化氛围之中。与男性相比，推动女性迁移就业的宏观层面、中观层面因素基本一致：就宏观层面而言，20世纪70年代末以来的中国经济社会转型期户籍制度的松动、市场经济的发展和工业化进程加快，都推动一批批农民离开乡土，进入城市寻找谋生出路。同时，中苏关系正常化以及中苏两国经济互补性的客观现实为随后在中苏两国边境地区形成的跨国商贸活动提供基础和条件。从中观层面来说，中苏跨国贸易所带来的高额利润与迁出地社会"人多地贫"[①]的现实困境分别构成移民的强大拉力与推力。历史上，明清晋商曾通过转运与销售等营生迅速抢占乃至主导中俄贸易之路长达5个多世纪之久，并在这个过程中形成的对俄、蒙商贸传统与相关的移民记忆则是推动商人群体再度北上淘金的群体惯性与文化传统。具体

---

① 所访谈的对象全部来自山西省吕梁市临县。历史上，地处晋北的临县一直是人口向外播迁的重要地区之一。当地人稠地狭，人地矛盾较重；同时，自然环境较差，自然灾害频发，农业生产回报率低。进入现代以来，临县曾在20世纪90年代是山西省有名的劳务输出大县，有"50万外出大军"的称号。

到微观个体层面来说，女性移民与男性移民还是有很大不同的。笔者选取了较有代表性的 12 名山西女商（如表 1 所示），试通过她们的故事来分析女性移民的迁移动机与群体构成。

表 1　12 位受访女性的基本情况

代号	出生年份	文化水平	迁移前职业	外迁情况	迁移前婚姻状况及结婚时间	迁移时年龄	当前职业
LLN	1981	初中	外出打工	2002 年随丈夫去后贝加尔斯克开店；2017 年返回满洲里开店	已婚；2002	21	老板；经营车上饰品店
DSZ	1971	初中	陶瓷厂职工	1995 年随父兄来满洲里打工；1998 年与丈夫独立开店；2003 年到后贝加尔斯克开店至今	已婚；1992	24	老板；经营轮胎、木材、卢布兑换店铺
LBX	1978	初中	务农	1999 年随丈夫来满洲里开店至今	已婚；1993	21	老板；经营俄罗斯食品店
GYL	1977	初中	教师	1995 年随丈夫来满洲里打工；1998 年与丈夫一起独立开店；2003 年去后贝加尔斯克开分店，往返于满洲里与后贝加尔斯克	已婚；1995	18	老板；经营车上用品、俄罗斯食品店
WQP	1960	小学	务农	1994 年跟随丈夫来满洲里开店至今	已婚；1980	24	汽配店老板娘
GXF	1983	高中	教师	2009 年随丈夫来满洲里开店；2015 年独立开店至今	已婚；2009	26	老板；经营汽配店
LQE	1945	初中	务农	1993 年随丈夫来满洲里开店至今	已婚；1965	48	汽配店老板娘
LHL	1971	初中	务农	1993 年随丈夫来满洲里开店；2001 年到后贝加尔斯克开店；2010 年返回满洲里独立开店	已婚；1989	21	老板；经营轮胎店、开木材厂、房屋出租等
LXN	1966	中专	护士	1994 年随丈夫来满洲里开店；2005 年独自去伊尔库茨克开店；2010 年返回满洲里开店	已婚；1992	28	老板；经营汽配店
DSL	1983	初中	务农	2001 年与哥哥来满洲里打工；2003 年到后贝加尔斯克开店；2007 年到深圳开工厂；2010 年返回满洲里至今	未婚；2003	18	总经理；经营物流公司
LFL	1980	初中	务农	1997 年跟随亲戚来满洲里投奔四叔；2001 年与丈夫独立开店；2005 年独立开店至今	未婚；1999	17	老板；经营轮胎店
LGS	1965	小学	务农	2005 年来到满洲里开店；2007 年随丈夫去伊尔库茨克开店；2013 年返回满洲里至今	已婚；1991	40	老板；经营俄罗斯珠宝、民宿等

（一）已婚身份迁移与就业

大多数女性是以已婚身份外出迁移的，其人数占女性总数的90%左右。其内部又因年龄、迁移动机等原因分为两个类型：

1. 年轻已婚妇女

年轻的已婚女性绝大多数是在完婚后没多久就随丈夫外出迁移，其年龄在20—35岁之间。从女性家庭背景来看，年轻女性都出生于农村的多子女家庭，父母以务农为业，家庭条件相对贫苦。

个案1：山西女性的年少经历

> 在遇到丈夫前，我的生活可以说是十分灰暗的。我是临县安业乡的一个藏在山上的农村里的，家里有四个孩子，我是老小，上面还有两个哥哥和一个姐姐。在我三岁时，父亲因病去世，母亲一人承担起一家人的生活，靠着种田艰难度日。为了给家庭减轻负担，我小学毕业就辍学回家，帮着母亲做一些力所能及的家务活。再大一些，我跟着同村长辈来到县城打工赚钱。[①]

从上述个案中可以看出，由于家里人口较多，父母难以承担多子女的教育任务，所以女性绝大多数不得不中断学业来到社会中打工以养活自己，导致文化水平普遍不高，大多只有初中文化程度。同时，外出务工的经历也使女性能够较早地与社会接触，进而萌生出想要改变自身命运及其家庭困境的想法。

个案2：山西女性外出务工经历及其对婚姻的看法

> 初中毕业后，我就跟随同乡一起到北京动物园附近的服装市场打工。每天下班后，吃着四菜一汤，住着集体公寓，每月工资按时足额发放，想买什么就买点什么，日子过得非常自由、快乐。不过，我过了20岁后，我娘就催我回家结婚，一个劲儿给我安排相亲。那时候，我是一千个不愿意。我想的是，怎么也要在城里

---

① 访谈对象：LBX，女，汉族，1978年生，初中文化水平；访谈时间：2021年6月12日。

找个人，哪怕修车子、修手表也行，俩人能有份事业干。①

结合上述个案以及笔者调查发现，来自晋西北地区乡土社会中的女性成婚年纪相对较小，往往在刚成年不久就被亲朋好友安排去相亲。过早步入婚姻生活并不是这些女性的主观意愿，早已见识过外面生活的她们也不甘于向"传统"低头。于是，她们想出了这样的解决办法：尽可能争取婚姻主动权，挑选适合自己的"如意郎君"。以 LLN 为例，她虽然听从了母亲的话回家相亲，但也提出了自己的择偶要求，如有文化并见过世面的、在城里打工的。经过几次相亲，LLN 结识了现在的丈夫，找到了适合自己的"如意郎君"。谈起婚姻，LLN 是这样回答：

> 除了爱情因素外，经济因素也是着重考虑的成分，自己的幸福生活都是丈夫给的，婚姻给了自己第二次生命。

事情的发展也如 LLN 设想的那样。婚后，LLN 就跟随已在俄罗斯打拼 3 年多的丈夫远赴后贝加尔斯克。夫妻两在集贸市场中开了一家汽配店，过上吃喝不用犯愁、相对富裕的生活。随着日子越来越好，LLN 也将弟弟与父母接过来做起小生意，帮助家庭走出贫困。同时，山西商人中的男性群体的偶标观念给女性外出迁移与就业提供了直接机会。调查发现，山西男性商人中 90% 以上都选择回家乡寻找结婚对象。一方面，远在他乡异国打拼的男性社交圈子并不大，可供选择的择偶对象十分有限。另一方面，与同乡结婚，彼此文化背景、生活习性一致，不仅沟通起来相对容易，也能避免因观念、习俗不同而产生的摩擦。

2. 中老年已婚妇女

中、老年妇女是山西女商群体中又一重要组成部分，她们或是以第一代山西商人的妻子或是以第二、三代山西商人的母亲身份外出迁移的，其年纪相对较大，一般在 40 岁以上。

---

① 访谈对象：LLN，女，汉族，初中文化水平，1980 年生；访谈时间：2021 年 6 月 5 日。

个案 3：中老年女性的前半生经历及其外迁原因

  我 21 岁结的婚，和丈夫有 4 个孩子。丈夫一年中有绝大多数时间走南闯北做买卖，我就留在家里照看孩子和庄稼。1993 年，丈夫与大伯来满洲里创业，觉得这边生意好，就打算留在这边。转过年，我就带着 4 个孩子也过来了。来这边一是为了能帮着看看店，二呢这边是城市，生活好，对孩子成长也好。①

从个人经历来看，多数中、老年妇女在离家之前都有过"男工女耕"的经历。在丈夫外出务工之际，作为妻子、母亲的她们往往身兼数职，既要承担田里的农活，还要负起照顾老人、教养子女的责任。她们选择外出迁移的根本目的便是实现家庭团聚，并让孩子接受更好的教育。

（二）未婚身份迁移就业

以未婚身份迁移就业的女性人数相对较少，仅占到女性总数的 10% 左右。她们一般年纪较小，文化程度相对较低，通常是由亲戚、朋友等介绍到熟人店里来工作。

一方面，在传统乡土社会中，年轻未婚女性跑到遥远且陌生的城市去打工，会被认为是危险且不安分的表现，甚至还要遭村里人说闲话。因此，未婚女性都对外出的机会倍感珍惜，并在平日工作中表现得异常勤奋。

个案 4：一山西商人对自家店铺女性员工的评价

  DSL 算是我的侄女，她是我们这边第一个来后贝加尔斯克打工的人（女员工）。她 18 岁就跟着来我店里干活的。像装卸、送货等力气活肯定是不能让姑娘干的，就让她跟着我妻子一起做销售。没想着她能干出点啥。结果，这姑娘还挺厉害的，硬生生啃下了俄语，销售业绩一直在店里名列前茅，比那几个愣头小伙子强多了，好几个俄罗斯客户点名让她来当导购。②

---

① 访谈对象：LQE，女，汉族，小学文化水平，1958 年生；访谈时间：2021 年 5 月 6 日。
② 访谈对象：DYD，男，汉族，初中文化水平，1955 年生；访谈时间：2021 年 5 月 13 日。

由上可见，女性特有的柔美形象和细腻的心思，使得她们在销售、记账等工作中脱颖而出。DSL 的工作能力也给了山西商人继续聘用女性员工的信心，此后又有不少未婚女性陆陆续续来到后贝加尔斯克市场中。

另一方面，受传统"小农"思想影响，女性外出离家打工通常被认为是暂时性行为，会在未来的某个时间段返回家乡结婚生子。为了改变"既定的命运"，未婚女性通常会在打工不久便与同乡结婚以便留在迁入地继续生活，DSL 便是这样的例子。来到俄罗斯两年后，DSL 的年龄也到了老家姑娘的待嫁之年。在老板的撮合下，她与同在店里打工的同乡 LZH 结了婚。婚后，DSL 夫妻俩也从老板店里独立出去开了一个汽配店，也算实现了从黄土地里"逃"出来的目标。

三、女性的成长之路：多重角色及其担当

结合对山西女商群体的调查而言，无论个体出身如何、个人经历怎样，除了少数未婚女性以独立移民外出迁移外，绝大多数女性仍是以"依附者"的身份外出迁移的。几乎所有的女性都有一个共同的特点：从踏上异国他乡的土地那刻起，她们全都以这样或那样的方式扮演着多重角色，她们是妻子、母亲、女儿，又当一个挣钱的人。在这个过程中，女性也经历了从家庭主妇到老板娘再到女老板的身份转换和角色转换（如图 1 所示）。

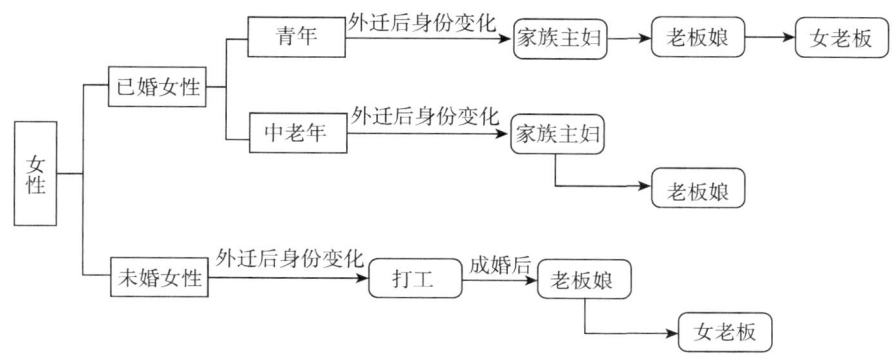

图 1　山西女性迁移就业后身份的变化

（一）坚守幕后的家庭主妇

在中国乡土社会中，女性从幼年起就被灌输要承担起一系列的传统责任，如生儿育女、相夫教子、洗衣做饭、赡养老人等。这些责任与义务也随着时间发展而渗入到女性的价值观与人生观中。据调查，在山西男性孤身外出闯荡的阶段，诸如买菜、做饭、洗衣等家庭事务是由男性自己或生活在一起的几个商人轮流来承担。待到女性迁来与丈夫团聚后，长期的传统文化和价值使得女性心甘情愿地接过"本应属于妻子"的家务活，使丈夫尽快从家庭事务中"解放"出来，从而全身心投入到商业经营中来。

个案5：随迁女性坚守幕后的故事

> 我是1998年来的，我丈夫与他表哥及同乡刚从四叔家里独立出来，三个人手头也没多少钱，决定合伙一起开店，他们在二道街国旅附近租了一个十几平方米的商店，取名叫"成功汽车配件门市"。店里除了门，周围摆满了批来的、赊来的大小配件，中间只留了1.8米的过道，白天走人，晚上1.8米的三合板一铺、布帘儿一搭就成了简易的卧室。我来了之后，我丈夫跟我睡一屋，他们睡另一屋，平时给他们做饭、洗衣、搞搞后勤，当时也没有你我之分，家务都是我一个人做。①

由上可见，已婚女性大多是孤身一人跟随丈夫外出迁移的，自身并没有多少可资利用的关系网络与社会资源，在迁入地的早期生活也仍需依附于丈夫。于是，已婚女性自然而然地承担起妻子与母亲的角色。她们最关心的，或许不是自己工作与否，而是整个家庭的团聚与发展。

从女性后续的个人成长来看，尽管绝大多数女性都要以"依附者"的身份外出迁移，但是，年轻一些的已婚女性习惯于走出家门参加工作，也能以较快的速度适应新的生活环境。她们埋头苦干，孜孜不倦，很快就成为丈夫事业的左膀右臂，并在未来的某个阶段成长为独当一面的女老板。而中、老年女性在外出迁移之前并没有外出工作的经历，整体文化水平较之

---

① 访谈对象：LBX，女，汉族，1978年生，初中文化水平；访谈时间：2021年6月8日。

年轻女性文化水平要低一些，有一部分人甚至是文盲，不会说，也听不懂普通话。由于已经错过青春年华的中老年妇女在劳动力市场中早已不占有优势，她们只好留在家中承担起家务劳动、照料年幼子女或孙子女的责任。即便是情况稍好一些的中、老年妇女，其后续发展与角色转变也大多止步于"老板娘"。

（二）走向前台的老板娘

随着时间的推移，山西女性不再只是家庭生活中相夫教子的"良母"，也成了商铺中独当一面的"老板娘"。

作为老板娘参与到店铺经营活动中后，女性最先接触的工作是记账。通常，记账并不是一项独立的工作，一般由老板本人兼职，其功能仅限于老板清楚地掌握店铺日常出纳情况。由于整个商人群体是以销售廉价中国商品为主，这种低附加值的生意并不需要投入过多人力资本，因此，绝大多数山西商人都采取家庭手工作坊式经营方式，即由兄弟或夫妻合伙一起开店，丈夫或兄弟做老板，妻子或另一个兄弟做会计兼出纳，再雇用几个老乡当小工，这种经营方式也使得家庭生活与店铺生意的界限并不清晰。加之，传统社会中的妇女一直有承担记录家庭的日常开支账目的责任和习惯。上述种种，都推动着记账工作从丈夫手中转移到妻子那里的同时，其性质也从"店内工作"变成了"屋内家务"——不仅成了家庭事务的一部分，也被认成女性理所应当的责任。

大多数女性接触到的第二项工作是销售。借着自身所具有的温柔、柔美、无攻击性等生物优势，女性往往能在销售工作中崭露头角。

个案6：女性在销售工作上崭露头角

> 我男人脾气比较急躁，碰上爽快的客户，两个人一拍即合，这生意就做成了，但遇到磨叽的客户，很容易和人家谈崩了。但凡遇到这样的情况，都是我陪着客户挑选商品。①

笔者在调查中发现，在大多数夫妻店中，如果夫妻俩人都在店里的情

---

① 访谈对象：LLN，女，汉族，1980年生，初中文化水平；访谈时间：2021年6月7日。

况下,一般是由丈夫来负责招待顾客。碰到丈夫外出取货或送货,留下妻子一个人看店时,她应付客人的能力并不逊色于丈夫。

当然,在实际工作中,很多女性往往身兼数职,除了在记账和销售方面被委以重任外,她们还参与看守库房、装卸货物等日常工作中。50%的女性都有过与男性一同外出取货、看守仓库等工作经历。不过,上述情况一般是在男性劳动力不足的情况下才会发生。

结合商人群体自身实际情况来看,女性参与到店铺的经营并不是主体性成长的结果,更多是出于店铺经营的实际情况考量。比如,一对年轻的新婚夫妇在自立门户初期早已将积蓄花费在租门店、店内装饰、组织货源等方面,家庭经济的现实状况并不支持再去雇用更多的员工。于是,作为老板妻子的女性不得不站出来分担一部分工作。换句话说,家庭经济因素导致的店铺男性劳动力不足是推动女性从幕后走向前台的根本原因。同时,受"男主外,女主内"传统观念以及店铺经营家庭化的影响,男性往往承担着谈合作、进货、送货等"抛头露面"的工作,女性则负责了记账、销售等"店里"的活儿。并且,老板娘的角色仍要求女性扮演好实际的或潜在的妻子或母亲,对家务工作负有全盘责任。很多女性仍过着"白天在店里卖配件,晚上回去要洗衣服做饭""既要当短工,又要兼做保姆"的生活,即便是那些早已作为独立劳动力的女性在步入婚姻生活后,也要面临"双肩挑"的局面。

不管怎样,从幕后走向前台给女性带来的影响是积极且深远的。在参与店铺经营过程中,女性获得了更多机会去接触外部社会。她们不仅拥有了自己的客户群体,还积攒了数量可观、可供自由支配的"私房钱",变得更加自信、有底气。同时,女性还将自己的家人、亲戚、朋友从乡土社会中带了出来,不仅为商人群体补充了大量廉价的劳动力,还催生了以女性为主导的迁移链条。上述种种,都为女性在下一阶段实行独立做好充分准备。

(三)另立门户的女老板

随着女性更加深入地参与到市场经营中来,她们也对自身的处境越发感到不满。在调查中笔者发现,很多女性在与丈夫共事时往往会遇到"意见得不到尊重""丈夫一个人说了算""自己在工作中的贡献没有得到应有的重视"等的问题。于是，越来越多女性冲破传统旧观念的束缚，选择"另立门户"以获得更多发展空间。

个案7：第一个女老板的个人成长故事

LHL 是1994年跟随丈夫来满洲里投奔公婆的。刚来的前两年，她与丈夫、大哥一家、二哥一家、小妹十几口在公公家店铺打工。LHL 与几个妯娌不仅要给全家人做饭、收拾家务，还要在店里帮忙、接待顾客。随着对俄市场的火热，家族生意也越做越好。1997年，丈夫与几个兄弟纷纷独立出来自立门户。经过两年发展，LHL 与丈夫小家的日子也过得越来越好的同时，LHL 与丈夫在经营上的分歧也越来越多。随着满洲里的汽车配件市场需求渐渐丰富起来，她想要自己开一家新店的想法也越来越强烈。由于整个家族仍是公公说了算，是典型的大家长制，女人没有做主的先例，LHL 的提议还没提出来就被家里的男人给否决了。经过几番周折，LHL 的店铺在多数人的怀疑声中隆重开业了。①

从个案中可以看出，随着女性更加深入地参与到市场经营中来，她们迫切希望改变"由丈夫说了算"的境遇，能够"另立门户"来获得更多自我发展的空间。当然，机会是留给有准备的人。在20世纪90年代中期，由于市场中的绝大多数汽配店是"麻雀虽小，五脏俱全"，货品全有全的好处，也有全的弊端，具体到某一个配件，可挑选的品牌、型号十分短缺。凭借着做销售积累下来的经验，LHL 果断决定更换经营策略：要做汽车精品，不能总卖便宜货、冒牌货。

> 当时，我们家人都不太看好我做轮胎代理的事情，因为没有先例，风险太大。我呢，就是要做给大伙儿看，自己能行。我去天津锦湖轮胎厂申请做满洲里的总代理。成为代理的第一天，我就卖出二三十条轮胎。一年下来，足足赚了5万元钱。第二年，我就跟着他们几个男的来后贝加尔斯克这边开了轮胎店，这边市场上卖轮胎数我最早了。

---

① 访谈对象：LHL，女，汉族，1969年生，初中文化水平；访谈时间：2021年6月12日。

LHL 选择自立门户出来做老板并不是女性群体中的个别现象，而是女性的普遍发展趋势。当然，女性选择自立门户做老板，其道路并不是一帆风顺的。首先，对一个选择到他乡异国打拼的人来说，都要面临语言、风俗、环境等诸多差异带来的不便，女性也不例外。女商 DSL 向笔者讲述了初来后贝加尔斯克时所面临的挑战：

> 刚来这里的时候（后贝加尔斯克），住在租来的砖瓦房，冬天零下 30 多度，房子被煤熏得又黑又脏。俄罗斯人一进店，就发蒙，不懂他们叽里咕噜说什么。①

其次，选择自己独立出来做老板后，女性就不得不对店铺经营的各项事务做到心中有数。在这个过程中，她既需要学习如何去独立进货、摆放商品、账务管理等事项，还要在以男性为主导的汽配市场中应对来自各方的竞争，特别是由于性别偏见带来的各种不便。

个案 8：女商在市场活动中遇到的偏见

> 最开始的那几年，出去进货，有的老板看我是个女的，以为不识货，故意把其他型号的配件卖给自己，以为自己什么不懂。店里来了客人，看到就自己一个女的在，也会说找家里的男主人来谈生意。

个案中所提到的因性别偏见所带来的不便并不是个案，一些女性为了方便在市场中行走，都会给自己取更"男性化"的名字，LHL 便给自己取了一个"男性化"的名字——"阿华"。此外，早已独立开店的女老板普遍认为孩子是自己最大的牵挂。很多女性表示，自己平日生意比较忙，对孩子的照顾不周到，忽视了孩子的成长。等到自己反应过来时，孩子也已长大，母女（子）之间也会因沟通不畅产生隔阂和冲突。

实行自立门户的女性自然也获得生意成功的喜悦与自身价值的肯定。

---

① 访谈对象：DSL，女，汉族，1983 年生，初中文化水平；访谈时间：2021 年 5 月 12 日。

一方面，越来越多女性以自己的名义来开设店铺并在具体经营活动中取得主动权。比如，由于女性对挂饰、把套、座套等装饰品素来比较在行，她们开始做起车上饰品的生意。再如，相对于其他汽车零部件来说，轮胎在形制、品牌、型号等方面相对统一，整个市场对女性商人相对友好，一部分女性也像 LHL 一样开了轮胎店。随着由女性开设的轮胎店、汽车美容店、车上用品店的数量不断增多，这些行业也逐渐变成了女性商人的优势行业，改变了汽配行业由男性一统天下的格局，进而推动群体劳动分工的进一步分化：从过去的"男主外，女主内"，到"夫妻搭档，干活不累"，再到"自立门户，各自经营"。同时，女性也不再只活跃于汽配行业，她们也跟男性一样利用自身拥有的跨国商业网络，做起木材加工、俄罗斯食品专卖、玉石专卖等生意，推动了行业横向发展以及其他行业的形成。另一方面，作为"掌舵人"，女性掌握着日常运营、组织货源、店员任免等事务的决定权，从而催生了一个以女性为中心的商业经营网络及人际关系圈子。例如，LHL 当了老板后，不仅将自己家人带出来，还将不少老乡介绍到自己或朋友店铺打工。这些人加起来人数有近 40 人，大家都亲切称呼其为 L 姐或 L 姨，平时遇到什么困难，也愿意找 LHL 拿主意。

四、女性跨国商人主体性成长的意义所在

（一）个人意识与自我价值

在传统社会中，女性从出生就受到来自家庭与社会有关女性角色传统观念的影响。待到结婚后，女性自然而然地担起生儿育女、相夫教子的责任，总是为了家庭不辞辛劳地付出，丝毫不求个体的发展。通过迁移与就业，女性打开了通向新世界的大门。

女性个人意识逐步觉醒。越来越多女性认识到自身并不专属于家庭，自己也要活出个性来。很多女性来到满洲里或俄罗斯后，其穿着打扮有了明显的变化。LHL 曾告诉笔者：

> 俄罗斯女性的自由、奔放一面对我触动很大，过去自己穿着

比较保守，也不会化妆，来到这里看到俄罗斯女性都打扮得漂漂亮亮的，与朋友结伴逛街、购物，这让我觉得咱们女性就该这样活着。①

在调查中笔者也发现，LHL 平日穿着打扮很时髦，她焗染着黄头发，穿着得体的衣服，戴着"黄金、白金、紫金"首饰，丝毫看不出来是从大山里走出来的"农村姑娘"，其外在形象的变化是内心转变的一种折射。

女性自我价值的展示。随着越来越多女性摆脱传统思想的束缚，更深入地参与到社会市场竞争中来，女性的自我价值得以展现。特别是那些自立门户当了女老板的女性，在市场竞争中的表现丝毫不逊色于男性。她们不但建构起以自我为中心的商业网络，还推动群体经济进一步发展。同时，女性也以更加自信的形象示人，她们不断变化自己的身份：在商店里跟俄罗斯客户说着俄语，跟其他跨国商说普通话，回家跟丈夫孩子说老家话。

此外，女性自己组建的"互助联盟"在舒缓心理和情感负担与维护自身合法权益上也发挥了重要作用。无论是谁，在离开自己熟悉的地方来到陌生地方生活时，都会面临生活和心理的种种不适。特别是面对工作和家庭中的各种问题无法与丈夫、家人诉说时，由女性自己组建的"圈子"便成为女性在异国他乡彼此倾诉情感的重要场域。

个案 9：**女性自己组建"圈子"的重要性**

> 有个老乡脾气特别火暴，爱喝酒，喝多了就打老婆，一开始他老婆不好意思说，都是乡里乡亲的，说出来丢面子。但她丈夫不但不改，反而变本加厉，一次比一次下手狠，没办法，她只能向自己的姐妹求助，每次丈夫喝多了，就带着孩子去姐妹家住，几个姐妹也轮番去教育她丈夫，要是再犯，就离婚。②

---

① 访谈对象：LHL，女，汉族，1969 年生，初中文化水平；访谈时间：2021 年 6 月 12 日。
② 访谈对象：LLN，女，汉族，1980 年生，初中文化水平；访谈时间：2021 年 6 月 5 日。

从这段讲述中可见，对生活在不幸之中的女性来说，由女性"抱团取暖"而形成的"互助会"是相当重要的，在一定程度上为她们提供必要的关爱与帮助。

（二）家庭内部关系的影响

绝大多数女性在迁居初期仍以整个家庭为自己的追求，安心扮演贤妻良母的角色，全心全意承担起教养子女与照顾家庭的责任。随着女性逐渐从幕后走向前台并实现了经济独立，其家庭内部关系也发生了不小的变化。

1. 夫妻关系

女性的主体性成长对夫妻关系的影响集中表现在家务劳动和家庭"财政"大权两个方面。关于家务劳动方面。过去，家务劳动一般是由妻子独自承担，丈夫很少去主动分担家务劳动。随着女性更深入地参与到外部市场经营活动中，她们在家庭事务中的投入也随之减少，毕竟人的精力和时间是有限的。笔者在调查中也曾听到诸如"妻子自从开了店，也不按时做饭了""平日很少开火，都是要买着吃"等的"抱怨"。不过，一部分男性也在学着分担一部分家务劳动，如接送孩子、洗洗衣服等。有关家庭财政大权方面。过去，受传统文化观念的影响，山西男性的大家长作风较为严重。例如，LLN曾向笔者提起自己的丈夫，"什么事都不跟我商量，自己说了算"，为此，两个人也没少闹过矛盾。随着女性的主体性成长，她们也开始寻求在家庭"财政"方面拥有更多发言权，希望丈夫在做决定的时候会考虑到自己的想法，相互商量来办事。

2. 生育与教养观念

据调查，山西商人群体中80%以上的中、老年商人都出生于多子女的农村家庭。受"多子多福""养儿防老""传宗接代"等农耕社会传统思想的影响，商人群体中的女性不仅被要求要尽可能多生育几个孩子，还要至少生育一个男孩来为丈夫家庭延续香火。即便是这些早已外出多年的商人家庭，仍会选择生育两个乃至两个以上，且部分家庭对生育男孩的渴望仍十分强烈。随着山西商人在地化程度加深，其传统生育观念也受到巨大冲击。比如，很多在后贝加尔斯克生活好多年的商人也逐渐意识到"生儿生女都一样，女儿也是传后人"，WQP便是这样的例子。WQP婚后生了一个女儿，她曾一度觉得对不起丈夫，决心为丈夫再生一个儿子。不过，WQP 丈夫却不以为意："生男孩高兴，生女孩也幸运，老了有个知冷知热的'小棉袄'。"① 当然，生育观念的转变也是时代发展后社会整体生育观念的转变体现到山西商人身上的缩影。在对子女的养育方式与教育投入方面，山西商人也在努力做到平等与公平，让女儿与儿子享受到同等的物质条件。同时，受俄罗斯文化影响，商人对孩子的培养不再是一味要求学业好，而是注重培养孩子的独立动手能力与兴趣爱好等，如给孩子报兴趣班来挖掘特长，送孩子去参加夏令营来锻炼体魄等。

（三）对移民群体适应与迁出、迁入地社会方面作用

女性的到来以及其后续的主体性成长给整个商人群体乃至迁出地、迁入地都带去了深远的影响。具体来说：

推动移民群体发展及其适应。随着女性的到来，使原来清一色的男人天下面目一新，绝大多数成年男性可以与配偶生活在一起，渐次形成了以家庭为中心的社会。一方面，随着城市化进程加快，中国家庭结构也由过去的联合家庭或扩大家庭向核心家庭转变，已婚女性与丈夫团聚后大多以经营自己的核心家庭为其生活中心，夫妻二人齐心协力，很快就在迁入地扎下根来。同时，未婚女性的到来，也解决了群体内部剩余大量单身男性找不到配偶的问题，有利于整个商人群体的稳定。另一方面，由于山西商人的经济活动与其社会网络之间是深度嵌入的关系，个体之间或多或少有着这样或那样的关系，可谓是"拔出来，根连着根"。加之，商人群体采取的家庭式经营方式也使得家庭生活与店铺生意紧密联系在一起。上述种种都给了女性一个机会，即女性在家庭中的调解者角色也能延伸到家庭外的日常活动中，并在其中起到至关重要的作用。

个案 10：作为市场活动中调解者的女性

我们两家在老家就离着不远，我嫁到这里还是隔壁嫂子给介绍的。那次是因为什么来着，好像是一个客户本来说好要来家里

---

① 访谈对象：WQP，女，汉族，1968 年生，初中文化水平；访谈时间：2021 年 6 月 12 日。

拿货，结果走错了，去了隔壁买货。我男人喝了点酒就不知道自己姓什么了，拿着这个事去找大哥，俩人为此吵了好大一架，好几个人都没拉住。因为这个事搞得我跟嫂子之间来往也很不得劲，俩大男人为此好几个月不说话，真是气死人。多大点事，后来我去找嫂子说开了，我跟大哥道了歉，本身就是个小事，再影响两家人多不好。[1]

由此可见，倘若商人之间产生的矛盾乃至冲突影响到店铺日常生意并超过各自家庭承受范围，作为家庭生活协调者的女性更能站在整个家庭"大局"上考虑问题，用女人之间的友谊来试图调解或化解矛盾以恢复正常的生产生活。

推动中俄两国之间的人群互动与商贸往来。女性商人也成为临县、满洲里、后贝加尔斯克三地之间的新纽带。首先，外出谋生的女性都会寄一些钱回家以贴补家用，数额不等的移民汇款对改善家乡亲人的生活起到积极作用。而女性作为独立劳动力在经济上取得的成绩以及为家庭做出的贡献，也在一定程度上改变了传统乡土社会对女性劳动者外出的一些偏见，她们的榜样作用成为更多农家女冲破传统观念束缚来到外面世界中闯荡的动力与契机。其次，已在迁入地站稳脚跟的女性也会成为全新迁移链条的发起者，她们的家人、亲戚、朋友会依次踏着她的脚步向外迁移，外出谋生的人群在一定程度上缓解了迁出地农村劳动力过剩的问题。再者，女商对改善老家经济状况也起到重要作用。比如，作为群体中第一个女老板，LHL在解决了个体吃饭问题时，也不忘"造福乡梓"。在她的介绍与鼓励下，越来越多的老家女性来到满洲里和俄罗斯经商打工的同时，也将俄罗斯的面食品、木材等源源不断地运销到山西。

---

[1] 访谈对象：LCH，女，汉族，1980年生，初中文化水平；访谈时间：2021年6月11日。

五、结　语

　　本文透过活跃在中俄边境地区的山西女性商人从家庭妇女到老板娘再到女老板的成长历程，探讨了当今女性跨国从商群体的多重角色与主体性建构问题。山西女性商人的成长经历告诉我们，女性移民仍存在以"依附者"身份外出迁移的问题，实现家庭团聚、帮助自身及家庭脱贫、婚姻改变命运等仍是大多数女性外出迁移的主要动机。来到他乡异国后，女性也同样要承受着作为移民身份的一切劣势——学历较低、职业技能低、语言讲不好，甚至是民族不同。作为行动者的女性并没有被上述种种困难击倒，她们根据自身现实情况与外部环境的不同来寻找和利用各种有利于自己生存的结构与机遇来开展经济活动与日常生活。在商业经营中，凭借着天然的性别优势，女性不仅在销售、记账等工作岗位上扮演重要角色，也在不损害丈夫"一家之主"的"威严"下适时建立起自己的商业网络和优势行业。随着在地化程度加深与家族生意的扩展，女性最终还是走向了自立门户这条道路，她们成了名副其实的女老板，当了家、作了主。女性的主体性成长不仅推动个体意识的觉醒，提高女性在家庭和移民群体中的重要程度，还使得女性成为迁出地与迁入地之间的纽带，并对两国三地之间人群互动与商贸往来起到积极作用。不过，女性商人所面临的生存环境仍不如男性那样宽容，市场中对女老板的性别偏见、人身安全的威胁等现实问题仍不容忽视。况且，对女性地位与价值的评价也并非取决于经济生活中的参与度，而是建立在所在群体延续至今的观念与意识基础之上。受传统观念的影响，女性并没有完全卸下"双肩挑"的担子，她们在家庭事务上的付出仍要多过男性。相信，随着社会整体环境的改善以及整个商人群体在地化程度的加深，女性所面临的这些问题终将会得到解决。

内蒙古受灾农民适化新环境过程研究
——以库伦旗灾民的牧区安置为例

乌云达来　阿拉腾嘎日嘎　内蒙古民族大学

摘　要：1960年代我国多地连遭旱灾，史称"三年灾害"。内蒙古农区和半农半牧区受灾甚重。政府将区内灾民安置在人稀地广的牧区，把外地灾民安置在农牧兼营地区。受灾最为严重的库伦旗蒙古族农民被集中安置到位于兴安岭南麓的扎鲁特旗草原牧区，组编为一个农业小村。经60余年的适化当地环境过程，已变成农牧兼营的嘎查。灾民或移民是环境史学的重要研究对象，因此，我们课题组选定该嘎查为田野点，对其进行了数次实地调查，收集到珍贵的口述资料。本文以上述资料及地方档案资料为基础，就农耕在牧业环境中如何适化的经过及其经验进行分析，尝试为内蒙古乡村生态建设研究提供新的学术视角。

关键词：环境适化；灾民安置；环境史学

环境史学是新兴的学际性学术分野，有其明确的研究倾向性。即，在人与自然环境的互动关系中观察环境问题的"天灾人祸"性要因及治理经验教训，为人类持续发展提供新思考。学界普遍认同"人类文明兴衰过程，无外乎是对其环境资源的消耗过程"①这一新环境决定论。的确，人类在不断获取环境资源、开拓不同的环境空间的过程中适化出不同生产方式，并且继而反复适化其环境，试图跨越原环境而开始新的实践。而在战胜"灾害"

---

① Clive Ponting. 王毅，译. 绿色世界史：环境与伟大文明的衰落 [M]. 北京：中国政法大学出版社，2015.

的实践中不断改善其技术，积累了维持和治理环境的技能。然而，技术决定论诞生以来，似乎忽视传统经验，强调以科学技术改造环境。而诸多污染引起的疫病、灾害、气候突变等新问题迫使人类重新确认历史经验及诸多新论。

1950年以来，我国政府以现代国家的行政手段经营国土环境资源，结合传统农业知识，引进现代科技对资源进行保护、治理、改造、修复等一系列措施。此举是中国环境史上首次现代意义上的"经野"实践。20世纪末，环境史学界吸收世界环境史学的理论与方法，在古代农耕环境史领域取得了丰硕成果。党的十八大将生态文明建设纳入五位一体国策，将三北生态建设成为国家重点工程。而内蒙古高原生态环境建设是关乎三北生态建设的重要生态屏障，成为中国北方环境史研究的重点对象。该领域虽有一定的研究积累，但尚处于传统历史地理学阶段，亟待需要从跨学科视角，拓展事例，深究内蒙古经验。

环境危机的根本特点是众人所处环境无法提供生存资源而集体被动迁移，沦为移民。我们选取内蒙古农村灾民被安置到牧区的事例作为考察对象，就农耕生产方式在游牧地理环境中如何适化的过程进行考察，探讨移民村持续至今的生态经验。

（一）灾区简况

库伦旗[1]是内蒙古农耕化较早的地区之一，是清廷在外藩蒙古内扎萨克设置的唯一喇嘛旗。据称，早期僧侣毡房排成圆形而居，圈内空地自成诵经场所。圆形，蒙古语叫Köriy-e，故音译汉名库伦。该旗地理以沙漠、沙沟著称，耕地、草原甚少。因是政教合一旗，信徒施主常年不息，庙仓经济较旺，投奔寺院为庙地做农活或放牧谋生者也甚多。旗民为僧侣、庙丁、移民组成。建造佛殿的众多工匠几乎未还乡，娶蒙古女为妻，扎根于

---

[1] 原哲里木盟库伦旗。1999年1月13日，国务院批准撤销哲里木盟设立地级市通辽市。通辽市管辖有科尔沁区、科尔沁左翼后旗、科尔沁左翼中旗、开鲁县、奈曼旗、扎鲁特旗、库伦旗、霍林郭勒市（县级市）。

此^①。类似通婚入籍的群体叫作"随蒙古人",人口居多。新中国成立后,因地缘关系从辽宁一带迁入该旗的汉族较多。外来移民中喀喇沁土默特地区的蒙古人占比多,也有少量西土默特蒙古人、哈尔蒙古人、科尔沁蒙古人、喀尔喀蒙古人、锡伯人。而很多移民是从光绪十七年移民和旗民之间因争夺资源而发生的"红帽子暴动"②中逃难的敖汉、喀喇沁、土默特地区的蒙民③。这是内蒙古近代史上影响最大的难民潮④。库伦旗寺院收留难民较多,导致人口激增,寺院经济渐衰,民生困顿。旗南部常遭旱灾,农民沦为灾民,纷纷北迁谋生。1934年,伪满洲国将库伦旗划归兴安南省,次年,撤销绥东县治,把原昭乌达盟喀尔喀左翼旗和唐古特喀尔喀旗的一部分地区、原卓索图盟土默特左旗划入库伦旗管辖⑤。中华人民共和国成立后,库伦旗划归内蒙古哲里木盟辖,将科尔沁左翼前旗的部分地区和奈曼旗的几个苏木划归该旗。数次史地演变使旗民构成多元化,故被称为"聚集旗"⑥。目前该旗土地总面积4716平方千米,人口为151133人,2020年11月1日,被国务院认定为脱贫旗县。

(二)安置过程

1963年,内蒙古持续爆发旱灾,库伦旗农村最为严重⑦,"开春至7月,

---

① 色·巴雅尔、阿木日巴图.库伦蒙古族姓氏集成[M].呼伦贝尔:内蒙古文化出版社,2015:131—220.巴图.巴·苏和、哈斯其木格、那木沁审订.库伦旗额尔根希泊艾里蒙古王努特(王)氏家族史志[M].通辽:通辽市金华盛纸业有限公司,2010-5:12—13.
② 李儿只斤·布仁塞音·娜仁格日勒译.近现代蒙古人农耕村落社会的形成[M].呼和浩特:内蒙古大学出版社,2007:166—175.乌云达来著.动荡时期的蒙旗——以清末敖汉旗为例[D].内蒙古大学硕士学位论文,2009(6):15—16.乌云达来.敖汉旗"红帽子暴动"起因论略[J].内蒙古民族大学学报(社会科学蒙古文版),2010(4).
③ 中国第一历史档案馆.清代档案史料丛编(第十二辑)[M].北京:中华书局,1987:399.
④ 阿拉腾嘎日嘎.近现代内蒙古游牧变迁研究——以扎赉特旗为例[M].沈阳:辽宁民族出版社,2012:23.
⑤ 呼日勒沙.库伦历史文化神话传说荟萃[M].呼伦贝尔:内蒙古文化出版社,2015(2):13.
⑥ 呼日勒沙.库伦历史文化神话传说荟萃[M].呼伦贝尔:内蒙古文化出版社,2015(5):42.
⑦ 内蒙古自治区人民政府参事室.内蒙古历代自然灾害史料续辑,1988:25.

滴雨未下，草木干枯，牲畜饿死，庄稼无苗，河流干涸，无柴可烧"①，"耗尽周边草木，仅用四根高粱秸秆烧一壶水，每日一餐。因沟壑多，甚是艰险，一农民为捡根高粱秆，跌落身亡，直面饿死的窘境"。

1963年10月上报灾情，12月上级决定把灾民安置到牧区②，迁出、迁入两地领导协调安排具体事宜。因正值推进"公社化"时期，迁入地领导无条件接受灾民，灾区组织宣传队动员搬迁。各生产队召开村民大会鼓励自愿报名搬迁。在"草原地广人稀、美丽自然生态、到处野生动物、茂密森林资源"等宣传词③的吸引作用下，数日内哈图塔拉生产队的库伦沟、元宝山、东皂沪沁三个村的40户灾民临时组编一个队，选派10人打前站。1964年4月，1288农户、6213人向目的地进发④。

图1 库伦旗移民迁移线路图

（库伦旗哈图塔拉、库伦沟、元宝山、东皂沪沁等村灾民坐牛车走21天，到达扎鲁特旗查布嘎图苏木阿古拉嘎查。根据该村几位老者口述，作者绘制。）

---

① 《扎鲁特旗查布嘎图苏木阿古拉嘎查田野访谈资料》：作者于2016年9月5日至10月31日，带领内蒙古民族大学2013级民族学专业15名本科生，进驻扎鲁特旗查布嘎图苏木阿古拉嘎查，5人一组，分三组进行入户访谈，获取第一手资料。后又于2017年1月至2018年5月期间两次补充调查，获得影像、录音、笔记资料。2022年10月至12月三次去补充调查资料，将以上调查中所获取的所有信息资料统称为《扎鲁特旗查布嘎图苏木阿古拉嘎查访谈记录》（以下简称《实地调查阿古拉嘎查访谈资料》，由第一组完成访谈。
② 关于切实做好灾民安置工作的通知1964年3月，扎鲁特旗档案馆，扎鲁特旗人民政府全宗号3，目录号2，卷内目录19/发文号5。
③ 《实地调查阿古拉嘎查访谈资料》：WT老人（男，蒙古族，1932年生）口述，乌云达来等记录。1964年移民，通过动员会议主动报名，一家七口人搬迁到扎鲁特旗；BTX老人（男，蒙古族，1947年生）口述，乌云达来等记录。1964年一家九口人搬迁到扎鲁特旗。
④ 杜瓦萨.扎鲁特旗志[M].北京：方志出版社，2001：34.

图 1 为 1964 年灾民迁移的路线图。迁入地位于大兴安岭南麓海拔 600—1000 米的高寒牧区地带，距离迁出地约 500 千米。4 月 22 日，分数小队，不同村屯陆续启程。青壮年护送牛车队和百余头家畜，男女老少共 200 余人跋涉 21 天到达目的地[①]。

初选村址时考虑到能种地且有薪柴的套来图山东侧搭建茅草屋暂时安顿。村民对这里的第一个印象是"有几代人烧不尽的薪柴！"[②]数日后建造了库伦式半地窑土屋。半地窑房是先挖 1.5—2 米深的方形坑，挖通气孔，造有火炕，苫茅草[③]。这是常见于库伦旗的沟壑地带的"岸房（ergen ger）""窑洞房（nöken ger）"。

因事先未考虑用水环节，发现山区没有水井，只能赶牛车前往 10 千米外运河水，极其不便。南山坡突发火灾，顺风烧近东坡，全村转移至北坡，另选村址。山区植被茂密，火势凶猛，幸亏转移及时，否则难保生命财产[④]。

第二次安顿的地方仍然无水源。清理附近一口枯井，深挖 30 米，仍不见水。无奈之下，以 1200 元请四名朝鲜族打井匠，在别处挖了一口新水井。但仅用一年，井体坍塌，无法再用。上级同意灾民村整体再次搬迁至以东 8 千米处。

第三次安顿后，上级要求取村名。乡领导建议取"呼格吉乐图"（kögjiltü，意为发展、兴旺）一名，但灾民不接受。当地牧民提供"ulaγan ebderkei"（意为红窝棚废址）一名，也不接受。原因是日伪"满洲国"时曾开垦建房，但不适耕种，红沙土易坍塌，不久被废弃，此名不吉利。村西南 2 千米处有座山坡。坡上常见成群的丹顶鹤栖息，牧民称其"丹顶鹤坡"（toγurutu-yin joo）。有人提议取此名，而村民认为外人使用的名不可接受。

---

① 《实地调查阿古拉嘎查访谈资料》：HBJ 老人（男，蒙古族，1950 年生，移民亲身经历者）口述，提供了 1964 年阿古拉嘎查刚成立时的历史背景、落户情况、灾民人口数量资料。笔者经过查阅 1965 年乌力吉木仁苏木《人口变化情况登记表》等档案核实，1965 年阿古拉嘎查登记人口为：男 97 人，女 91 人，共 188 人。有不适应新的环境而返回库伦的几户。据此推断，HBJ 老人的口述资料与 1965 年档案资料基本一致。

② 《实地调查阿古拉嘎查访谈资料》：HBJ 老人口述。

③ 《实地调查阿古拉嘎查访谈资料》：BTX 老人（男，蒙古族，1947 年生）、WT 老人（男，蒙古族，1932 年生）HBJ 等三位老人的口述基本一致。

④ 同上。

在红窝棚废址附近住逾一年，大队领导内部发生矛盾。有"农本主义"思想的领导强调村落要搬近农田边上的丹顶鹤坡附近改建新村。有"牧本主义"思想的领导以不想再迁移折腾为由欲保留周边牧场。村民被迫站队两派，导致一村分两处而居。因此，被邻村人戏称为"扁担村"（damjiɣur-un ail）①。乡政府出面协调矛盾，将留在红窝棚的部分户搬迁到离耕地较近的丹顶鹤坡修建房屋安顿。历经几次搬迁，同乡几路灾民，第四次安顿，组建为一个村②。

见村名未定，公社断然取"宝日陶勒皋"③一名，使用到1990年代末。但村民始终自称为"阿古拉村"（山村）④，外村人也惯用此名，2001年起旗政府也正式选用了该名。

一、适化环境

手工农具无法开垦山区新地，仅靠旗农业局给村借用的两台"东方红"拖拉机，清除灌木丛，平整了2025亩地⑤。第一年因农具不备且新地不收，活用"满撒子"耕作，以蒙古糜过渡⑥。糜子耕种法不起垄、不施肥、不灌溉、不除草、不耥地，春耕后，待秋收，期间无任何工序，2—3年必弃地转耕，俗称"无不做"蒙古游耕。有研究称，北方牧民凭游耕自给粮食的历史较远。游耕适合耐寒耐旱的蒙古糜⑦和荞麦两种作物的耕作，东北地区称其为"老蒙古的漫撒子"农耕。"慢撒"耕作是零星分布于北方相对滋润地区的农耕。牧民在春营地附近选定泽润或雨道地带，在选地上让马群踏踩数

---

① "扁担村"是贬义，不和睦。
② 乌云达来、嘎壁尔著《政府异地安置灾民而形成的新村落嘎查的研究》[J].内蒙古民族大学学报社会科学蒙古文版（季刊），2020（1）：110.
③ 丹顶鹤坡以东3千米处，另有一座褐色山坡，土壤成褐色，草木茂盛，牧民称"宝日陶勒皋"（buru toluɣai），是原乌力吉木仁公社的狩猎区。所谓狩猎区，实是除狩猎季节之外不见人畜的荒山野岭。因村建在狩猎区域，狩猎被迫停止，当地人很不满。
④ 阿古拉是山之意。
⑤ 根据扎鲁特旗档案馆馆藏，全宗号75/目录1号/案卷102.乌力吉牧仁公社农作物播种面积季节表》（阿古拉嘎查1965年夏季普查统计表）DSC_0059.
⑥ 《实地调查阿古拉嘎查访谈资料》：WT老人（男，蒙古族，1932年生）口述。
⑦ 蒙古糜子有青糜、红糜、黄糜、黑糜四种，成熟期为90天、80天、60天不等，观气候雨水而选种。

回，随后播种子，再次让马群踩踏，便完成春播，转向夏营地放牧。有学者认为该耕作法是适合北方干旱地区的保泽农耕，有其科学性[1]。

1965年村分两个小队，共用15把牛犁[2]。经"慢撒"耕作"驯化"的地已可开犁起垄。而新地仍坚硬，需3套牛犁。有记载称："1907年6月18日，扎鲁特右旗，见有4—5头牛犁地，一人牵牛，另一人扶犁，缓慢播种，作物为糜子。耕地中未见女性，20世纪初扎鲁特旗已出现汉式农耕。新开垦的土地坚硬，需要4—5头牛拉犁。"[3]这说明早在百余年前就已尝试开垦，但无机械工具进展缓慢。

1965年的资料显示，有谷子、糜子、玉米、高粱、荞麦等五种粮食作物，有少量的蓖麻。粮食作物中糜子、荞麦的占比仅次于小米。这说明传统旱地作物的适应性较强。

表1 阿古拉嘎查1965年村民农作物及种植面积统计（笔者据档案资料制作）

种类	玉米	小米	糜子	荞麦	蓖麻	总产量
1965年	75亩	850亩	655亩	480亩	20亩	总2080亩
产量	9185斤	120662斤	46298斤	53952斤	1281斤	231378斤

20世纪80年代，马犁更替牛犁。在熟地耕作，马犁比牛犁效率高[4]，不需要6人协作[5]。1987年某户率先购置一辆长春-15马力拖拉机[6]，使该村走向农机化道路。之后10余年间，村民们后购置12—15马力拖拉机[7]，耕作时

---

[1] 吉田顺一.阿拉腾嘎日嘎、新吉勒，译，"内蒙古东部地区传统农耕及汉式农耕的融入"[J].中国蒙古学，2017（1）.

[2] 扎鲁特旗档案馆馆藏，全宗号75/目录号1/案卷103：乌力吉牧仁公社阿古拉大队主要农牧业生产机具设备拥有量统计表DSC_0125。但根据WT老人口述，实际能用的仅有10个犁把。

[3] 鸟居君子.赛音朝克图、娜拉，译，从土俗学上看蒙古[M].呼和浩特：内蒙古人民出版社，2016：241—242.

[4] 乌日陶克套胡，格日勒其其格.蒙古族农业经济及其变迁[M].北京：民族出版社2012：171.

[5] 牛犁种地：用三头牛拉犁需要牵牛1人，把犁手1人，播种1人，添肥料2人，拉石磙子1人共用6人。

[6] 《实地调查阿古拉嘎查访谈资料》：BYR（女，蒙古族，1961年生）口述。该村民B老人（已去世）长女，1987年她的丈夫和弟弟一起去通辽农机公司6555元购置长春牌15马力的拖拉机。

[7] 司机1人，扶犁手1人，播种1人，追化肥1人。

仅需4人协作完成①。拖拉机可挂两个石碾，由此淘汰了役畜牵碾法，且省时、省力，效力高。紧随其后，使用化肥农药，使玉米产量逐年提高，2022年已达1300斤/亩。尤其各类大型机械的出现使开新地、林地、山体变得既快又简单，村周围可利用的河水、土地、木材、沙石的消耗速度空前加快（参照表2）。

表2 阿古拉嘎查耕地面积与产量对比（亩/斤）②

品种	1965年	2022年
玉米	75/9185、每亩122.5	2600/3380000、每亩1300
小米	850/120662、每亩142	1400/700000、每亩500
糜子	655/46298、每亩70.7	无
荞麦	480/53952、每亩112.4	150/22500、每亩150
高粱	20/1281、每亩64	无
黑豆	无	2020/404000、每亩200
青储	无	100/300000、每亩3000
总计	2080/231378、每亩11.2	6270/4806500/2403.25（青储）、每亩730

表3 野生动植物50年前后对比③

品种	1965年	2022年
药材	黄芩、防风、知母、远志、麻黄、甜草、接骨草	黄芩、甜草已灭绝
野菜	黄花菜、苦麦菜、蒲公英、沙葱、韭菜、蘑菇、木耳、山丹花	黄花菜绝种
野果	杏仁、樱桃、山枣	樱桃、山枣灭绝
野鸟	丹顶鹤、白天鹅、老雕、猫头鹰、羊鸨、牧羊鸟、白鹭、布谷鸟、戴胜、沙半鸡、大雷鸟、喜鹊、乌鸦、野鸽子、麻雀、燕子、野鸡、鸿雁、鹌鹑	丹顶鹤、白天鹅、老雕、猫头鹰、羊鸨、牧羊鸟、白鹭已没有
动物	黄羊、狍子、盘羊、马鹿、狼、狐狸、野狸子、獾子、兔子、艾虎、田鼠、跳鼠、刺猬、鼹鼠	黄羊、狍子、盘羊、马鹿、狼、野狸子、獾子、艾虎等动物已没有

---

① 《实地调查阿古拉嘎查访谈资料》：HBR（男，蒙古族，1958年生）口述。1990年开始使用化肥，产量明显提高，但几年后土壤开始坚硬化。
② 作者据扎鲁特旗档案馆资料"案卷103生产情况表"及嘎查所提供数据制作。
③ 作者据实地访谈资料制作。

二、生态经验

灾民迁出其沙地环境，在高寒山区开垦耕作中积累的经验或许有其科学性和参考价值。

将作物分为早晚作物的归类耕作。把玉米、谷子、高粱、大豆、黑豆、蓖麻归为早作物，把大黄米、绿豆、荞麦、糜子归为晚作物。根据土壤、雨水、地茬择作物换茬轮作。特意种植与邻地不同的作物，以防鸟群抢食[1]。早作以蓖麻为先，在小满前后播种[2]。其他作物耕种顺序为玉米－高粱－谷子－大豆。晚作物要6月初播种，其顺序为大黄米－绿豆－糜子。

种荞麦，先犁两次后，再播种。即5月底犁一次，雨后犁第二次，7月初播种。之后不需要除草等工序，只要有雨水就可保收。种荞麦是库伦旗人的独特要术。他们的荞麦"三天发芽、三十天开花、六十天成熟、七十天收割"。

通过观察环境来判断农时或气象变化。如，见山杏花蕾，早谷应完种；布谷鸟布谷布谷叫，玉米、高粱应完种，布谷鸟布谷布谷——唰唰叫，早耕时机已过；喜鹊巢口朝下，雨水均，巢口朝上，雨水少；燕子低飞或蛙、蛇横过路，定有大雨；夜蛙叫，来大雨[3]。草根发嫩芽，要下雨；伏天水缸外出汗，三天内下大雨；日月晕圈，三天内有暴风雨；第一场雷雨后，180天有霜冻；候鸟南飞后，18天有霜冻[4]。

坚持施有机肥料。经常使用有机肥料的土壤松软，且不仅当年肥力好，第二年也能保持肥力。而连续三年使用化肥后，土壤会硬化、碱土化，肥力下降，收成减少。村民通过轮作或施有机肥的方式提升土壤肥力。

坚持轮作。谷子、糜子、玉米等作物是需培土的深根作物，而荞麦和绿豆是浅根作物。多种浅根作物的田地很快沙化。因此要把深根作物和浅根作物交替轮种，既保产量，又防沙化。1990—2010年的30年间村民主要收入来源是豆类经济作物。而绿豆所占种植面积曾达总耕地面积70%。但村民发现种绿豆土地沙化后，立刻改种玉米或高粱，防止沙化。目前主

---

[1] 《实地调查阿古拉嘎查访谈资料》：WMO老人（女，蒙古族，1952年生）口述。
[2][4] 《实地调查阿古拉嘎查访谈资料》：HLX老人（女，蒙古族，1938年生）口述。
[3] 《实地调查阿古拉嘎查访谈资料》：WMO老人（女，蒙古族，1952年生）口述。

要种利于固土防沙化的玉米和高粱，其他作物已被淘汰。为防止沙化，秋季进行翻地，称之为"秋犁"①。

三、结 论

中华人民共和国成立初期，在内蒙古首次以村为单位成功安置内部灾民的事例不计其数，而各有各自的实践经验。灾民安置与第一次全区拨民安置不同，未把各户分散安置，而是以村落为单位集中安置。因此，他们未完全接受牧业生产方式，而是以农牧兼营的形式融入于牧业环境。

农耕地方性知识和游牧地方性知识在过渡期发挥的作用较大。慢撒子糜子游耕法和窑洞房屋制作技术发挥了关键作用。随着进入农机化、农药化肥化，在提高产量的同时，出现了农地盐碱化、沙地化。在高原干旱地区，农业技术仍有其局限性，值得深思。仅靠农业的多户收入少，且不稳定，农牧兼营的15户则收入多而稳定，生活余裕。

移民通过生产方式适化自然环境以外，另一个重要的适化是融入当地的文化环境。如果不积极参与敖包祭祀等重要的生态性仪式活动，就难以与当地人深层交流，更谈不上文化交融。或许农业的生态改造功能与牧业的生态修复功能相结合使生态环境的可持续性得以稳定。

该村目前直面的问题，也是内蒙古乡村振兴中普遍存在的课题。

2014年3月，该嘎查沦为旗级贫困嘎查②，因负债较多，76%以上村民住土房。2016年3月全区"十个全覆盖"建设中将全村所有土房统一拆迁至村以北2千米处的砖瓦结构新居，完成了第五次搬迁③。村总人口391人，常住人口297人，常住劳动力234人，学龄儿童22人。人均年收约8000元，月收不及700元。人均耕地面积12.5亩，人均牲畜25只羊，嘎查总贷款550万。

---

① 《实地调查阿古拉嘎查访谈资料》：BYL农民（男，蒙古族，1966年生）口述。
② 内蒙古自治区扶贫开发办公室文件，内扶办发〔2014〕17号，关于扶贫攻坚工程"三到村三到户"嘎查村名单备案的通知。此备案名里查布嘎图苏木有阿古拉嘎查之外邻村白音花、保安、查布嘎图等四个村被列入贫困村。
③ 当初阿古拉村已建有砖房的28户以及少数农户坚持不搬家，其余74户搬到新房住。

关于贫困原因，村民认为地少，比牧业村付出双倍劳动，也"富不起来"。其实，地理环境与生产方式的不契合关系制约了经济的良性运行。因地处兴安岭南麓高寒山地，可利用土地零星分布于山谷和山坡，大部分是无灌溉条件的旱田，年降水量100—380毫米，无霜期90—150天，年均气温6.6℃，农收不稳定。数十年的开垦、砍柴、挖药材、开采等人类活动耗尽了周边植被，导致地下水位下降（20米）、河水干枯、农田沙化。

早在1882年恩格斯在其《自然辩证法》中，以希腊的农业和意大利的牧业所带来的生态环境代价为例，提出警示："人类不要过分陶醉于对自然界的胜利。对于每一次的胜利，自然界都对人类进行报复。每一次胜利，在短期内确实取得了预期的结果，但是后来、再后来却有了完全不同的、出乎预料的影响，它常常把第一个结果重新消除。""为得到耕地毁灭森林，他们梦想不到，这些地方今天竟因此成为荒芜不毛之地，因为他们在这些地方剥夺了森林，也就剥夺了水分的积聚中心和贮存器。在山南坡把那些在北坡精心培育的枞树林滥用个精光时，没有预料到，他们把他们区域里的山区牧畜业的根基挖掉，他们更没有预料到，这样做，竟使山泉在一年中的大部分时间内干涸，同时又使更加凶猛的洪水倾泻到平原上来。我们统治自然界，绝不能像强者统治异民族那样。我们比其他生物更能够认识和正确运用自然规律[①]。

自然灾害有其复杂性和多维性。一直以来抗灾救灾、灾后重建、移民安置等应急工作均由政府负责完成，后续的生产能力的培植往往被忽略。尤其是灾民持续发展需生产方式和当地地理环境的高度适化才能够真正走出灾害阴影。

---

① 恩格斯. 于光远等，译，自然辩证法（第八部分《劳动从人猿到人的转变中的作用》，[M]. 北京：人民出版社，1984：304—305.

草原生态保护补助奖励政策分析
——以新疆新源县草原生态补偿情况为例

刘　阳　内蒙古大学

摘　要：本文以吉登斯的结构化理论为基础，基于对新疆新源县这一典型案例的分析，将新疆新源县草原生态补偿过程中的结构要素和行动要素加以整合，尝试提出"结构—行动"的分析框架，剖析新疆新源县草原生态保护补助奖励政策实施过程中"结构"与"行动"各自的运作以及他们之间的互动关系，并针对出现的问题提出相应策略，以期为草原生态保护补助政策正向作用的发挥提供辅助。

关键词：吉登斯；"结构—行动"分析框架；草原生态保护补助奖励政策

一、问题的提出与文献综述

我国是一个草原资源大国，拥有各类天然草原面积近4亿公顷，覆盖着2/5的国土面积。草原是我国陆地面积最大的生态系统，是山水林田湖草整体系统中的重要组成部分。据2003年国家开始实施退耕还草工程、生态移民工程、治理草原生态，到2010年草原生态仍呈"点上好转、面上退化，局部改善、总体恶化"趋势（农业部2010）。自2011年起，国家在内蒙古、新疆、西藏、青海、四川、甘肃、宁夏、云南8个主要草原牧区以及新疆生产建设兵团，全面建立草原生态保护补助奖励机制，五年为一个周期，针对草原现实情况采取禁牧封育补助以及草畜平衡奖励；2015年中共中央、国务院发布《关于加快推进生态文明建设的意见》，明确指出"要继续实行草原生态保护补助奖励政策"，致力于草原的保护，草地资源的合理利用、草业可持续发展以及草原与人类的和谐共生。那么该项政策实施效果如何？政策实施中存在哪些突出问题和制约？对政策实施的效果进行及时评价，对发现的问题及时纠正，对突出的制约及时规避，无疑有助于草原生态保护补助奖励政策资金的使用以及对草原生态的保护。

当前，学术界对我国草原生态保护政策研究主要围绕政策实施效果评价（胡婷婷，2009；胡振通等，2016；齐米克等，2016）、政策满意度以及影响因素（何晨曦等，2015；陈海燕等，2013；王丽佳，2017；也尔那孜·玉山艾力，2017）、牧民受偿意愿以及影响因素的研究等（姜东梅等，2014；何苑等，2009；刘振虎等，2014），但是缺乏对于政策运行过程中，从"行动"和"结构"的双重视角进行解读。因此，本文试图通过探寻草原生态保护补助奖励政策在执行过程中各相关因素的逻辑联系，展现"行动"与"结构"间复杂的互动关系，由此为草原生态保护补助奖励政策的完善提出合理建议，从而助力草原生态环境可持续发展。

关于草原生态补偿政策实施效果评价的研究。学者们从不同角度对政策实施效果进行了评价或评估。高婷婷（2009）从草原生态环境恢复、农牧业基础设施改善、牧民生产生活方式转变等方面分析了内蒙古草原生态补偿实施成效。胡振通（2016）等通过问卷调查，运用 Logit 回归模型，从生态绩效、收入影响和政策满意度三个方面分析了对内蒙古阿拉善左旗、四子王旗和陈巴尔虎旗草原生态补偿政策进行评估，提出牧民政策满意度为57%，生态环境得到一定改善的结论。齐米克（2016）等通过分析新疆温泉县和拜城县实行草原奖补机制对草原生态环境的影响、对草原畜牧业产业发展的影响和对牧民生活的影响，综合评价政策效果。

关于草原生态补偿政策满意度以及影响因素的研究。何晨曦等（2015）通过问卷调查对内蒙古地区草畜平衡奖励政策满意度及影响因素研究，结果表明，大多数牧民对草畜平衡奖励政策持满意态度，而牧民文化程度、草场面积、草场退化程度、草场管护员是否起作用等是影响草畜平衡政策满意度的因素；陈海燕等（2013）研究了内蒙古、新疆、山西、辽宁、吉林、云南六省区牧民对草原生态补偿政策的评价，得出大多数牧民对于补助政策持有满意态度；王丽佳等（2017）关于甘肃牧民对草原生态补偿政策满意度的研究表明，影响因素还包括牲畜养殖数量与体重变化情况、补偿金额、牧民对环境与经济重要性的评估；也尔那孜·玉山艾力（2017）从牧民视角建立指标运用层次分析法对新疆新源县草原生态补偿政策的实施效果进行评价，得出结果为牧民对该地区的政策实施效果整体满意度为一般。

关于牧民受偿意愿以及影响因素的研究。姜冬梅等（2014）对内蒙古呼伦贝尔市鄂温克族自治旗牧民参与草原生态保护补助奖励机制的意愿进行研究。研究表明，家庭总收入水平、家庭劳动力负担系数、拥有草场面积等都影响着参与意愿。何苑等（2009）对甘肃盛牧民实地调研，了解到牧民对草场依赖程度、参与草原保护的意愿、能力和态度等是影响农牧民草原保护意愿的因素。刘振虎等（2014）对新疆和静县、沙湾县牧民参与草原生态保护补助奖励机制的意愿以及影响因素研究表明，牧业收入、自主保护意愿和草原保护主体等因素与参与意愿成正相关关系，草场流转意愿、牧业支出、气候变化和草场状况等因素与参与草原生态保护补助奖励机制的意愿成负相关关系。

总体上，当前学界对于草原生态保护补助奖励政策的研究大体偏重于实施效果及影响因素层面，经验性材料不断丰富，但是分析框架显得较为贫乏，理论性并未得到兼顾。而从已有的文献中，也能够发现草原生态保护补助奖励政策由于受到多方因素的影响，在具体的实施过程中，仍然存在各种普遍性与特殊性问题亟待解决。

本文将以新疆新源县的政策实施情况为研究对象，运用经验研究方法，在借鉴相关丰富的成果的基础上，将草原生态保护补助奖励政策的实施过程以吉登斯的"结构—行动"框架为基础进行解释，探析该政策实施过程中各个环节的复杂关系，指出运行过程中存在的问题并提出相应的建议措施，更好地完善新疆草原生态补偿政策，提高政策实施的经济、社会和生态效应。

二、分析框架与研究方法

（一）草原生态保护补助奖励政策的"结构—行动"分析框架

具体而言，"规则"包括了个体在社会系统中行动所遵照的各种正式的和非正式的制度，这些制度对个体行动起到制约作用（吉登斯，1998：78）；"资源"则是个体在行动过程中能获取到的、嵌入在社会结构当中的资本，行动者所拥有的资源是其占据的社会位置赋予的，资源对个体行动起到推动作用。规则与资源共同形塑着单一主体的社会行动，使其在社会规范的调节作用下，按照各自的社会位置、社会角色选择行动策略（吉登斯，1998：65）。

在草原生态保护补助奖励政策的执行过程中，资源包括草原生态保护补助奖励政策的政府拨款以及草原生态资源；规则包括：禁牧补助政策、草畜平衡政策以及绩效考核奖励政策。行动即新源县的牧民以及当地政府的行动。为了满足系统性梳理草原生态保护补助奖励政策实施过程的需要，尝试结合新源县具体实践情况，科学地建立起草原生态保护补助奖励政策实施过程分析框架（如图）。

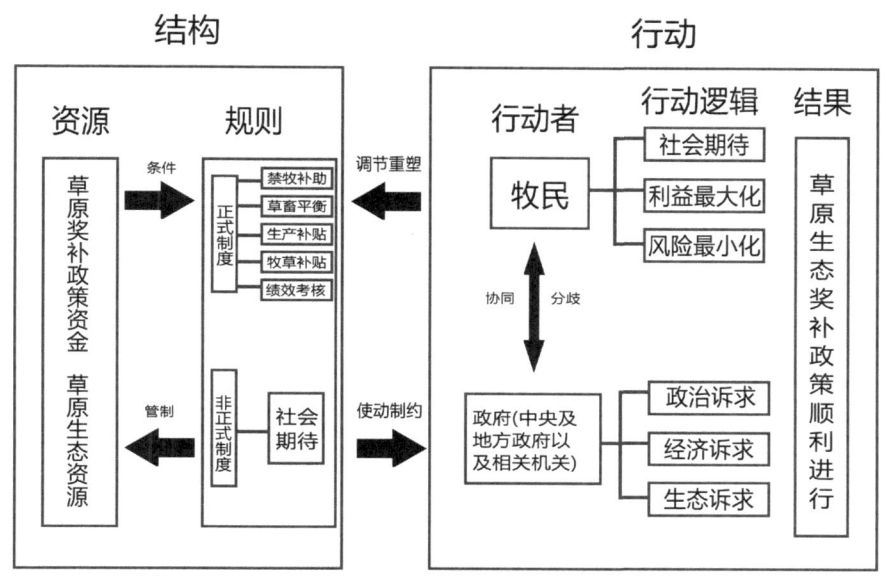

图1 草原生态保护补助奖励政策实施过程分析框架

（二）研究方法与概况

本文根据实际，采用定性研究方法收集材料，基于"结构—行动"分析框架，将草原生态资源、草原生态保护补助奖励政策资金、禁牧补助政策、草畜平衡政策、生产资料补贴政策、牧草良种补贴政策以及绩效考核奖励政策划分为结构因素，将牧民以及政府划分为行动者要素，由此探究两大要素的内部运作以及两者之间互动关系，从而挖掘出政策实施过程中的问题，并提出相应的应对策略。

在具体的方法运用上，本文主要采用了问卷法与结构式访谈以及文献研究。在问卷法上，制作草原生态补偿的受偿意愿和政策满意度调查表，在样本选择上，基于牧户家庭中，往往是男性对于相关问题更为关注，因而样本的94.4%为男性，年龄处于20—59岁居多，文化程度大多数处于小学以下，家庭纯收入介于3001—7000元较多，拥有草原面积0.7万–2万亩居多，牲畜持有量在301—700只居多，详细了解牧民的受偿意愿与满意度；在结构式访谈上，由地方政府带领，深入到牧户家中进行访谈；另外，本研究还搜集了新疆林业厅、统计局、中央农业部全国草原监测报告等相关资料（张新华、吴娟，2019：108）。

2015年，新源县有乡村户数4.17万户，人口数21.20万人，其中牧业户数7964户，牧业人口3.98万人。该县有天然草场838.40万亩，其中可利用草场为688.91万亩（包括团场9.5万亩）。近些年来，因为超载放牧、虫鼠危害等原因，造成天然草场出现不同程度的退化，其中轻度退化面积为489.11万亩，重度退化面积为137.79万亩（张新华、吴娟，2019：109）。

调查结果显示，新源县在草原生态保护补助奖励政策实施后，草原生态不断改善，草原载畜量逐步减少，总体上呈增加态势，同时，多数牧户认为该政策实施后生活水平降低，提出了生态补偿标准偏低的状况。

三、结构因素与行动因素的双向建构：
制度与行动者的博弈

吉登斯在解释"人与社会关系"的基本问题时，放弃了传统的二元对立的传统理论解释，试图发现个体主观行动与宏观制度结构之间的内在联系，开创性地构建起"结构二重性"解释框架。"结构"作为结构化理论的核心概

念，被吉登斯赋予了特殊的意义。他指出："结构即特定的时空条件下，社会再生产中不断涉及的规则与资源。"而结构二重性则体现为：一方面，个体的主观行动建构了社会结构；另一方面，社会结构又反过来作用于社会行动，成为人类行动建构的中介条件。这种社会结构反复地生产和再生产，就是结构化的过程（吉登斯，1998：89—92）。

（一）结构制约行动

1. 规则制约行动

在社会学研究中，社会结构对于社会组织的作用主要体现为社会制度的基本成分之间有组织的关系，这些制度为人类社会行为提供了框架。具体而言，这些制度既包括规范性的政治、经济、法律等正式制度，同时也包含非正式制度，它们为行动者建立起行动的界限和原则，通过界定社会行动的合法性，制约个体行动选择，从而实现对行动者及其行动策略的塑造（吉登斯，1998：93）。

（1）正式制度

新源县两轮草原生态保护的一系列行动主要是依据国务院《关于促进牧区又好又快发展的若干意见》、国务院2015年《关于加快推进生态文明建设的意见》、2016年中央一号文件《关于落实发展新理念加快农业现代化实现全面小康目标的若干意见》等文件开展的。其中包含禁牧补助政策、草畜平衡奖励政策、生产资料综合补贴政策、牧草良种补贴政策以及绩效考核奖励政策。

禁牧补助政策规定新源县牧民不能在生态脆弱敏感区、水涵养区、严重退化区和畜牧业发展的饲草源补充区进行放牧，其中禁牧60万亩，涉及牧民1054户0.66万人，水源涵养区补贴50元/亩·每年，其余为5.5元/亩·每年，各乡镇人民政府作为政策执行的第一责任单位，负责辖区内禁牧工作的有序开展，并且有责任妥善安置牧民及其牲畜（张新华、吴娟，2019：241）。

草畜平衡奖励政策根据《自治区不同草地类型载畜量核定标准》，规定了牧民每家每户允许放牧的数量，各乡镇政府则核算不同草地类型载畜量，划定草畜平衡区，加强草畜平衡管理（张新华、吴娟，2019：42），新源县各乡镇主要牧道和片区草原设立草畜平衡核查站14个,落实了工作经费,健全了工作职责。

生产资料综合补贴政策与牧草良种补贴政策敦促各乡镇政府解决牧民草料补给问题,新源县大力推进饲草料基地建设,2011—2015年从阿勒玛勒乡至那拉提218国道沿线建立3万亩的优质饲草料基地,年产干草1.8万吨,解决了禁牧区牧民舍饲草料不足的难题,另外对8163户牧民进行生产资料综合补助,补助标准为500元/亩·每年;牧草良种补贴标准为10元/亩·每年,补贴以一卡通形式兑现(张新华、吴娟,2019:241)。

绩效考核奖励政策实际上是激励各乡镇政府落实好草原生态保护主体责任,新源县在具体工作中,建立县、乡镇场、村义务监督员制度和群众举报制度,形成三级监督网络。要将惠农政策的落实与乡镇场和村干部的工资报酬挂钩、岗位绩效考评挂钩、评先评优挂钩,并对工作成绩突出的地区给予资金奖励,统筹用作草原生态保护建设和畜牧业发展,由此倒逼各乡镇政府有序执行相关政策。在这些宏观制度下,各乡镇政府与牧民的行动面临着广泛的制度约束,迫使其不得不将行动策略建立在宏观制度的基础上。

(2)非正式制度

草原生态保护涉及牧民生活保障,因而得到广大牧民的关注,因此,来自社会认同的制约会迫使地方政府和开发商选择符合社会期待、被"普遍接受"的行动策略,同时,牧民也会采取被社会"普遍接受"的行动策略。长久以来,社会对于基层政府的社会期待是:公共产品和公共服务的提供者、利益冲突的协调者、公平正义的维护者,以及处于弱势地位的牧民权益的保护者(曹方源,2018)。地方政府的行动需要满足社会期待,获取其赖以生存的合法性基础;社会对于公民的期待则是遵纪守法的行动者,在这样的期待下,新源县各乡镇政府在实施政策的过程中,不得不考虑到辖区内牧民的特殊性,既要有序开展草原生态保护行动,又要兼顾当地牧民的需求。新源县结合实际情况,将禁牧区60岁以上老人全部纳入到农村养老保险中,每人每月最低享受补贴55元,每人每年660元,其中部分60以上老人享受"三老人员"的待遇,每人每年2100元;将辖区贫困户纳入低保,每户每年540元;打通就业渠道,拓展就业空间,加强对年轻牧民的培训，通过劳动转移重新就业，总之，新源县协调了民政、工商、税务、金融、社保等部门，多管齐下，共同解决草原生态保护行动中牧民的生活问题。新源县牧民在社会期待以及对草原的热爱下，自觉、主动参与到生态保护补助政策实施过程中来（张新华、吴娟，2019：244）。

2. 资源推动制度的运行

2011—2015 年，草原生态奖补政策中央投资 763.644 亿元（中华人民共和国农业部，2017：7），新疆总计获得 190308.2 万元（见表 1）；2016 年，新疆根据国家草原生态保护补助奖励政策精神，开展新一轮奖补，2016—2020 年，新疆年均获得补助奖励 247725 元，五年累积获得补助奖励资金 1238625 元（见表 2）。雄厚的政策资金资源是推动草原生态保护补助奖励政策顺利实施的保证，新源县整合政策资金，以新疆工作座谈会为契机，紧紧抓住江苏省扬州市对口支援新疆这一大好机遇，根据"十二五"规划中"七个结合"的要求，将援疆资金、定居兴牧、牧区水利、防灾减灾等有机结合，通过资金捆绑、项目整合，实现投入资金的效益最大化，促使广大牧民增收以及畜牧业经济协调发展，由此解决了牧民最为关注的经济利益问题，最终推动制度顺利实施（张新华、吴娟，2019：42-45）。

表1　2011—2015 年新疆草原生态保护补助奖励机制

项目		面积（户数）	补奖标准（元/公顷或元/户）	金额（万元）
禁牧补助面积	荒漠类草原	787.33 万公顷	82.5 元/公顷	64955
	2007—2010 年退牧还草禁牧区	212.67 万公顷	82.5 元/公顷	17545
	重要水源涵养区和草地类自然保护区	10 万公顷	750 元/公顷	7500
草畜平衡奖励		3590 万公顷	22.5 元/公顷	80775
牧草良种补贴		38.53 万公顷	150 元/公顷	5780
生产资料综合补贴		27.5064*104	500 元/户	13753.2
合计				190308.2

资料来源：《新疆草原生态补偿问题研究》

表 2　新疆第二轮草原生态保护补助奖励情况[①]

项　目		补助奖励规模（万公顷）	补助奖励标准（元/公顷）	补助奖励金额（万元）
禁牧补助（1000.67万公顷）	严重退化区草原	966.67	90	87000.3
	重要水源涵养区	34.00	750	25500
草畜平衡奖励		3606.00	37.5	135225
合计		4606.67		247725.3

3. 规则制约下的结构困境

我国的草原生态保护补助政策经历了漫长的演变，且仍然处在持续完善的过程当中，以此为基础的地方草原奖补政策则因面临着更多具体地区性问题而更加错综复杂，在实践过程中显示出诸多局限，导致制度结构对主体行动的制约能力被削弱。在国家行政体制深化改革的宏观社会背景之下，地方政府行动手段受到来自法律以及行政问责等制度的约束，但另一方面，又受到来自上级激励制度的影响而追求经济的快速发展，具体体现为以下方面：

首先，征占用草原审批程序不规范。《草原法》对征占用草原审批程序作出明确规定，征占用草原必须经由草原行政主管部门审核同意，才能到土地管理部门办理征占手续。但多年来，新源县由于权属确认存在差异等影响，一些工程建设项目在办理征占用草原手续时，并未经由草原行政主管部门的审核，而是直接进入土地管理部门办理手续，这种不合规范的现象，使得草原行政执法部门在落实草原奖补政策过程中受阻，如果强行执法，势必会造成更大的经济损失和不良社会影响（张新华、吴娟，2019：253）。由此，以往的不合规的征占用草原手续与现行政策的推行发生了冲突。

其次，草原确权工作不完善。新源县草原使用者需要持有草原使用证，1994年在开展延长1989年颁发的草原使用证使用年限时，由于当时此项工作由各乡镇、村队负责开展，相当一部分乡镇、村队利用此时机对村队所属的机动草场、配种站等集体草场颁布了草场承包合同书，但是对于1989

---

① 张新华等。新疆草原生态补偿问题研究［M］．北京：中国言实出版社，2020：2.

年划分的草场的合同书重复发放的情况也出现了,导致了有证而无地的情况发生;同时,林业生态建设工程还占用了一部分荒漠草原草场和荒漠类草场,并划定为生态公益林,林草双重权属也出现在新源县的发展面前(张新华、吴娟,2019:253)。由此,以往划定的草原归属对当前草原生态保护补助奖励政策的推行造成了一定程度的阻碍。

再次,草原奖补政策奖补标准不合理。随着当今物价水平的飞涨,过低的补助奖励标准显然已经不能满足牧民生活的需要,使得牧民对于自身草场资源更为不舍,更容易出现抵抗情绪,而这势必会影响到草原生态保护补助奖励政策的顺利推行。

最后,合法性制约与激励制度的张力。地区经济的发展,是一个地区政府行动的动力源泉。新源县草原面积广大,受到经济利益的驱使,非法开垦草原、非法采挖野生药用植物、无证人员抢牧、部分企业无证无序开采的乱象时有发生,这些问题显然是不合规定的,但同时地方政府因为利益的获取,会出现默许即政府也许会选择突破合法性制约,而追求经济利益。

(二)行动重塑结构

在吉登斯看来,社会行动不是单一的机械行动的总和,而是一种延绵持续的行动流,一种行动者不间断地监控并理性化的过程,强调主体的能动性及其行动的主观性。在草原生态保护补助奖励政策实施的过程中,牧民与各级政府以及相关执行部门是行动者,各自秉持自己的行动策略,并最终对结构产生一种调节与重塑的作用(吉登斯,1998:65)。

从牧民的角度来看,作为公民,为了更好地融入到社会生活中,他不得不履行遵纪守法的义务,即包括但不限于尊重宪法和法律:遵循国家法律法规,了解并遵守所在国家和地区的宪法、法律、法规及行政规章,草原生态保护补助奖励政策是依照国家颁布的相关法律法规出台的,因而一定程度上,牧民的有序配合促使着该政策的推行与完善。另外,从经济学上讲,每一个从事经济活动的人都是利己的。也可以说,每一个从事经济活动的人所采取的经济行为都是力图以自己的最小经济代价去获得自己的最大经济利益,即利益最大化与风险最小化,成为牧民在行动过程中的策略，在这一策略的指导下，新源县的牧民发现，自己的草场在被禁牧或者要求减少牲畜的同时，自己所获得的补偿和奖励，并没挽回自己的损失，失去草场的牧民，生活来源得不到保障，从而为社会安定增添了不稳定性因素。由此，倒逼新源县各级政府积极畅通就业渠道，与本地企业联动，对接企业需求，将青壮年牧民输送到工厂中工作，鼓励牧民再就业。同时积极开发当地旅游资源，扶持牧民创业，提供各类税收贷款的优惠政策，尽量不损伤牧民的利益。可以看到，牧民的行动策略对结构的调整是具有明显作用的，政策的改动都是牧民行动策略成功的体现，是行动者对社会制度的重塑。

四、新源县草原生态保护补助奖励政策的建议

（一）认真学习相关政策法规，做好宣传工作

认真学习和深刻领会国家草原生态补奖机制政策，积极做好草原生态环境摸底调查，规划工作：禁牧补助、草畜平衡奖励和牧民生产资料补贴资金的发放工作，切实保障广大牧民的利益，发挥奖励政策在保护草原生态环境方面的作用。进一步加强草原法律法规的宣传力度。在牧业村，活畜市场、巴扎等场所，结合牧场核定载畜量工作大力宣传，力争宣传面达到95%以上，做到每户牧民有一本草原法宣传手册，每个草原监理员有一本草原执法工作手册。

（二）彻底清查草原使用证，力争群众满意

在全面完成新源县各乡镇草原使用证清查的收尾、换证、总结工作的基础上，完成全县的草原使用证清查工作，换证率达到95%。要精准完成草原使用证和承包合同书的清查工作，全面做好草畜平衡管理工作，根据每户用GPS确定的经纬度面积，核定标准载畜量，超载部分一律出售，遏制草原退化，保护美丽家园，使得新源县真正成为草原明珠，草原资源能够永续使用，造福于社会，为畜牧业可持续发展保驾护航（张新华、吴娟，2019：255）。

（三）加强草原资源管理工作，合法合规开发利用

随着新源县旅游事业的蓬勃发展，旅游业对草原开发的需求日趋旺盛，为打造那拉提"世界级旅游精品"，建设新源县生态环境保护长效机制，为那拉提旅游事业的发展建设做好协调工作。另外，要加强野生药用植物管理，加强保护和监督管理力度，成立专项小组，打击我县境内在草原上非法采挖和收购野生药用植物的单位和个人，切实保护好草原药用植物资源的永续利用（张新华、吴娟，2019：255—256）。

（四）加大各项资金投入，补齐工作短板

一是进一步壮大草原监理队伍人员，加大这部分人员配套资金投入，改善监理人员制服、通信、监测设备。二是由于新源县天然草原多为偏远山区，交通工具严重不足，建议上级将交通工具纳入补贴中，加大草原围栏建设资金投入力度，减轻地方财政以及牧民压力，促进牧民保护天然牧场，提高牧草良种补贴标准，从而促进牧民种植牧草的积极性（张新华、吴娟，2019：258）。

文化权力下的鼓楼
——以芋头古侗寨为案例

陈欣茹　陈　萌　吉首大学

摘　要：侗族村落空间的鼓楼建设涵盖了地方文化内涵、族群关系、历史进程和社会结构，在鼓楼的创建和使用中，内在运行的权力是侗族文化。湖南省通道县芋头古侗寨内的芦笙鼓楼作为侗族塔式鼓楼建筑的代表，从构思到落成都体现了"无寨不鼓楼""侗族文化就是鼓楼文化"的观念，正是文化的模塑下造就了芦笙鼓楼，文化又使鼓楼成为侗族的权威与象征，鼓楼下的社会交往才会经久不衰。

关键词：鼓楼；空间；权力

引　言

　　侗族是我国少数民族中文化较为发达的民族之一，其聚居区主要分布在贵州、广西、湖南三省毗邻的区域以及湖北省的西南部。以贵州锦屏县清水江一带为界，按照地理位置的南部分布，以及语言文化特征将侗族分为"北部侗族"和"南部侗族"。北部侗族受汉文化的影响较深，南部侗族更多的保留了本民族的传统文化。侗族有独特的民族语言（无文字）、节日仪式，血缘和地缘相结合的社会组织形式，自然崇拜、祖先崇拜的精神信仰，这些非物质文化在侗族的传统建筑空间中得以展现。本文的田野调查地点位于湖南省通道县双江镇芋头村，是南部侗族聚居区，受汉文化影响较弱，位于相对封闭的地区，和异民族文化交流较少，保留了传统的侗族文化体系。鼓楼是侗族生产生活的载体，是侗族自身民族文化认同的场所，是侗族传统文化符号和文化象征。芋头村的建筑遗产以鼓楼为代表，有着侗族典型的塔式鼓楼是在文化模塑下营造而成，在鼓楼这个空间中也衍生了许多文化事项。

一、文献回顾

关于侗族鼓楼的研究，国外的鼓楼研究只有日本人类学家鸟居龙藏发表了《从人类学上看中国西南》，日本铁木真电视也曾拍摄过一部关于鼓楼的纪录片《生活在古老大树下的民族》。但是目前西方学者还没有涉足鼓楼的研究。国内关于侗族鼓楼的研究则主要分为以下几个方面：1.侗族鼓楼的文化内涵与功能；2.侗族鼓楼的文化象征与意义；3.侗族鼓楼的结构与建筑；4.侗族鼓楼的文化景观。

从目前的研究成果来看，学界对于侗族鼓楼的学术探讨，大多是从鼓楼的外部形态和建筑结构、鼓楼的功能和作用，以及将鼓楼作为文化景观进行讨论；针对文化层面则是结合文化内涵、文化符号以及文化传承研究鼓楼，或者围绕文化空间、围绕"聚落"的层面进行研究。笔者在对侗族鼓楼进行田野调查时，亲自采访了侗族鼓楼的建设过程和鼓楼的日常功能，表面看来，鼓楼的建设是国家权力和地方权力影响下建设而成，也有学者分析鼓楼运行的权力机制是美国人类学家罗伯特·雷德菲尔德（Robert Redfield）提出的大传统与小传统之间的关系。笔者从文化的权力的视角来看，研究发现建设鼓楼的内在因素是侗族文化，也正是侗族文化才使得鼓楼发挥相应的功能，才会产生许多文化实践。

二、田野点概况

湖南省通道侗族自治县双江镇芋头村始建于明洪武年间（1368—1398）。位于湖南省通道侗族自治县西南9000米处。全寨182户，该建筑群因山就势，结构造型具有典型的侗族风格，其中鼓楼、门楼、芦笙场、古井、凉亭、萨岁坛、古墓葬群、民居木楼及青石板驿道一应俱全，且保存完好。芋头侗寨是在血缘关系基础上形成的地缘组织。根据地域和血缘关系的划分，芋头侗寨分为独坡片、岑盘、务冲、花寨、细赖、比巴和木冲、务机、中寨寨头、派牙、平凹、邓荡、泥鳅成、高牙、岩上、坎下、粟氏、龙氏等家族。共有四个鼓楼，分别是芦笙鼓楼、太和鼓楼、崖上鼓楼、龙脉鼓楼。最高大的鼓楼是芦笙鼓楼，始建于1829年，后修缮于1993年，位于芋头侗寨的中心位置，不费一钉一铆、全木质建造而成。一共有九层，上五层为八角形，下四层则是四角形，每一层檐边上的图案都各不相同，整体看是传统的宝塔样式。

三、文化模塑下的鼓楼

鼓楼是侗族的文化符号，也是侗族的标志性建筑。正是由于鼓楼与世世代代侗族人的生活息息相关，才成为侗族文化的符号与象征。那么在这个过程中，文化的权力是如何运行的？鲍德里亚提出，物的效用功能并非真基于自身的有用性，而是某种特定社会符号编码的结果。人们修建的是一个物质性空间鼓楼，更是营造一个侗族人民心中的符号。

（一）文化动因：无寨不鼓楼

第一，鼓楼是父系崇拜的象征。文化作为指导人类生存、发展、延续的信息体系，指导了鼓楼的修建，影响了鼓楼的样式。芋头古侗寨的芦笙鼓楼是传统的宝塔样式，塔式鼓楼的样式首次出现于清道光年间，于1980年后大量建造。首先，塔式鼓楼是小型的"天地轴"，有着庇佑村寨的神力，它的立面形态体现了侗族的父系生殖崇拜，其在视觉上有着中心感和对场所空间的控制感。随着塔式鼓楼的不断兴起，这种鼓楼形象在大众心中被强化为一种思维定式，成为侗族建筑的代表，而高耸若塔的鼓楼就成了侗族文化的象征。芋头村的芦笙鼓楼就是典型的以在1980年代兴起的塔式鼓楼形象而重新修缮的，芦笙鼓楼的样式就是文化权力的影响下造就的鼓楼形象。

第二，鼓楼是侗族人民文化实践的重要物理空间。马克思《资本论》分析了空间中的物质生产以及作为人类存在的社会生活的生产。这里所言的物理空间，是物质生产的器皿和媒介。鼓楼作为侗族的物理空间，拥有独特的文化功能和文化实践，诸如示警、仪式、烤火、休息、庆祝节日等。

鼓楼是侗族社会生产的物理空间，比如纺纱、织布、织侗锦。鼓楼是进行侗族文化交往的物理空间，侗族人民在鼓楼里吹芦笙、唱侗族大歌，欢庆节日。鼓楼还是进行侗族敬老爱老的物理空间，芋头侗族人民时常鼓楼里面聚会做饭，并请来附近的老人一起分享。实地调查中，据当地村民杨姐说："我们有空的时候，或者周末，就会来这里炒一点饭、煮一些粥给大家吃，不论老少，想吃的都可以来啊，你们也可以来呀。"[①]访谈发现，鼓楼既是侗族人民团结的象征，又是侗族人民团结的载体。其他的村民时不时也会在芦笙鼓楼里通过分享美食的方式分享喜悦，这种方式增强了侗族人民的凝聚力。当地保留了传统的侗族品格：勤劳、善良、热情、好客。

第三，鼓楼是侗寨经济和资源的象征。鼓楼一直以来都代表着村寨的经济实力和人力资源，而崇高的鼓楼更是赋予村民荣誉感。这一"无寨不鼓楼"的理念凸显了修建鼓楼在塑造和展示村寨地位方面的关键作用。缺乏鼓楼的侗族寨子将失去获取更多资源的机会，进而导致村民在权力互动中处于被动地位。

第四，鼓楼是侗族人民集体意识的符号，侗族人民的性格特征多为勤劳勇敢、互帮互助、团结协作，这是侗族人民多年以来的行为准则和优秀民族精神。杜尔干认为集体意识是某一特定社会的大多数人所接受的共同信仰和感觉，构成具有自己本身的生活的一定体系。鼓楼这个空间具有能动性，所展现的集体意识就是侗族人民的精神。鼓楼是他们强化这种集体意识的媒介，侗族崇尚共同体观念，认为集体高于个人，这种意识支撑着侗族绵延壮大、生生不息，也维系了侗族的社会稳定与和谐。

鼓楼是侗族的文化载体、文化象征，体现了侗族的父系崇拜，包含着丰富的文化实践。鼓楼是侗族的权威，无鼓楼则无权威，鼓楼是侗族的文化符号，鼓楼是侗族人民精神的展示，也是凝聚侗族精神的空间，这个空间和村民的日常生活息息相关，文化的权力则是鼓楼修建的关键动因，侗族人民创造了文化，也被文化所创造，在文化的驱使下，芦笙塔式鼓楼的形象得以确立。

---

① 摘录于芋头村田野调查访谈，访谈对象：杨姐，32岁，芋头村村民。

（二）文化观念：未修村寨，先立鼓楼

"未修村寨，先立鼓楼"乃是侗族村寨建设规划的理念，芋头侗寨同样秉持此信念。芦笙鼓楼作为村民集体活动的核心和指引，统领着整个村寨。芦笙鼓楼的建设始于清道光九年（1829），在开始修建时，村民们首先选择了一个位置，兴建了最高的芦笙鼓楼，借此展示了村寨的威严。然后，以芦笙鼓楼为中心，逐步增设周围的民居建筑，并配备了相应的基础设施。芋头侗寨分为四个片区，这四个片区分别以当初建造的四座鼓楼为中心，先行修建鼓楼，然后再进行其他设施的建设。其中，龙脉鼓楼由龙姓宗族发起，芋头村寨起初只有杨姓族人。随着婚姻联姻和招婿习俗的发展，龙氏家族也成了当地的一支宗族。乾隆四十二年（1777），龙氏的先辈们建造了龙脉鼓楼。在这四座鼓楼中，芦笙鼓楼以其显著的高度脱颖而出，而其余的三座则为较小的鼓楼，共同构成了芋头侗寨丰富多彩的文化景观。根据列斐伏尔的空间理论，不同的文化赋予空间不同的意义，而空间对生活在其中的人的重要性也会因此而异。这种重要性的差异体现在水平的"中心—边缘"和垂直的"高—低"之间。不同空间之间的对比会导致个别空间的优越性和边缘性，因此，位于片区中心的芦笙鼓楼对于村寨具有更为重要的意义，而边缘和较低的鼓楼对于芋头侗寨的意义则相对次要。文化的观念使得侗族"未修村寨，先立鼓楼"，就是文化的权力。

首先，根据侗族的风水原则可以确定鼓楼的具体位置。尽管鼓楼选址通常位于村寨的中心地带，但具体的位置却是由当地风水先生来决定的。在芋头侗寨，风水先生是一位姓杨的老人，他根据风水原理来确定鼓楼、宗祠甚至墓葬的位置。在杨爷爷家中，还保存着一些风水书籍。由于当地的村民主要是老年人，他们非常信奉这位风水先生，将风水知识视为侗族先辈留下的智慧，相信这能够保障村寨的平安。芋头侗寨一家小卖店的老板表示："不听风水先生的判断，是会出大事的。"[①] 风水是信仰文化的一部分，由风水原则确定鼓楼的位置，就是文化的权力，而风水先生则因为具有看风水的能力，在建筑的选址上拥有了权威和话语权。

在风水先生选定了合适的位置后，芋头村的寨老便率领村民集资修建

[①] 摘录于芋头村田野调查访谈，访谈对象：杨某，男，45 岁，芦笙鼓楼旁商店老板。

鼓楼。寨老通常是侗族的族姓或村寨具有威望的长者。他们的职责包括公益事业、调解日常纠纷、代表本寨与外界建立联系等。在修建芦笙鼓楼的过程中，各个家族的寨老扮演重要角色。寨老会议是当地最高的决策机构，他们是各家族中最受尊重的族长和领袖，他们共同决定着整个村寨的事务。寨老们通常在旧鼓楼内举行会议，计算修建鼓楼所需的资金，并制定预算。随后，他们通知每家每户参与资金每户家庭平摊费用。此外，为了修建鼓楼所需的木材也由村民共同筹集。根据计算，每家户需要贡献三根木材。

鼓楼的建设过程中，每家每户都会派出一人参与劳动。将村民分成几个组，中青年男性主要从事体力劳动，比如搬运材料、切割木材等；妇女则参与轻松的工作，比如帮助挑水和运送瓦片；而老年人则专门负责管理材料。涂尔干的"有机团结"理论中就提到"劳动愈加分化，个人的活动也愈加专门化，但成员通过分工合作相互连接在了一起"。芦笙鼓楼的分工合作体现了一种有机的团结。通过这种分工合作，村民们变得更加紧密团结，形成了强烈的集体意识。因此，在没有实质性报酬的前提下，他们都愿意参与芦笙鼓楼的建设。侗族的集体意识促使侗族人民精诚团结、齐心协力。有机团结的文化指导了人们的行为，鼓楼的形象又代表村寨的形象，所以侗族人民们都乐意出资修建和参与劳动。

四、文化权力下的社会交往

鼓楼建成以后，作为村寨的中心，侗族是一个团结的集体，所以他们的社会交往分为人际交往和村际交往。村内的侗族人民在鼓楼内社会交往，团寨与团寨之间的互相做客、婚嫁是村际交往。"人是悬挂在自我编织的意义之网上的动物"，而"文化便是这种意义之网"。侗族人民利用自己的文化创造了鼓楼，使鼓楼具有相应的文化意义，因此，鼓楼又成了承载文化和社会交往的重要空间。

（一）芦笙鼓楼的人际交往

马克思《资本论》分析了空间中的物质生产以及作为人类存在的社会生活的生产。这里所言的物理空间，是物质生产的器皿和媒介。鼓楼这个空间作为物理空间能够建构其丰富的物质基础,而除了物质基础以外,鼓楼中的人可以在鼓楼内进行社会活动,也就是亨利·列斐伏尔"空间生产"理论中的空间实践,空间实践就是空间化的社会活动,任何时代变迁和环境演变均在空间重构中留下印记。黄应贵指出空间具有形塑人们生活的力,有文化的空间则具有指导人们生活的力,侗族的劳作文化和集体意识形塑了芦笙鼓楼休憩娱乐的功能。在芦笙鼓楼,村民们每天早晨七八点劳作归来,会在鼓楼休息聊天,鼓楼里的围成正方形的长凳上,刚好方便村民躺下休息,等到8点半左右,家里的早饭烧好了,村民就回家吃饭。吃完饭以后,女人们来到鼓楼纺纱织布,男人们打牌娱乐。除了日常生活娱乐外,鼓楼在过去是执行规约和军事防御的场所。鼓楼一天之内都是有人在里面活动的,人们的潜意识里就认为应该坐鼓楼。

(二)芦笙鼓楼的村际交往

在过去,侗族经常会有动乱发生,侗族村寨为了维护本村的安全,临近的村寨就会联合起来,一起抵御外敌,并制定"款"约。"款"组织产生于宋代,到明代,"款"组织充分完善,有着严密的规定,有着明确的疆界。"款"组织是一种村寨与村寨之间的联盟组织,鼓楼就是配合侗款实施的空间,也是一个个小款的标志。[①] 同一个"款区"内的寨子都会在山坳上设置"堂炮",通过鸣炮报信,各个村寨便会鸣炮回应,然后在鼓楼击鼓聚众,其余村寨就会派人驰援芊头村。这就是在通信工具不发达的年代,"款"内抵御外敌的方式。正是这样,芊头村和周边村寨成了一个共同体,成为小款组织,其内部事务,均以款约制度约束。芦笙鼓楼在这个过程中也充当了重要的角色,过去的芦笙鼓楼里是有鼓的,芦笙鼓楼位于村寨的中轴线的中心位置,一旦敲响,就能以最快的速度聚集村民,鼓楼以及鼓声在村民心中有神圣性和权威性,这是鼓楼的权威。

随着时代的发展,鼓楼里不再有鼓,款组织的作用主要是用于解决村寨间的矛盾和冲突,芦笙鼓楼就是解决纠纷的决断场所。芦笙鼓楼维护了芊头村的安定团结,也维护了日常的生产生活,村际之间的交往除了维护

---

① 摘录于芊头村田野调查访谈,访谈对象:杨某,男,65岁,原芊头村村委书记。

安全、解决纠纷，也会通过交往换取需要的资源，芋头村过去经常会和山下的红香村互换物质资源。但是在这个过程中，本村寨需要树立自身权威，向其他村寨展示自己的实力强大，而鼓楼就是自身实力的重要体现。

芦笙鼓楼在芋头村的社会交往中扮演着重要的角色，承载着许多文化事实，这些文化事实中透露着侗族鼓楼的权威性、侗款的权威性、寨老的权威性等，这些权力的体现都是以鼓楼为载体。在鼓楼下的日常生活中，可以看到大多是男人在鼓楼待的时间长，早期侗族是母系社会，后发展为父系社会，鼓楼就是这个转变中的产物，也是"男性"的象征。一个村寨修一座大鼓楼，是侗族地缘阶段的象征，一个家族修建一座鼓楼，这是血缘阶段的象征，芦笙鼓楼是芋头村的象征，龙脉鼓楼则是龙姓房族的象征，它们都是权威的象征。芋头村村内交往和村际交往，鼓楼功能在历史中的发展，侗款在社会发展中的变化等等，这些都围绕着鼓楼展开，围绕着符号的权威有序运转。鼓楼就是侗族权力和文化的核心符号，也是芋头村的族群标志，是区分其他族群的边界。这就是流传出"只有在鼓楼中长大，才能算作侗族人""侗族文化就是鼓楼文化"这些俗语的原因之一。

五、结　语

本文以芋头古侗寨为案例，通过分析鼓楼修建前、修建时已经建成后围绕其发生的一系列文化事实，探究鼓楼运行的内在逻辑。研究发现，侗族鼓楼代表了侗族文化，无鼓楼则无侗寨，鼓楼是侗寨的文化象征符号，当地村民在文化的权力下创造了芦笙鼓楼，并在鼓楼中进行社会交往。侗族鼓楼不仅是文化创造出来的，而且承载着厚重的侗族民族精神，成了文化的载体。

在现代化的影响下，芋头古侗寨也步入了消费社会，成了保留较多侗寨传统文化的景区。鼓楼作为侗族的象征建筑，成了游客的聚集地，也衍生出了新的功能，在芦笙鼓楼里售卖芦制品、芋头高山茶叶、当地蜂蜜等各种产品。这使得鼓楼不仅具备了基本的休闲娱乐、观赏游览、社群集会等功能，还增加了经济价值。在旅游文化的权力影响下，芦笙鼓楼从传统文化的象征演变为商业活动的场所。芋头古侗寨虽然被打造成了旅游景点，但是仍然保留了传统的侗族文化，在现代资本进入侗寨时，不仅没有完全地去地方化，而是在对原来地方意义的解构中产生出新的地方意义的过程。这也是芋头古侗寨鼓楼文化保存完好的重要原因。在芋头古侗寨，无寨不鼓楼，侗寨鼓楼文化的传承，也是吸引众多游客前来的重要因素。保留传统文化，挖掘地方文化资源，从地方文化中解构新的文化意义，不失为打造民族传统村落的良策。

文化生态视角下河北宣化城市传统葡萄园农业文化遗产的保护传承研究

李　芳　北京理工大学
周　鼎　学苑出版社

2013年，宣化城市传统葡萄园被联合国粮农组织评选为全球重要农业文化遗产列入保护名录，它不仅是全球重要农业文化遗产，也是中国重要农业文化遗产保护地，还是全球唯一的城市传统葡萄园。有着近千年葡萄种植历史的宣化积淀了悠久深厚的葡萄文化，展现了宣化人的勤劳智慧和长期与自然共生发展的辛勤努力。随着社会的不断发展，宣化城市传统葡萄园经历了一个功能演变的过程，从最初作为栽植于房前屋后，供人们自食、乘凉、观赏用，转变为以独特漏斗架式的培植景观，成为城市旅游观光的宝贵资源。本文以河北宣化城市传统葡萄园的田野调查为基础，结合人类学参与观察与深度访谈方法，探讨宣化城市传统葡萄园发展的现状，以期寻找农业文化遗产保护的新思路。

一、河北宣化城市传统葡萄园的田野考察

（一）河北宣化城市传统葡萄园田野考察概述

宣化位于河北省西北部，张家口东南30千米，地处燕山山脉边缘，东临京津、西接晋蒙，是华北平原与内蒙古高原的交汇之地，素有"京西第一府"之称。宣化特殊的地理环境、独特的种植方法以及悠久的历史文化，孕育了宣化的葡萄文化。笔者最近一次考察的地点是位于宣化古城内广陵门

西侧的莲花葡萄小镇，又叫观后村葡萄小镇。该葡萄园占地500多亩，园内至今生长着一株600多年的老葡萄藤。据资料记载，宣化城市传统葡萄种植始于唐代，通过"丝绸之路"从古西域大宛国引进，经当地果农世代精心栽种繁衍至今，至今已有1300多年的种植史。1993年，在宣化区下八里村第7号辽墓中发现了葡萄等水果①，是我国唯一一例古代葡萄实例，而在墓葬墙角的一个密封釉瓶中，考古工作者还发现了红色液体，经鉴定，正是葡萄酒。这一发现，改变了中国葡萄酒酿造一直仅见于文献而不见实物的状况，填补了中国葡萄酒发展史的空白。在此次调查中，笔者还专门走访了春光乡、河子西乡、侯家庙乡等地的多位果农，并调查了几种不同品种的宣化葡萄，其中以宣化牛奶葡萄最为著名，鲜果以皮薄、肉脆、多汁、皮可剥离而闻名，素有"刀切牛奶不流汁"之美誉，并于2007年进入"国家地理标志保护产品名单"。2021年，宣化地区的葡萄种植面积仅存1000亩。

（二）河北宣化城市传统葡萄园的典型特征

宣化城市传统葡萄的种植采用传统漏斗架葡萄种植方式，种植中心的定植圆合坑有2米宽、1.4米深，架面呈圆弧形30°倾斜向各个方向伸展，各级枝蔓呈扇形分布在圆形架上，因其架式内方外圆、呈放射状的漏斗形而得名，其特色鲜明且占地面积小，具有聚水、聚光、聚肥、防风、抗寒的特点，属集约式土地利用与缺水、缺土、风沙大、架材资源缺乏的自然条件相互作用的过程与产物，是宣化人独有的与自然环境的协同发展的智慧体现。宣化的传统葡萄园属于庭院农业，葡萄架下会种植大量蔬菜、瓜果、部分农作物以及花卉等，葡萄的种植采摘与农户的日常生活融为一体、相得益彰，具有独特的城市农业景观特性，"清远楼下两天地，半城瓦舍半城绿"是对宣化古城独特景致的完美诠释，呈现着生物多样性和多层次的立体人文景观特征。时至今日，宣化古城里还有200多户果农，依旧守护和传承着这片古老的葡萄园。

---

① 郑绍宗.河北宣化辽墓壁画茶道图的研究［J］.农业考古.1994（2）.

（三）河北宣化城市传统葡萄园的栽培方式

宣化城市传统葡萄园的果农们积累了一套传统栽培管理技术，涵盖苗期管理、生长期和休眠期管理、采摘及贮藏全过程。

1. 苗期管理：宣化传统葡萄园多以扦插育苗，包括插条剪截、催根发育、育苗浇水三个过程。

2. 生长期和休眠期管理：生长期夏季修剪葡萄新梢，包括抹芽和疏枝、结果枝摘心、副梢控制、剪梢和掐花序尖等。休眠期冬剪多在11月至次年2月，需要注意短截更新，防止结果部位外移早衰。

3. 采摘及贮藏：宣化传统葡萄园采收期较为集中，为提高果实品质，采前一个月要施磷肥、钾肥，采收时用剪刀剪下果穗，然后通过降温降低入贮葡萄的乙烯释放以便贮藏。

二、河北宣化城市传统葡萄园的发展现状

（一）形态局部保留

随着棚户区的改造、外环路的建设，以及京张高铁等重点项目的实施，2018年以后，大片传统葡萄园受土地征占冲击，造成葡萄种植面积锐减。经调查了解，宣化区葡萄种植区主要集中在观后村、大北村、盆窑村3个城中村，以及陈家庄城市近郊村。而观后村传统葡萄园目前仅有300亩、陈家庄村有近200亩，已被宣化区政府刚性规划为永久性核心保护区，成为宣化城市传统葡萄园传承保护的最后一方阵地，同时这也保留了传统葡萄园景观和农户的传统生产生活方式，以便开展采摘、观赏、休闲等为主的生产、文化活动，促进宣化城市传统葡萄园农业文化遗产更好地发展。

（二）功能变迁

据调查了解，张家口全市鲜食葡萄注册商标有20多个，以怀来县的"三道湾""李官营""甜沙洼""王家湾""北国葡缘""众诚丰禾庄园""暖泉"和涿鹿县的"轩辕秋紫""北国明珠""塞北明珠""上三村""鹰牌"等

为主。宣化葡萄与怀来葡萄和涿鹿葡萄相比，后两者分别认定为中国、省级特色农产品优势区，而宣化牛奶葡萄具有"双地标"认定，并有"全球重要农业文化遗产""生态原产地"等区域公用品牌标识。但宣化葡萄一方面由于葡萄产业集聚度不高，市场化组织化程度较低，葡萄园的经济效益偏低，当地人经营葡萄园的积极性不高，导致其虽然已形成一定的品牌优势，但仍不足以与怀涿葡萄相比。另一方面由于葡萄种植技术管理不到位，产学研之间联系不够紧密，大量年轻人外出经商务工，本地劳动力数量减少，宣化葡萄的种植户大多为零散种植户，缺乏相应的技术指导，没有规范操作和标准化意识，葡萄种植高成本、低机械化以及营销渠道的匮乏也阻碍了宣化葡萄产业的发展。

（三）文化演变

旅游开发是当今时代背景下解决农业文化遗产保护问题与经济发展问题之间矛盾的重要措施。[①]据了解，宣化区与上海秦森园林股份有限公司合作，投资了20亿元，打造了遗产地核心区观后村的"莲花葡萄小镇"。笔者调查的观后村数百亩葡萄园已全部改建成观光园，旅游农家院有几十户之多，通过旅游带动的葡萄种植户年均收入超万元，周边几个村庄也充分利用漏斗架式宣化牛奶葡萄和城市传统葡萄园的品牌宣传影响力，先后发展起葡萄种植。"莲花葡萄小镇"一期的小镇广场、传统葡萄园游廊工程已完工，二期将打造以商业街、餐饮住宿为主的业态形式，项目建成后，将实现宣化城市传统葡萄园农业文化遗产在传承中保护、在保护中发展的目的，为当地果农带来持续长久的利益和实惠，进而实现宣化城市传统葡萄园传承保护与休闲观光、农事体验、文化交流等文旅产业结合的长久发展战略目标。

三、文化生态视角下对河北宣化城市传统葡萄园保护与传承

在人类学研究中，"文化生态学"最早是由斯图尔德（Julian H. Steward）

---

① 殷志华，刘庆友. 太湖地区稻作文化遗产保护与旅游开发研究[J]. 中国农史，2014（5）.

在其1955年出版的《文化变迁的理论：多线进化论的方法论》中首次提出的。在他看来，文化生态学是专门研究气候、土地、自然资源等自然条件与技术、经济、劳力等文化因素之间的互动关系所造成的不同文化之异同和变化的一项方法论上的工具。通过对之前各个学派的理论整合，斯图尔德认为多线演化的根本假设是文化变迁存在其相对应的规律，其方法是经验性的而非演绎性的，因此难免聚焦于历史重建的问题，而其关注点在于个别的文化，目的不是要从地方性差异的发现而将参考架构由特殊性转为一般性，只是处理一些在形式、功能与发生序列上为数有限但具有经验上之真实性的平行现象。多线演化承认不同地区的文化传统可能具有完全的、或局部的独特性，虽然它不能顾及普遍性，但却显得无比的具体与精细，所以不存在任何先验的体系或法则，它关心某些文化之间是否存在着任何真正的或有意义的类似之处，以及这些类似之处是否可以归结出来。[1]

2013年宣化城市传统葡萄园被联合国粮农组织评选为全球重要农业文化遗产列入保护名录。作为我国第一个全球重要农业遗产保护试点，宣化葡萄园传统的漏斗架栽培方式，体现出当地人的农作技术特点及文化心理，然而由于社会发展和工业化的进程，宣化城市传统葡萄园的农业栽植性在逐渐衰退，景观旅游价值日益突出，日常赖以生计的葡萄园转化成了具有审美文旅价值的资源，为农业文化遗产的传承发展提供了新契机。

（一）扶持作为地景制作主体的果农

文化生态视角下的农业文化遗产保护不是孤立的、静止的、消极的，而应与人类发展基础上的文化创造结合起来，重视改善遗产地人民的生活，使其最终实现可持续发展的目标。因此，要强化果农的品牌意识，扶持作为地景制作主体的果农，增强葡萄产业的市场竞争力，提升宣化漏斗架式牛奶葡萄、城市传统葡萄园的品牌宣传影响力，加大开发利用程度，增进多方对外合作机遇，促进产业转型。据调查了解，张家口市以市农科院为科研载体，充分利用京津协同发展机遇，与省内外科研院所开展葡萄新品种、新技术的引进、试验、示范，开展种质资源保护工作。依托市、县、

---

[1] 石奕龙.斯图尔德及其文化人类学理论[J].世界民族，2008（3）：62—71.

乡三级基层农技推广体系，建立健全创新能力强的农业科技服务网络，实现特色优势产业科技服务全覆盖，年培训葡萄种植户达5万人次以上，并以现有的涉及葡萄产业的现代农业园区为依托载体，开展葡萄及葡萄酒生产加工技术研究，为葡萄产业的发展提供技术支持。此外，引领村级合作社与区葡萄研究所合作，利用宣化牛奶葡萄"双地标""全球重要农业文化遗产""生态原产地"等区域公用品牌标识，统一制作使用专用葡萄包装箱，并按品质制定销售价格，打造宣化牛奶葡萄品牌，增强市场竞争力，并将区域公用品牌标识，授权第三方公司使用，增强区域公用品牌企业带动效果。推出"葡萄架下采摘正宗宣化牛奶葡萄"的文旅策略，为更多游客提供传统葡萄园采摘文化体验等。

（二）重视传统生态文明的价值认知

河北宣化城市传统葡萄园是中国传统葡萄园文化遗产，也是当地人的智慧结晶，与其产生的文化背景密不可分，也是不可再生的农业文化遗产，保护和传承宣化城市传统葡萄园农业文化遗产需要对其传统生态文明的价值进行重新认识。因此，要建设宣化牛奶葡萄精品文化示范基地，以遗产保护、稳步发展、文化传承为目标，在原有宣化区传统葡萄园遗产保护地基础之上，主要以种植传承较久、人文典故集中、自然风貌原味的观后村等为重点，保留好现有的传统葡萄园景观，保留好农户的传统生产生活方式，壮大生产规模，开展以采摘、观赏、休闲等为主的生产、文化活动，建设宣化牛奶葡萄精品文化示范基地。结合项目带动，提升旅游产业开发，例如以江家屯为重点区域，建设千亩设施传统漏斗架葡萄种植精品示范基地，主要品种以牛奶葡萄为主，带动周边农户开展牛奶葡萄传承地保护、种植，逐步稳定提升规模，提升品质，打造精品。如此，宣化牛奶葡萄才能真正焕发新的生机。

（三）扩大文化宣传与文化创新

创新可以激发保护对象的内生动力，从而使文化推陈出新、生生不息。近年来，宣化通过大量的宣传推介、文创挖掘、民俗活动等工作的开展，使宣化城市传统葡萄园农业遗产保护工作更加家喻户晓，传承保护农业文化遗产的文化自信更加坚定。在坚定发展信心、扩大宣传推介方面，2017年7月曾邀请央视七套《农广天地》栏目组，制作播出了全球重要农业文化遗产——宣化城市传统葡萄园《老藤葡萄香（上、下）》；2018年8月，央视一套《我有传家宝》节目对宣化区牛奶葡萄进行了重点宣传推介，拍摄了《千年葡萄城》和《宣化葡萄香》对外交流宣传片。在挖掘遗产内涵价值、扩大文创开发方面：从2013年起，挖掘整理出版了《宣化葡萄史话》《宣化葡萄香天下》《葡萄仙子》等系列丛书；2015年，在遗产地核心区观后村组建《葡文轩》文物馆；2016年，葡萄研究所建立了"宣化牛奶葡萄"微信公众平台；2018年，宣化区委宣传部、文广新局等有关部门联合，征集创作了歌颂"宣化牛奶葡萄"的系列音乐歌曲、舞蹈，在每年的区、市级春晚推送演出；2019年，宣化区农业文化遗产中心面向社会各界发起"宣化牛奶葡萄"LOGO设计征集大赛，吸引了全国各地200多名设计者的踊跃参与。在举办民俗活动、扩大文化交流方面：自2013年起，先后举办了葡萄起藤仪式、旗袍秀、王河湾挎鼓、太极表演活动；自2016年起，每年举办一次全区性的葡萄主题摄影展、每年10月举办"中国宣化葡萄文化采摘节"；开发了葫芦烙画、葫芦雕刻，传统葡萄宴、数来宝、葡萄剪纸、葡萄籽油、陶瓷艺术葡萄盘、宣葡庄园红葡萄酒等系列葡萄文创产品。保护和传承宣化城市传统葡萄园农业文化遗产的生命力，最关键的是要保护和激发其创新能力，这使得保护具有了本质性的意义。

四、结　语

从文化生态的视角对河北宣化城市传统葡萄园农业文化遗产进行研究，不仅有助于深刻认识葡萄文化的根基与特质，理解宣化城市传统葡萄文化既是一种栽植文化，也是一种多元文化；还有助于深化对人与自然关系的认识，开拓宣化城市传统葡萄文化的新领域，弘扬人与自然和谐的天人观；更有助于借鉴历史经验，弘扬中国传统文化的基本精神，促进地区可持续发展。

新疆奇台旱作农业系统农业文化遗产调查

周 鼎 学苑出版社
李 芳 北京理工大学

摘 要：在数千年的农耕实践中，勤劳智慧的中国人创造了丰富璀璨的农业文化遗产，为中华五千年文明发展提供了坚实的物质基础和文化基础。奇台旱田距今已有两千多年的耕作历史，随着全球及中国重要农业文化遗产的设立，无疑对地区保护生物多样性、文化多样性、生态服务功能性等具有重要价值，为人类应对现代性危机提供了智慧方案和借鉴之道。

关键词：奇台县；农业文化遗产；旱作农业；江布拉克

新疆奇台县是古丝绸之路新北道上的重要坐标，也是新疆农耕文化的重要发祥地。自西汉初年汉宣帝派郑吉戍兵奇台屯田，至后来历代军屯、民屯、官屯、商屯及农垦在此地延续发展，一代代奇台劳动人民在山梁沟壑间积淀出万亩旱田，至今仍保留着稳定的产量。作为一套开放的活态农业生产、生活和生态体系，新疆奇台旱作农业系统因其分布在地形相对平缓的山麓地区和低山丘陵地带，且以天然降水和高山冰雪融水为主要水源，并实行农、林、牧一体化生产模式等特点，造就了西北干旱地区以"雨养农业""无为而治"为主要特色的奇台旱作农业体系，并于2015年被中华人民共和国农业部列入第三批中国重要农业文化遗产（China-NIAHS）名单[①]。

---

① http://www.moa.gov.cn/nybgb/2015/shiyiqi/201712/t20171219_6104092.htm 农业部关于公布第三批中国重要农业文化遗产名单的通知 2017-12-03。

一、调研背景

全球重要农业文化遗产（GIAHS）①是继世界自然遗产、文化遗产、混合遗产（自然遗产和文化遗产）、非物质文化遗产之后的又一种世界性遗产类型，是世界遗产家族的新成员。中国是世界闻名的农业文明古国，也是农业文化遗产大国。联合国粮食及农业组织自2002年发起全球重要农业文化遗产保护倡议至今已有20余年的时间，中国是目前入选"全球重要农业文化遗产名录"数量最多的国家，以22项位居首位。从2012年我国启动重要农业文化遗产的发掘与保护工作至今，已评定共七批188项中国重要农业文化遗产，分布在全国29个省、自治区和直辖市。②

2023年8月，笔者一行到新疆维吾尔自治区昌吉回族自治州考察了奇台县奇台镇、碧流河镇、半截沟镇（麻沟梁）等乡镇，以及江布拉克国家4A级旅游景区的万亩旱田，了解了奇台县错综复杂的地势形态，垂直地带性气候特征，悠久的历史和传统的耕作、播种、种植方式，并与当地居民进行了深度访谈。通过与奇台旱作农业文化遗产创造主体的当地居民的交流，进一步理解其作为奇台旱作农业文化遗产的创造者、使用者和传承者，将奇台旱作农业系统保存、延续和发展的文化逻辑、深层机制及实践路径，在对传统农业遗产进行重新认识和发掘利用的同时，也对少数民族文化的认识翻开了新的一页。

二、自然地理与资源环境

奇台县位于新疆维吾尔自治区东北部，昌吉回族自治州东部，天山东

---

① 全球重要农业文化遗产（GIAHS）倡议由联合国粮农组织（FAO）于2002年发起，旨在建立全球重要农业文化遗产及有关的景观、生物多样性、知识和文化保护体系，通过对遗产的动态保护和适应性管理，促进全球粮食安全、农业可持续发展和农业文化传承。GIAHS蕴含历史、民族、文化、生态、经济、科技等多功能价值，对促进农文旅融合、产业价值链升级、生态涵养、品牌影响力扩大、基础设施和公共服务完善、农民能力建设、农民增收等有着特殊功能和作用。

② 我国是最早参与GIAHS工作的国家之一，现拥有22项GIAHS，数量居各国首位。我国开展的GIAHS保护和利用工作取得了良好的社会、生态和经济效益，有效促进了遗产所在地农业农村可持续发展。在GIAHS工作的带动下，农业农村部于2013年启动了中国重要农业文化遗产的挖掘和保护工作，先后发布了七批188项遗产名单，为我国申报GIAHS提供了重要保障。

段博格达峰北麓，准噶尔盆地东南缘。东邻木垒哈萨克自治县，南隔天山与吐鲁番、鄯善县相望，西连吉木萨尔县，北接阿勒泰地区的富蕴县、青河县，东北部与蒙古国接壤，是新疆的边境县之一，也是古丝绸之路上一个重要的驿站。奇台县境内有对蒙古国开放的乌拉斯台口岸，是国家级一类口岸，边境线长为131.47千米。

奇台全县总面积1.93万平方千米，辖10镇6乡（奇台镇、西北湾镇、西地镇、半截沟镇、碧流河镇、吉布库镇、东湾镇、三个庄子镇、老奇台镇、乔仁乡、五马场乡、坎尔孜乡、七户乡、大泉塔塔尔族乡、古城乡、芨芨湖镇），县域总人口30.05万人，有汉族、维吾尔族、回族、哈萨克族等22个民族，其中少数民族占总人口的24%。奇台县属中温带大陆性干旱半干旱气候，年平均气温5.5℃，年平均相对湿度60%，年平均降水量269.4毫米，蒸发量2141毫米，无霜期平均156天，年日照时数2280—3230小时。

奇台县内有河流10余条，自西向东均匀分布，形成了天然的灌溉体系，河水年径流量将近5亿立方米，较大的河流有开垦河、中葛根河、碧流河、吉布河、达板河，其中开垦河作为全县最大的河，年径流量占全县的三分之一。天山冲积扇以下的泉水溢出带，则有水磨河、小屯河、东地河、西地河、八家户河等。

奇台县地势南北高、中间低，呈马鞍形，故有"两山夹一盆"的说法。南部山地丘陵区海拔1100—4356米，为山前丘陵地，面积占全县总面积的12.68%，位于天山东段的博格达山脉，主脉东西走向，东自开垦河首（海拔3331米），西到白杨河淖（海拔4356米）。中部平原区位于天山冲积平原，南到丘陵下部，北至古尔班通古特沙漠以南，地形开阔平缓，地势由东南向西北倾斜，海拔650—1100米，土层深厚，土质宜耕。北部沙漠戈壁区海拔506—1100米。该区位于南冲积平原北缘，南北长、东西窄，多为砾质戈壁和流动、半流动沙丘，其次是新月形沙丘，地形坡度较缓，地势由东南向西北倾斜，最低处是盆地中心的沙丘河，海拔高度506米，热量丰富、降雨少、蒸发强烈。北部是北塔山山区，海拔1100—3290米，是中蒙两国的界山。

奇台县自然资源十分丰富，境内野生药用植物有贝母、党参、大芸、甘草、麻黄、雪莲、枸杞等300余种；野生动物主要有野驴、鹅喉羚、紫貂、雪豹、马鹿、北山羊、猎隼等国家一、二类珍稀品种 48 种；矿产资源有煤、金、铜、铁、石灰石、花岗岩等 20 多种；全县有 11 种土类，包括黑钙土：分布在中山地带，占总面积 2.2%；栗钙土：分布在中地山及丘陵，占总面积 1.3%；灰漠土：分布在平原，占总面积的 29.6%；潮土：分布在平原井灌区，占总面积 5.3%；灌耕土：分布在平原井灌区，占总面积 6.6%；草甸土：分布在盐湖，占总面积 1.8%；沼泽土：分布在湖滩，占总面积 43%，盐土：分布在平原井灌区，占总面积 6%；风沙土：分布在沙漠边缘，占总面积 0.8%；砾石土：分布在沙漠壁，占总面积 3.3%。[①]

三、历史人文特征

奇台历史悠久、文化积淀深厚，是新疆汉文化发源地之一，也是多族群和多元文化交往、交流、交融之地。除史前文化、农耕文化、商贸文化、餐饮文化，还有多姿多彩的民俗民间文化等地域特色文化，2014 年奇台成功申报自治区历史文化名城。

新石器时期，奇台已形成原始村落，县域内曾出土红陶、石坊轮、石磨、石锄等新石器文物。西汉时期，属西域三十六国之一的车师后国，归西域都护府管辖，曾建有疏勒城（奇台县半截沟镇石城子遗址）。唐长安二年（702），设蒲类县，归北庭都护府管辖。宋、元隶属别失八里帅府。明代初期，奇台县境为察合台汗国后王秃忽鲁帖木儿后裔辖地。明永乐十五年（1417），察合台后王歪思迁居伊犁，此地遂先后为瓦剌部、和硕特部据有。明末，和硕特部迁青海，奇台县境遂为准噶尔部游牧地。清乾隆二十四年（1759），清朝在今老奇台建奇台堡，驻军屯垦。乾隆三十七年（1772），设奇台总理民屯事务通判。清乾隆三十八年（1773）建县，名曰"靖宁城"（今老奇台镇）。乾隆四十年（1775），清政府在今奇台镇驻兵设防，建孚远城（老满城）。光绪十五年（1889）由"靖宁城"迁入现址，因境内有唐朝墩古城，复得名"古城子"。民国初年，沿袭清代建置区划，奇台属迪化。民国八年（1919），县境西吉尔以东 5 渠设木垒河县佐，民国

---

① http://www.xjqt.gov.cn/info/iIndex.jsp?cat_id=28398 奇台县人民政府 > 走进奇台 2024-02-02.

十九年（1930），木垒河县佐升格为县，后由奇台县析出。中华人民共和国成立初期，奇台县属迪化行政区（1954 年更名为乌鲁木齐专区）辖，1958 年 5 月，改属昌吉回族自治州辖。

从奇台建置源流的历史轨迹（"车师后国——唐蒲类县——别失八里北庭五城——奇台县"）可以看出，奇台自古以来都是兵家必争的战略重镇。历史上奇台曾与哈密、乌鲁木齐、伊犁齐名，并称"新疆四大商业都会"，因其地处古丝绸之路必经之处，早在清代就已成为人口繁盛、百业俱兴的集镇，那时关内几大商号集资合营（如山西大同等地的商号），以骆驼为交通工具，从归化城（今内蒙古自治区呼和浩特市）出发，穿越戈壁沙漠，经陕北、宁夏、甘肃进入新疆，过巴里坤、木垒河、老奇台到古城子经商。清末民初时期，古城有大小商号 690 家，运来送往的驼队多达 4 万余峰，故有"千峰骆驼走奇台，百辆大车进古城"的描述，更是古丝绸之路新北道上的交通枢纽和重要商埠，有"旱码头"之美誉。奇台亦因有广袤无垠的麦田，成熟时一片金黄景象，又被称作古丝绸之路上的"金奇台"。

作为北疆最富庶的地区之一，县域内庙宇会馆等人文景观十分丰富，现存汉疏勒城、唐朝墩古城、清东地大庙、将军庙等多处遗址，皆为中原文化和西域文化交流荟萃之历史见证。此外，奇台县境内曾生活过匈奴、突厥、回鹘，近代的蒙古、哈萨克、维吾尔、回、汉等不同族群和民族，根据《奇台县志》记载"全县有 21 个民族，其中汉族 171740 人，占总人口的 77.76%，回族 10874 人，占总人口的 4.92%；维吾尔族 15096 人，占总人口的 6.83%；哈萨克族 19315 人，占总人口的 8.75%"。奇台县城内，汉族与少数民族居住保持大杂居、小聚居的状态。

四、奇台县旱作农业系统及发展现状概述

历史上奇台一直饱受干旱、沙尘暴等自然灾害的侵袭，如清道光二十三年（1843），伊犁将军布彦泰等奏："布尔噶浪勒、哈海努克、霍诺海、达尔达木图、吉尔嘎浪等五十三屯所中谷麦多因被旱收成歉。"[①]《中国

---

① 详见中国第一历史档案馆档案《谕内阁新疆惠远城地方民屯地亩被旱成灾著缓征额》（清咸丰五年十一月二十日），"上谕档"，档案号：083-0249。

气象灾害大典·新疆卷》(2006)也记载了这次灾害,称道光二十三年,伊犁"夏秋雨泽甚稀,收成歉薄,每以野火自焚"。此外,在《清史稿·德宗本纪》中记载:"春,正月癸卯,免奇台被旱额赋。"面对干旱地区降水量少的局面,勤劳智慧的奇台人直面自然灾害,积淀"位育"思想,将奇台塑造成了新疆的农业大县和"北部粮仓"。

奇台县旱作农业系统位于江布拉克国家4A级旅游景区①,涉及5个乡镇9个行政村,面积达20万亩。现有宜农土地250万亩,可耕地200万亩,分上部山丘陵旱作、河灌区,中部戈壁井、河混灌区和下部平原井灌区三个不同的耕作区域,主要农作物有小麦、玉米、大麦、甜菜、豆类、打瓜、油料、蔬菜等。江布拉克景区平均海拔在1700米以上,冬暖夏凉、雨水丰沛,最适宜种植小麦、大麦等农作物,当地农民利用这一有利条件,在这里的坡谷沟岔,都种上了小麦、大麦等作物,面积达2万亩之多,因靠天吃饭,无须人工浇灌,故又被称为"万亩旱田"。在海拔1770米的旱田丘陵上,还盘踞着汉代疏勒古城遗址②,书写着汉代耿恭抗击匈奴的千古史实,见证游牧文化向农耕文化演绎的沧桑历史。

奇台旱作农业系统是天山北麓"靠天收""无为而治"的农业生产典型,主要以旱作种植为主,并涉及林业、畜牧和副业等农业类型,旱作农业不浇水、不施肥,实行轮作、休耕的制度,确保了农业生产的可持续性和完整性,有效保护了当地生态系统的可持续发展。奇台人正是凭借对自然环境的观察体悟,利用当地复杂地形和垂直地带气候,依靠独特的光热资源和水土资源,在不同海拔高度播种适宜的作物,探索出作物种植——留茬地放牧种植模式,"二牛抬杠"畜力耕作方式、"水打滚"和"浪苗子"撒播生产方式、轮流休耕土壤保持肥力方式、堆草火烧和深耕条播防治虫草灾害方式等传统农业生产方式。据记载,自汉代始,奇台居民就已经使用锄头、木犁"二牛抬杠"的方式开垦农田,种植小麦、大麦、豌豆、荞麦等,后来经过历代军屯、民屯、官屯、商屯得以延续发展,这是奇台人近2000

---

① 据村民介绍,"江布拉克"是哈萨克语,意思是"圣水之源",有圣水浇灌之意。
② 疏勒城(石城子)古城坐落在一个高岗上,背负天山北坡,面朝北方旷野,东侧有一条清澈的深涧,北部有近百米的城墙遗址,四周环绕的是与中原山区梯田相似的农田,但农田又自然地随地形起伏分布,农户们的房屋散布在山坳之中。

年来的主要劳作方式，也是新疆农耕文化的发祥开端，江布拉克也因此被认定为国家保护最完整的最早绿洲文化之一。

现今奇台农作物仍具有品质好、产量高等特点，如年种植小麦110万亩左右，良种覆盖率达到98%，并依托40万亩绿色原料小麦标准化生产基地，年均单产普遍达400千克以上。奇台出产的小麦不仅皮薄、肉厚、质白、颗粒饱满，而且含蛋白高、柔韧、出粉率高，享有"午时花开，得阳气，面极黏濡柔软，色白而味甘，食之养人"的美誉。年均粮食产量达7.8亿千克，占自治州的1/2，自治区的1/8。小麦年加工能力达到40万吨，加工量占全疆1/3以上。2011年"奇台面粉"获得农业部农产品地理标志登记保护，也是全国首个面粉农产品地理标志保护产品。据了解，2019年"年货节"仅四天时间，奇台县农特产品电商旗舰店就销售5000多单。通过品牌带动，2019年奇台面粉网上销售150万千克以上，带动县域企业线上销售突破5000万元，线下销售突破1.5亿元。

随着小麦产业的发展，奇台县成为新疆最大的面粉加工基地，加工技术处于全国领先地位，面粉年加工量达31万吨，域内7家面粉企业先后荣获新疆维吾尔自治区、昌吉自治州龙头企业和新疆农业名牌称号，示范、引领、带动作用效果显著。奇台面粉近年来曾先后取得"第十二届中国国际粮油产品及设备展览会金奖""第十六届中国绿色食品博览会金奖""第十四届中国国际农产品交易会金奖"等殊荣，这为奇台面粉产业未来的发展注入了强劲的活力。奇台因此先后被确定为全国优质"大麦之乡""小麦之乡"，也是国家级商品粮基地县和全国粮食生产先进县标兵，自治区认证的绿色无公害农产品基地县，还是北疆地区重要的面粉、制糖、番茄酱、麦芽、淀粉、蔬菜、皮革等优质农畜产品生产加工基地。

奇台旱地景观随季节更替而变化，有着独特的景观特征，彰显着农耕文化的原生态魅力，被誉为"天山麦海""空中麦田""中国最美的麦田""摄影家的天堂"。每年6月中旬至7月底，许多摄影家会聚集到这里拍摄随山地起伏的麦田和草原。据访谈了解，外地摄影家一般会从乌鲁木齐乘班车到奇台江布拉克，总路程约200多千米，中午到奇台县吃午饭，下午沿东关街出城，走省道303一路向东6千米，然后右转到达半截沟，半截沟进入丘陵麦田区后，过麻沟梁林管站，抵达怪坡附近，可以就近选择左右两条路线，沿麦田小径下坡，就能寻找到适合的农家安营扎寨，然后在麦田区和农庄间取景摄影。从半截沟路标继续前行 8 千米就可以到达奇台总场路标处，右转便是农六师奇台总场一碗泉。如果是从一碗泉公路进入，沿途的麦田景色就没有怪坡附近的丰富，也没有密集的农庄和麦田小径。因为不同海拔高度造就了不同的麦田景色，在海拔高度较低的地方，麦子一般都成熟了，是金黄色的；在海拔中间位置的麦子，是黄绿相间的颜色；而在海拔较高的地方，麦子的颜色是绿油油的，就这样同一时空下，一幅摄影画面中可以看到因不同海拔高度而变化的美妙麦田色彩，这是吸引人们慕名前来的关键。

泱泱中华，以农为本。我国优秀农业文化遗产储备丰富，农作物的产量已然不再是主要的评价标准，食品安全、生态安全和优质的农产品成为评价农业遗产的新标准。将农产品的绿色消费价值、生态维护价值、景观休闲价值等纳入评价标准，是新疆奇台旱作农业遗产为农业生态可持续发展提供的一个解决视角。

五、结　语

当下学界对活态农业文化遗产的关注和研究，主要集中在农学、生态学、环境与资源科学等领域，而社会科学尤其是人类学对农业文化遗产的关注和研究并不充分，如何深入理解农业文化遗产创造主体在农业生活系统、农业组织系统、农业文化系统和文化景观系统的实践，有效研究、保护并传承诸如新疆奇台旱作农业系统此类活态的农业文化遗产，有效促进遗产地可持续发展、改善农民生存状况，仍是需要探索的问题。随着国际社会传承保护"优秀农业文化遗产"的认知形成共识，从跨学科视角审视农业文化遗产蕴含的农耕社会组织体系、农业文化思想体系和农耕技艺实践体系，进而深刻理解农业文化遗产的当代价值显得尤为必要。将农业文化遗产带入人类学视域，有助于拓展农业文化遗产研究的深度、广度以及因"人"的文化关照而具有的学术温度。同时，对于加强农业文化遗产保护，进一步挖掘其经济、社会、文化、生态、科技等方面价值，助力落实联合国 2030 年可持续发展议程，推动构建人类命运共同体等都具有积极意义。

影响边疆民族地区生态文明建设的因素

——基于9个边疆省域面板数据的动态 QCA 分析

朱逢博　内蒙古工业大学

摘　要：边疆民族地区是我国生态安全重点保障地区，边疆民族地区的生态文明建设对该区域乃至全国的生态水平和经济社会稳定等具有重要意义。如何通过生态文明建设来实现其经济社会发展和生态环境保护等的多赢是政府决策部门和学术界共同关注的热点问题。本文借鉴 TOE 理论框架以我国9个边疆民族省域为案例，运用动态 QCA 方法探讨技术、组织、环境条件对边疆民族地区生态文明建设的组态效应及其机制选择。研究发现：单一条件并不构成高生态文明建设水平的必要条件，但技术条件的提升在提高生态文明建设水平上发挥着较普适的作用；技术、组织和环境条件形成驱动生态文明建设的多样化组态，均可驱动生态文明建设；在跨案例的比较中进一步发现，我国边疆民族地区9个省域生态文明建设驱动路径存在一定差异。

关键词：生态文明建设；边疆民族地区；TOE 理论框架；动态 QCA；组态分析

引　言

生态文明是一种高级的文明形态，摒弃了工业文明破坏自然的特征，强调在把握自然和经济社会规律的基础上建立可持续的生产方式、产业结构、消费模式、文化制度实现人与自然和谐共生的文明形态，生态文明建设则旨在实现这种文明形态建设，在维护生态环境安全和实现经济社会可持续发展等方面具有重要作用。生态文明建设已成为我国社会主义现代化建设的重要战略，是关乎人类福祉、民族未来的长远大计。党的十八大提出："要将推进生态文明建设作为重要战略目标"，2015年国务院先后发布《关于加快推进生态文明建设的意见》和《生态文明体制改革总体方案》，明确了生态文明建设的指导思想、基本原则和主要目标及生态文明体制改革的理念、原则和目标。在党的二十大报告中，习近平总书记再次指出，"我们坚持绿水青山就是金山银山的理念，坚持山水林田湖草沙一体化保护和系统治理，生态文明制度体系更加健全，生态环境保护发生历史性、转折性、全局性变化，我们的祖国天更蓝、山更绿、水更清"。这些关于生态文明建设的重要思想是我国边疆民族地区开展生态文明建设的重要指导。边疆民族地区，即中国边疆九省区是指黑龙江、吉林、辽宁、内蒙古、甘肃、新疆、西藏、云南、广西。这9个边疆民族省区是我国各少数民族聚居地区，也是我国生态安全重点保障地区，边疆民族地区的生态文明建设，对该区域乃至全国的生态水平、节能减排、经济社会稳定等具有重要作用。西部大开发以来，边疆民族地区经济社会发展和生态保护取得了明显成效。从整体上把握影响我国边疆民族地区现阶段生态文明建设水平的因素，对边疆民族地区合理配置资源、均衡经济社会发展、改善生态环境、有效引导生态文明建设水平全面协调发展与稳步提升具有重要意义。

围绕生态文明建设，国内外学者积极展开探索。以此次研究问题为落脚点，文献脉络大抵生成"制度—评估—影响因素"逻辑链条。生态文明建设作为一项重要战略，为人民可持续发展提供重要保障。而该制度的实行，成效与问题并存。一方面，生态文明建设能加快新发展格局构建，推动高质量可持续发展，创造人民高品质生活。另一方面，也存在法律制度体系不严格、生态系统退化限制、地方执行不得力等有关问题。为了更好地评估生态文明建设，各国学者基于本土实践情境，构建多维指标进行测量。伴随评估结果出台，引发新的思考：是什么影响了生态文明建设？针对该问题，有学者通过回归分析，进行线性探索；有学者通过组态分析，探究因素间的组合效应。但以往研究中，线性回归聚焦单因素的"净效应"，忽视了因素之间的互动依赖。而相关组态分析，则以跨国比较为核心，未能立足我国本土情境，同时受限于截面数据，难以解释时间纵轴上的发展变化。我国幅员辽阔，各省发展水平参差不一，在生态文明建设层面，所能供给的资源禀赋存在差异。所以，如何准确把握生态文明建设的影响因素组合及协同效应，并因地制宜地提出与边疆民族地区实际情境相匹配的改进策略，需要仔细忖量。生态文明建设不仅是一种法律制度，一项战略规划，还是一类自上而下的组织活动。基于此，本文尝试将生态文明建设置于管理视域，借鉴 TOE 理论，构建"技术—组织—环境"分析框架，以 2010—2019 年的省域面板为案例，采用动态 QCA，揭示时间纵轴上影响地方政府信息公开水平差异的因果机制。并结合使用单因素方差分析与 K 秩和检验，探究省域间的组态偏好差异。通过以上分析，以期回答下列问题：是否存在单个条件是影响地方生态文明建设水平的必要条件？哪些条件组合对生态文明建设水平的影响存在等效性？这些影响因素是否呈现时间效应？在空间维度上，组态的省域覆盖度是否呈现地区差异？在此基础上，本文可能贡献如下：一是在前人研究基础上，构建"技术—组织—环境"影响因素组态分析框架为相关实证研究提供参考。二是本研究没有局限于传统 fsQCA 分析，采用动态 QCA 分析方法，打破面板数据与 QCA 方法之间的壁垒，探索时间效应下的因果路径。

一、文献综述与分析框架

（一）相关研究进展

围绕生态文明建设，学术界主要从以下三个视角展开研究。

1. 制度体系视角

生态文明制度建设包括经济管理、政策条例、法律法规等方面，建立更健全的生态文明制度，树立更先进的生态文明观念能够有效地保护生态环境，对生态文明各方面行为在制度上予以保障。我国学术界从不同角度采用不同方法对我国生态文明制度建设的内含意蕴、指导思想、基本原则、主要进展、现存问题、时代价值等进行了研究，取得了一些重要研究成果。王太明、王丹基于纵向和横向双重视角探寻了中国特色社会生态文明制度建设的理论逻辑；陶火生梳理了十八大以来中国共产党健全完善生态文明建设制度体系的成就与经验。

2. 评估体系视角

联合国可持续发展大会上正式提出了以"经济、社会、环境、机构"四大模块的生态文明建设指标体系框架；UNCSD（联合国可持续发展委员会）的可持续发展指标体系（ISD）首次提出应用"驱动力—状态—响应"模型，在经济、社会、环境、制度四大体系下建立134项指标；耶鲁大学与哥伦比亚大学一起提出了环境绩效指数；针对我国生态文明建设的实践问题，学者们从国家层面、省域层面和城市层面分别构建了生态文明建设水平指标体系，如田智宇、成金华等从国土、资源、生态、经济及制度五个方面对省域生态文明建设水平比较分析；曹蕾从经济、社会、生态、环境四大系统层出发共构建生态文明建设指标体系；程广斌等构建了新疆兵团生态文明建设指标体系，采用熵权法对新疆兵团生态文明建设的水平及制约因素进行研究[1]。

3. 影响因素视角

以色列人道夫尼尔提出用人类活动强度指数，用来反映人类活动对生态文明的影响程度。在我国，相关学者与机构结合我国实际地理环境也有诸多有益探索。吴小节等分析了广东省生态文明建设综合水平的影响因素[2]；郝淑双等从技术、产业结构、环境等因素分析对绿色发展的影响[3]；程哲婉指出影响生态文明建设的三个主要因素是政府自身生态责任意识缺失、公民参与程度低、公众企业的监管力度不够[4]；刘亚平认为我国生态文明建设的缺陷在于：政府生态定位不准、权力运行不规范、资源配置不科学、执法追责不严格。

综上，学者们从制度、评估、影响因素三个方面，对生态文明建设进行积极探索，打下坚实的研究基础。但仍存在以下不足：一是基于全国范

---

[1] 程广斌，李莹，孙雪英．生态文明建设水平综合评价——以新疆兵团为例［J］．新疆农垦经济，2021（8）：57—65．
[2] 吴小节，马美婷，杨尔璞．广东省生态文明建设与产业升级的耦合协调发展［J］．科技管理研究，2021：41（05）．
[3] 郝淑双，朱喜安．中国区域绿色发展水平影响因素的空间计量［J］．经济经纬，2019：36（01）．
[4] 程哲婉．在生态文明建设中地方政府管理责任的缺失及对策［J］．内蒙古科技与经济，2018（10）．

围规范性讨论的经验归因缺乏专门针对边疆民族地区的实证支撑。二是基于线性回归的实证归因聚焦单一条件的净效应，忽略了生态文明建设的多元协同路径，难以提供差异化路径选择。三是虽已有学者采用模糊集定性比较分析 fsQCA 方法，但并未基于我国边疆民族地区实践情境，且受限于截面数据，难以从时间纵轴探索因素间的联动效应。鉴于此，如何从组态视角解释我国边疆民族地区生态文明建设在时间轴上的变化趋势，仍需进一步探究。

（二）分析框架

构建影响生态文明建设水平的理论框架在既有的影响因素分析框架中，有学者将生态文明建设置于系统视域，主张构建基于可持续发展的社会、经济、自然三大系统建设的生态文明建设体系分析框架，也有学者将生态文明建设置于制度视域，认为可以从生态环境、资源环境、经济发展、社会进步和生态文明制度建设五个方面进行分析。然而生态文明建设不仅是一种政府职责，一项战略规划，也是自上而下的组织活动。鉴于此，本文尝试将民族地区生态文明建设基于 TOE 理论视角，构建"技术、组织、环境"影响因素组态分析框架，如图 1 所示。

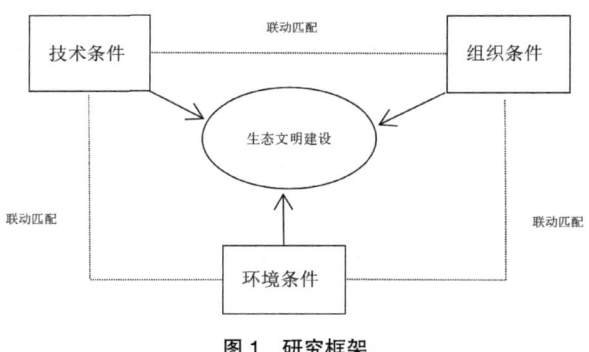

图 1 研究框架

1. 技术条件

具体包括生态文明制度建设和环境污染治理水平两个条件。生态文明制度建设的重点是将生态环境建设法制化，需要建立完善的法律体系和监管制度，转变各级政府和全社会观念，保障生态文明制度建设的有效进行。因此本文选取现行有效的生态环境保护地方性法规总数和年末生态环境保护机构机构总数来衡量生态文明制度建设水平，数据来源于 EPS 数据平台，考虑到制度供给对生态文明建设的影响往往不能立竿见影，影响效应存在滞后性①，所以相较结果变量前置一年，选用2009—2018年的相应数据；环境治理可改善地区生态环境，降低经济发展产生的污染排放物，有效改善环境污染。环境基础设施建设和环境污染治理正是应用于生态环境改善、资源结构调整，本文选取 2010—2019 年中国环境保护数据库收集的省级政府城镇环境基础设施建设投资额和环境污染治理投资总额衡量省域环境污染治理水平。

2. 组织条件

包括产业结构、人口规模两个二级条件。地区工业发展可促进当地经济发展水平，但同时也会产生污染排放和能源消耗的问题，给当地生态文明建设带来消极影响，本文选取第二产业和第三产业占 GDP 的比重来衡量某一个地区的产业结构；人口规模的增加带给地区充足的劳动力，促进当地经济发展水平，对生态文明建设水平产生积极的影响；但人口规模的增加必然也会增加当地有效资源的消耗和浪费，增加生活垃圾和废气废水，从而对当地的生态环境建设产生压力。本文选取 2010—2019 年常住人口数来衡量一个地区的人口规模大小，数据来源于《中国统计年鉴》。

3. 环境条件

案例省份的资源环境与生态环境两个二级条件构成环境条件。虽然资源环境和生态环境并未直接参与生态文明建设，但却是生态文明建设的基础盘，影响和支配着省域生态文明建设机制的选择。生态文明建设过程中各省域的环境条件不同，也影响着组织条件配置，且技术条件对生态文明建设水平的提升在很大程度上也受到环境条件的制约，进而影响生态文明建设。本文采取省域年度能源消费总量衡量资源环境；边疆民族地区是我国目前水土流失防治形势比较严峻的区域，加大了生态文明建设压力。因此本文选取水土流失治理和森林覆盖率来衡量某一个省域的生态环境。

综上，技术、组织、环境三个一级条件下共涵盖六个二级条件，各要素之间互相依赖，联动匹配对生态文明建设产生影响。

---

① 曲卫华，颜志军.环境污染、经济增长与医疗卫生服务对公共健康的影响分析——基于中国省际面板数据的研究［J］.中国管理科学，2015（7）.

二、研究方法与数据

（一）动态 QCA

传统 QCA 囿于理论与工具大多滞于截面数据，难以探究时间纵向的组态效应。党的十七大以来，党和政府围绕生态文明建设进行了一系列的部署，生态文明建设步入快速发展通道，是发生在时间轴上的连续事件，单独的截面组态并不足以阐释因果与时间的互动关系。因此本研究采用动态 QCA 分析，参照国外学者 Castro 的相关研究，利用 R 语言软件打破面板数据与 QCA 之间的壁垒，探索时间效应下的组态关系，同时贯穿运用强化标准分析提高组态精度。不同于传统 QCA，动态 QCA 将从组间、组内、汇总三个维度进行测量，并使用一致性调整距离捕捉一致性在时间维度与案例维度的变化程度。

（二）数据构建

1. 测量

本章研究所涉及的指标数据主要来自边疆民族地区九省区 2010—2019 年国家统计局、各省统计年鉴、EPS 数据平台、中国环境保护数据库，部分指标数据通过整理计算得到，缺失数据采用均值替换法和回归替换法插补，以弥补现有指标数据缺失的不足。

国家发展改革委印发的《生态文明建设考核目标体系》中对省级政府生态文明建设考核评估做了详细规定，对于衡量生态文明建设水平具有较强的权威性与参考性。鉴于此，本文将《生态文明建设考核目标体系》中对省域生态文明建设水平的测量标准作为结果变量的测量指标，并依据其他权威文件，如党的十九大对我国现阶段生态文明建设的科学评判，参照既有研究，灵活添加评估维度，运用熵权法来确定指标权重评价 9 个边疆民族省域生态文明建设水平，具体如表 1 所示：

表 1 2010—2019 年 9 个边疆民族省份生态文明建设水平指数

省域	2010	2011	2012	2013	2014	2015	2016	2017	2018	2019
内蒙古	0.3696	0.3849	0.3982	0.417	0.4292	0.4336	0.4657	0.467	0.4792	0.4823
西藏	0.3484	0.3751	0.4077	0.4147	0.444	0.4663	0.4717	0.4862	0.4913	0.5012
广西	0.3732	0.389	0.4048	0.4166	0.4264	0.4434	0.4554	0.4716	0.478	0.4813
云南	0.432	0.4409	0.4607	0.4820	0.4794	0.4869	0.4996	0.5169	0.5178	0.519
新疆	0.3423	0.3562	0.3595	0.3710	0.3827	0.3894	0.4111	0.4246	0.4182	0.4460
甘肃	0.3569	0.3684	0.3853	0.4075	0.4270	0.4378	0.4561	0.4588	0.4410	0.4560
辽宁	0.4019	0.4143	0.4292	0.4563	0.4546	0.4489	0.4257	0.4536	0.4893	0.4921
黑龙江	0.3629	0.3672	0.3843	0.3929	0.4011	0.4119	0.4351	0.4474	0.4523	0.4617
吉林	0.3891	0.3864	0.3998	0.425	0.4220	0.4397	0.4617	0.4580	0.4622	0.4735

2. 校准

本文在现有理论及前人研究的基础上，对数据进行统一校准，以便后续分析组内、组间及整体的一致性与覆盖度。本文借鉴现有研究，在已有理论和经验知识的基础上，根据各条件与结果的数值特点，运用直接校准法将数据转换为模糊集隶属分数。采用直接校准法，将 95% 分位数、50% 分位数、5% 分位数设为校准锚点，分别代表完全隶属、交叉点、完全不隶属。

表 2 校准锚点

	条件和结果	校准		
		完全隶属	交叉点	完全不隶属
结果变量	生态文明建设水平	0.4984	0.4344	0.3610
技术条件	制度建设	29	7	5
	环境治理水平	310.183	90.335	4.956
组织条件	产业结构	91.8385	86.65	81.993
	人口规模	4843.4	2748	320.7
环境条件	生态环境	12423.347	4498.855	419.694
	资源环境	22360.12	11104	6988.6

三、数据分析与实证结果

（一）单个条件的必要性分析

必要条件分析的判断标准是一致性水平高于0.9，则该条件变量可视为结果变量的必要条件。QCA面板数据分析中，当调整距离小于0.1时，汇总一致性精确度较高，可作为判断依据。但当调整距离大于0.1时，需要研究者进一步探究其必要性。此次分析结果如表2所示，制度建设、环境基础设施建设、产业结构、人口规模、生态环境、资源环境6个条件变量的调整距离均小于0.1，且汇总一致性均小于0.9，表明这些因素并非结果变量的必要条件。因此，在评估影响生态文明建设的影响因素时，需要充分考虑多个变量条件之间的相互作用和影响。从表3中可以看出，所有条件的一致性水平都小于0.9。所以，不存在影响政府非高水平和高水平公共卫生治理绩效必要条件。

（二）条件组态的充分性分析

组态分析的目标在于深入探讨不同前因条件组合对结果产生的影响，以充分性的一致性水平作为判断标准，根据Schneider和Wagemann的研究[1]，阈值应设置高于0.75。本文在构建真值表的过程中，选择一致性阈值为0.9、频数阈值为2以及PRI阈值为0.75。构建真值表后，进入强化标准分析，在反事实分析部分，先将矛盾简化假设排除，然后由于我国9个边疆民族省域资源禀赋差异较大，难以将前因条件对结果的作用统一做出判断，所以不进行方向预设，全部选择"存在或缺失"最终得到增强型的简单解、中间解、复杂解，此种策略有助于更精确地分析诸多因素在生态文明建设提升过程中的协同效应。本文主要关注增强型的中间解，并辅以增强型的简约解，以发现核心与边缘条件。

1. 汇总结果

表4展示了整体组态分析结果，共包含四种组态，可进一步提炼为三

---

[1] Schneider C Q，Wagemann C.Set-theoretic Methods for the Social Sciences：A Guide to Qualitative Comparative Analysis[M].Cambridge：Cambridge University Press，2012.

种模型，可提炼出3种适配模型。组织型、组织—环境型和技术—环境型。经过对三种高组态的深入分析，发现他们具有以下显著特征：组态1、组态2和组态3在一致性方面的数值较高（0.918、0.926和0.917），同时具备较高的PRI（0.785、0.786和0.815），覆盖度分别为（0.686、0.743和0.815），分别解释了42.6%、36.8%和37.7%的样本案例。组态1的关键要素包括移动端互联网基础和数字交易影响；组态2的关键要素包括信息化影响、固定端互联网基础、移动端互联网基础与移动端互联网影响；组态3的关键要素则为信息化基础、移动端互联网基础与数字交易影响。其总体覆盖度为0.590，总体一致性为0.970，总体PRI为0.791。单一组态的一致性与总体一致性均大于0.96，且单个组态的组间与组内的一致性调整距离均低于0.1，这说明这三条路径是推动生态文明建设的重要措施。

由于该驱动路径由产业结构（组织）条件和生态环境（环境）条件构成，我们将其命名为"组织—环境型"。该组态的一致性为0.910，唯一覆盖为0.024，原始覆盖率为0.307。该路径能够解释约30.7%的生态文明建设案例。

2. 组间结果

虽然四个组态的组间一致性调整距离都未大于0.1，表示不存在明显时间效应。但进一步考察其时间变化，发现4组态的一致性水平于2010—2019年都在0.75以上波动，弥补了过往截面组态在时间纵轴的不足。四个组态一致性水平集体上升的原因可能包括以下几个方面：第一，这一时期生态文明建设发展迅速。第二，深化学术理解与政策制定。学术界对生态文明建设的研究逐渐深入，从而为各地政府制定有针对性的政策提供了理论支持。各地政府纷纷出台支持生态文明建设的政策，如产业扶持、人才引进、基础设施建设等。这些政策创造了有利环境，使得组态1、组态2、组态3在不同路径和省份中，基于各自优势，生态文明建设效果越来越好。第三，区域合作，发展一体化程度的加深，使技术交流与合作日益频繁，各地之间的生态文明建设相互影响。特别是区域合作机制的加强推动了生态文明建设发展，为组态1、组态2、组态3在不同地区赋能生态文明建设提供了更广阔的平台。综上所述，2017—2019年组态1、组态2、组态3的一致性水平显著上升，这表明在边疆民族地区生态文明建设的过程中，各路径和各省份的实现效果正在不断优化和巩固，使得组态1、组态2、组态3和组态4在生态文明建设过程中的作用效果越来越好。

3. 组内结果

经过深入分析发现，个别省份（如甘肃、西藏），条件变量驱动生态文明建设路径解释力有限，这可能与欠发达地区的特殊经济发展状况密切相关。尽管如此，在其他省份，这三个组态的解释力和一致性还是较高。这也揭示了中国各地区生态文明建设发展过程中的显著异质性，这是多个方面因素综合作用的结果。其影响路径中存在的堵点和壁垒主要包括以下几点：第一，环境治理基础设施落后。这些地区在环境治理发展方面面临诸多挑战，特别是基础设施存在显著差距。这些问题制约了这些地区生态文明建设的发展；第二，人力资本匮乏。欠发达地区在人才储备和教育水平方面相对不足，导致生态文明建设的组织能力受限。这种状况进一步影响了产业结构、经济稳定影响等方面的发展，从而削弱了条件变量对生态文明建设的驱动力；第三，资源配置与政策支持不足。生态文明建设相关产业发展所需的资源配置和政策支持方面存在不足，导致这些地区在发展过程中遭遇更多阻力，进一步削弱了生态文明建设力度。

表3 调整距离大于0.1的组间数据

条件变量	高水平生态文明建设				低水平生态文明建设			
	汇总一致性	汇总覆盖性	组间一致性距离	组内一致性距离	汇总一致性	汇总覆盖性	组间一致性距离	组内一致性距离
优制度建设	0.655	0.758	0.071	0.056	0.557	0.572	0.066	0.070
非优制度建设	0.630	0.651	0.073	0.061	0.765	0.663	0.017	0.059
优环境治理	0.582	0.63	0.124	0.506	0.670	0.692	0.080	0.357
非优环境治理	0.716	0.693	0.372	0.380	0.642	0.595	0.726	0.472
优产业结构	0.707	0.696	0.055	0.071	0.57	0.537	0.064	0.088
非优产业结构	0.529	0.563	0.030	0.092	0.677	0.688	0.026	0.058
优人口规模	0.780	0.661	0.041	0.368	0.700	0.567	0.307	0.518
非优人口规模	0.490	0.631	0.124	0.506	0.582	0.717	0.080	0.357

续表

			高水平生态文明建设			低水平生态文明建设		
优资源环境	0.620	0.702	0.046	0.430	0.542	0.586	0.077	0.265
非优资源环境	0.634	0.592	0.018	0.144	0.724	0.646	0.261	0.293
优生态环境	0.548	0.644	0.059	0.446	0.535	0.600	0.230	0.655
非优生态环境	0.660	0.598	0.054	0.368	0.682	0.591	0.062	0.093

表 4　整体组态分析结果

条件组态	组织型	组织—环境型		技术—环境型
	组态 1	组态 2	组态 3	组态 4
生态文明建设水平	⊗	⊗	●	●
制度建设	●			
环境治理水平	●		●	
产业结构				●
人口规模		●	⊗	
生态环境		●		
资源环境			●	●
一致性	0.918	0.910	0.917	0.926
PRI	0.785	0.786	0.815	0.743
覆盖度	0.686	0.307	0.743	0.815
唯一覆盖度	0.052	0.024	0.086	0.082
组间一致性调整距离	0.433	0.275	0.315	0.220
组内一致性调整距离	0.024	0.482	0.113	0.020
总体 PRI	0.791			
总体一致性	0.631			
总体覆盖度	0.589			

四、结论与展望

（一）研究结论

本文运用动态 QCA 研究方法，以我国边疆民族地区 9 个省级政府为案例，从技术、组织、环境三个维度探究影响因素对边疆民族地区生态文明建设水平的协同影响效应，揭示了 2010—2019 年间影响我国边疆民族地区生态文明建设水平的核心影响因素及彼此间的互动关系。主要研究结论包括：第一，从总体上看，技术、组织、环境三个条件都不能单独作为提高生态文明建设水平的必要条件，说明单个因素并不能直接制约生态文明建设。第二，高水平生态文明建设存在 4 条驱动路径，可提炼出 3 种适配模型，组织型、组织—环境型和技术—环境型。第三，虽然汇总一致性在时序上的变化并未呈现时间效应，但时间增长生态建设水平在提升。

（二）理论贡献

本文的理论贡献主要为以下两个方面：第一，将生态文明建设问题研究从系统、制度等视角，转向基于管理学视角。本文在既有研究基础上，借鉴"技术组织环境"理论，结合我国边疆民族地区实践情境，构建"技术—组织—环境"影响因素组态分析框架，涵盖三个一级条件，八个二级条件。该分析框架从技术、组织、环境三个角度探究影响因素间的联动匹配关系，揭示生态文明建设背后的复杂因果关系，有助于从管理学视角理解我国边疆民族地区生态文明建设的推动因素。第二，将动态 QCA 研究方法运用到生态文明建设研究中，探索纵向时间维度下的组态效应。打破了以往相关研究存在的两点局限：一是大多运用回归分析，忽视了因果间的依赖关系；二是对 QCA 方法的运用受限于截面数据，且集中关注一致性，忽略对覆盖度的探索。本文运用动态 QCA，分析时间维度下我国地方政府信息公开水平驱动因素。

（三）实践启示

本次研究结果能为边疆民族地区生态文明建设带来以下几点启示：第

一，技术条件中的制度建设在两个组态中均为核心因素，对生态文明建设具有较强驱动力，所以健全、完善的生态文明建设制度体系是稳步推进生态文明建设可持续发展的法制保障。本文在制度建设研究中发现，部分省份在生态文明制度建设方面比较薄弱，政府部门应加强生态文明制度建设，比如保护生态环境，不但需要建立和完善环境监管制度、提高环境监管能力，还需要促进绿色制度创新、建立促进绿色低碳发展的各项制度。为了保证生态文明建设的公平性，需将生态文明建设以法律的形式规定相应的奖惩制度，监督相关政府部门及企业有效地执行生态文明建设制度，强化生态文明建设的制度保障。

第二，为突破政府自身条件的约束，各省域可根据自身环境条件因地制宜，探索适合自己的生态文明建设道路，但同时需注意不同路径可能带来的潜在影响。

第三，通过对组织条件的观察，不合理的生产方式，往往会带来许多的环境问题，会对环境带来更大的压力。应加快转变生产方式，推动绿色节能产品的生产，升级产业结构，建立环保、高效、节能的生产体系。不断优化生产方式，形成高效节能的生产体系，才能保证我国生态文明建设健康可持续发展。大力发展生态旅游、生态农业等优势生态产业。针对边疆民族地区林业面积多的特点，要加快发展林业二三产业，进一步优化林业产业结构。

第四，边疆民族地区群众长期处于恶劣的自然生态环境，面对自身较落后生产技术和产出水平，为了民族长期生存，在独特的自然、历史文化发展进程中衍生了朴素的生态保护思想，累积了人与自然长期共存的经验，因此要充分重视边疆地区民族在长期生产生活中累积起来的人与自然和谐共处的传统民族生态文化思想，发挥各民族生态文化理念，将其作为非正式制度与中央和地方的生态文明建设规划制度等齐头并进，保障国家生态安全和确保区域经济社会可持续发展，促进生态文明建设。此外，生态文明理念的形成有赖于生态文明教育，因此要加强线上线下平台生态文明理念培养的相关推广宣传活动，如生态文明科学知识的讲座、研讨会和培训等。

（四）研究局限及展望

本研究仍有局限。首先，本次影响因素从 TOE 理论视角进行筛选，虽包含较多已被检验的变量，但仍有缺漏，此次分析框架受限于数据的可获取性。其次，本研究采用二手公开数据，仅从宏观层面进行探讨，结合实地调研，从微观层面揭开生态文明建设背后的影响机制，希望未来可以参与到相关实践研究中去。最后，本文仅关注省级政府，研究结论是否能够拓展至省级以下层面，仍需进一步探索。

21世纪初内蒙古自治区人口与婚姻状况研究

李红菊　内蒙古建筑职业技术学院

摘要：家庭是社会的基本组成单位，婚姻状况直接影响着家庭这个社会基本单位的稳定。重视对人口婚姻状况的分析和管理，是社会稳定的重要保障。本文拟以内蒙古自治区为例，通过第六次人口普查数据对内蒙古自治区人口的婚姻状况进行简单的分析，针对现存的问题为今后的人口婚姻管理提出对策。

关键词：内蒙古自治区；人口；婚姻

人口普查是一项重大的国情国力调查。2000年第五次全国人口普查以来，我国的人口状况发生了很大变化。组织开展第六次全国人口普查，将查我国人口在数量、结构、分布和居住环境等方面的变化情况，为科学制定国民经济和社会发展规划，统筹安排人民的物质和文化生活，实现可持续发展战略，构建社会主义和谐社会，提供科学准确的统计信息支持。

人口婚姻状况是指一个国家或地区15周岁及以上人口在婚姻方面所处的状态，第六次人口普查将人口婚姻状况具体分为未婚、有配偶、离婚、丧偶4类。第五次人口普查较第六次人口普查划分得要细一些，分为5类：未婚、初婚有配偶、再婚有配偶、离婚、丧偶，但这不妨碍我们对两次人口普查数据对比分析。内蒙古自治区第六次人口普查结果显示：全区人口婚姻状况总体稳定，离婚率上升较快。

一、内蒙古自治区人口婚姻基本状况

（一）15 岁及以上人口婚姻状况

第六次全国人口普查资料显示，与 2000 年第五次全国人口普查相比，内蒙古自治区 15 岁及以上人口婚姻状况总体来说情况稳定，呈现出未婚比例下降，有偶比、离婚比、丧偶比上升的特点。

1. 未婚比例有所下降，未婚男性多于女性

2010 年，全区 15 岁及以上未婚人口所占比重为 18.76%，比 2000 年的 20.48% 下降了 1.72 个百分点。未婚人口中，男性人口占 58.93%，女性人口占 41.07%，男性未婚人口比重高出女性未婚人口 17.86 个百分点，未婚人口男女性别比为 143.47，比 2000 年的 147.24 有所下降。

2. 有偶比例有所上升，性别差别不大

2010 年全区 15 岁及以上有偶人口比重为 74.97%，比 2000 年的 74.07% 有所上升。有偶人口中，男性人口比重为 50.51%，女性人口比重为 49.49%，男女差别不大。与 2000 年相比，男性有偶比重上升了 0.65 个百分点。

3. 离婚比例上升较快，男性离婚率明显高于女性

2010 年，全区 15 岁及以上离婚人口所占比重为 1.48%，比 2000 年的 1% 上升了 0.48 个百分点。其中，男性人口比重 56.06%，女性人口比重为 43.94%。离婚率上升较快，性别差异明显，男性人口离婚率高出女性 12.12 个百分点。

4. 丧偶比例有所上升，女性丧偶比例明显高于男性

2010 年，全区 15 岁及以上丧偶人口所占比重为 4.79%，比 2000 年的 4.44% 上升了 0.35 个百分点。其中，男性丧偶人口比重为 29.59%，女性丧偶人口比重为 70.41%。丧偶比例有所上升，女性丧偶人口比重高出男性 40.82 个百分点，性别差异明显。

（二）不同年龄人口的婚姻状况

1. 未婚人口比重随年龄增长逐渐下降

随着年龄的增长，未婚人口所占比例逐渐下降，且 34 岁前未婚人口比重下降速度很快，由 23.75% 下降至 3.71%。35 岁以后未婚人口比例下降速度缓慢。

2. 有配偶人口比重随年龄增长增加

随着年龄的增长，有配偶人口比重增加速度很快，在 45—49 岁年龄组达到最高点 93.86%，此后缓慢下降。65 岁及以上有配偶人口比重下降速度较快。34 岁前有配偶比重女性高于男性，35 岁以后有配偶人口性别比男性高于女性，尤其是 60 岁以上人口男性明显高于女性。

3. 44 岁前离婚人口比重随年龄的增长逐渐增加

其中最高值出现在 40—44 岁组，达到 2.66%，此后，随年龄的增长，离婚人口比重逐渐下降。但从各年龄组看，男性离婚比重普遍高于女性。这组数据也证明了中年危机是客观存在的，青年和老年期的婚姻相对更稳定一些。

4. 丧偶人口性别比女性明显高于男性，是男性的 2 倍多

丧偶人口女性明显高于男性，是男性的 2 倍多，55 岁以上丧偶人口比重随年龄增长增长速度较快。

5. 平均结婚年龄不断增加。

2010 年，全区已婚人口初婚年龄为 23.48 岁，其中，男性为 24.17 岁，女性为 22.78 岁，相差 1.39 岁。从结婚的平均年龄来看，随着时间的推移，平均初婚的年龄呈上升趋势：2010 年平均初婚年龄为 24.26 岁，而 2000 年为 23.79 岁，1990 年为 22.35 岁，比 2000 年时大了 0.47 岁，比 1990 年时大了 1.91 岁。从初婚时间的性别上来比较，男性普遍比女性的结婚年龄要大 1 岁以上，2000 年男性的初婚年龄为 24.57 岁，女性为 22.99 岁，1990 年分别为 23.38 岁和 22.12 岁。

（三）不同文化程度人口的婚姻状况

1. 未婚人口比例与受教育程度

在未婚人口中，未上过学和小学文化程度的分别为 6.4% 和 6.06%，本科文化程度为 43.3%，为未婚人口比例的最大值，研究生文化程度的为 39.7%，高中和大专文化程度未婚人口比例较接近，分别为 33.58% 和 35.28%。从性别差异来看，高中及大专文化程度未婚人口性别比差异不大，以大专文化程度分界，大专以下文化程度未婚男性比例高于女性，大专以上文化程度未婚人口比重则是女性高于男性达 8.29 个百分点。以上的数据说明受教育程度对婚姻有较大的影响，尤其是对女性而言，影响更加明显。

2. 有配偶比例随文化程度的增加呈下降趋势

小学文化程度的有配偶比例为 83.9%，其次为初中文化程度为 81.00%,，而大学本科为 55.31%。分性别来看，女性有配偶比例随着文化程度的增加呈下降趋势，而男性有配偶比例初中文化程度以下呈上升趋势，初中文化程度以上呈下降趋势且男性有配偶比例明显高于女性。这也从一定程度上说明，文化程度越高，择偶难度越大，对女性的影响更大。

3. 离婚人口比例

离婚人口比例以高中文化程度最高，达到了 1.76%，高中文化程度以下，随文化程度的增加，离婚比例呈上升趋势，高中文化程度以上呈下降趋势，未上过学的和研究生文化程度的离婚比例都较低。从性别上来看，男性以初中文化程度为界，初中以下文化程度离婚人口比例呈上升趋势，而初中以上文化程度离婚人口比例呈下降趋势，而女性以高中文化程度为界，高中以下文化程度离婚人口比例呈上升趋势，高中以上文化程度呈下降趋势。高中以下文化程度男性离婚人口都明显高于女性，高中以上文化程度则女性人口离婚比例明显高于男性。

4. 丧偶人口比例随着受教育程度的提高呈下降趋势

丧偶人口比例随着受教育程度的提高呈下降趋势，未上过学的丧偶比例最高，达到了 28.30%。女性丧偶比例均高于男性，尤其是未上过学的性别差异明显，女性为 22.44%，男性为 5.6%。在分年龄丧偶人口中，65 岁及以上组最高值为 33.02%。两者结合起来说明，未上过学的丧偶人口普遍是年龄较大的，这也符合人口的自然规律。

（四）不同职业人口的婚姻状况

从职业不同来看，各职业之间的婚姻状况存在较大的差异。

（1）商业、服务业人员未婚比例最高，国家机关、党群组织、企业、事业单位负责人未婚比例最低。

表1 未婚人口各组所占比例从高到低排序列

职 业	未婚人口比例（%）	男性所占比例（%）	女性所占比例（%）
国家机关、党群组织、企业、事业单位负责人	5.52	3.62	1.9
专业技术人员	14.61	6.86	7.75
办事人员和有关人员	13.18	8.2	4.98
商业、服务业人员	16.27	7.94	8.33
农、林、牧、渔、水利业生产人员	11.37	8.07	3.30
生产、运输设备操作人员及有关人员	15.22	13.4	1.81
不便分类的其他从业人员	10.60	8.15	2.45

（2）国家机关、党群组织、企业、事业单位负责人有配偶比例最高，商业、服务业人员最低。国家机关、党群组织、企业、事业单位负责人有配偶比例为92.54%，商业、服务业人员为80.4%，二者相差12.14个百分点。从性别差异来看，专业技术人员、商业服务业人员和农、林、牧、渔水利生产人员有配偶比例无明显差异，而其他职业男性有配偶比例明显高于女性。

（3）离婚人口中不便分类的其他从业人员比例最高，农、林、牧、渔、水利业生产人员最低。离婚人口中，从事农、林、牧、渔、水利业生产人女性离婚率最低，婚姻相对较稳定，从事商业、服务业的女性最高。

（4）农、林、牧、渔、水利业生产人员丧偶比例最高。从丧偶比例来看，农、林、牧、渔、水利业生产人员明显高于其他职业，为2.57%。除不便分类的其他从业人员外，其余职业均为女性的丧偶比例高于男性，与总体情况一致。

二、六普数据反映的人口婚姻的主要问题

（一）结婚难度增加

1. 从性别来看，男性比女性更难于寻找配偶

2010年，全区15岁及以上人口中未婚男女性别比为143，2000年为147，未婚男女性别比有所下降。30—49岁未婚男性比女性多20919人，未婚人口各年龄组性别比基本上随年龄增大而增加，男性高于女性。男性

结婚难相对女性来讲更为突出。

2. 从年龄上来看，城市女性未婚比例较高

表2 城、镇、乡村各年龄组女性未婚人口比例

分类 \ 女性未婚人口性别比例	城市	镇	乡村
15—19	48.7%	48.30%	46.24%
20—24	38.18%	30.53%	26.95%
25—29	11.29%	7.02%	6.14%
30—34	2.08%	1.31%	1.47%
35—39	0.77%	0.42%	0.49%
40—44	0.34%	0.24%	0.21%
45—49	0.24%	0.13%	0.09%
50—54	0.16%	0.09%	0.07%
55—59	0.13%	0.09%	0.05%
60—64	0.10%	0.07%	0.07%
65及以上	0.11%	0.14%	0.20%

年龄组女性未婚比例城市的明显要比镇、乡村的要高，尤其在20—24岁年龄组，城市女性未婚比例比镇高出7.65个百分点，比乡村要高11.23个百分点。

3. 从受教育程度来看，学历越高的女性未婚比例越高

表3 城、镇、乡村未婚女性受教育人口比例

受教育程度	城市	镇	乡村
总计	9.58%	7.82%	6.29%
未上过学	1.04%	0.80%	0.69%
小学	0.90%	0.87%	1.38%
初中	4.48%	4.57%	6.66%
高中	13.91%	15.72%	18.02%
大学专科	16.31%	14.40%	28.77%
大学本科	20.94%	16.17%	42.48%
研究生	21.05%	27.46%	41.65%

从受教育程度来看，学历越高，未婚女性人口所占比例越大。而总体比例上，城市未婚女性比镇、乡村的的要明显偏高。

4. 丧偶人口比例城市比镇、乡村要高

尤其是未上过学的女性，城市的比例为 28.58%，镇为 26.42%，乡村为 20.28%。一方面，这部分人口年龄偏大，且性别比上，女性显著高于男性，另一方面受社会舆论的影响及牵涉到的各种棘手的问题，都造成了这部分人口再婚难度较大。

（二）离婚比例上升较快

15 岁及以上人口中，2000 年离婚人口比例为 1.01%，2010 年为 1.48%，离婚人口的年龄主要集中在 35—49 岁，且受教育程度集中在初、高中。离婚比例的上升对离婚者、家庭、社会都有损害，尤其是对家庭中的未成年人影响深远，应引起重视。

（三）早婚现象依然存在

我国的法定结婚年龄为男性 22 周岁，女性 20 周岁。六普数据显示，我区 15—19 岁的未婚比例为 98.9%。

三、对策及建议

对上述我区人口婚姻现状及反映出的问题，需要积极地采取措施，这也将对整个社会的稳定起到积极的作用。

（一）加大社会保障力度

随着改革的深入，我国的社会保障范围不断扩大、保障程度也在提高，但整体来讲保障的力度还不足以让人后顾无忧。养老、医疗、住房等问题仍然对婚姻、家庭有着不小的影响。提高养老、医疗、住房等社会保障水平，可对老龄人口的再婚提供一定的经济保障，对减轻中年人口家庭的后顾之忧也有着积极的作用。

（二）加大教育投入，提高人口受教育水平

经济发展的不平衡，人口流动加大，都对社会的教育提出了挑战，而一个地区教育水平的高低直接影响着各类人口婚姻的态度、家庭的稳定程

度，提高教育水平对社会的进步、稳定有着不可忽视的作用。

（三）加快经济发展，提高本地就业比例

每个人、每个家庭都对生活有着最基本的美好愿景，从历史上的走西口到现在的打工族，无不都是为了生活的美好而努力着。提高本地的就业比例，可以解决很多如子女教育、赡养老人、异地生活等现实的问题，这对家庭、社会的稳定，生活质量的提高都有着积极的作用。

（四）加大对婚恋市场的管理，提高服务水平

尽管现在的婚恋市场有了长足的发展，对促进适婚人口找到合适的伴侣起到了积极的作用，但管理上的一些问题也使很多人望而却步，甚至受到了伤害。亟须加大管理力度、提高服务水平，积极发挥这一领域的积极作用，促进结婚难问题的解决。

综上所述，加大对人口婚姻状况的分析与管理，对稳定社会，保障经济发展有着积极的作用。反之，经济越发展，生活水平越高，人们对情感的要求也会越高，这都要求我们的管理者要重视对人口婚姻状况的分析和管理，创新人口婚姻管理模式，提高管理服务水平，满足社会发展的需要。

参考文献

[1] 国务院人口普查办公室，国家统计局人口和就业统计司：中国2010年人口普查资料[M].中国统计出版社，2012.

[2] 国务院人口普查办公室，国家统计局人口和就业统计司：中国2000年人口普查资料[M].中国统计出版社，2002.

[3] 内蒙古自治区第六次人口普查领导小组办公室，内蒙古自治区统计局：内蒙古自治区2010年人口普查资料[M].中国统计出版社，2011.

[4] 内蒙古自治区第五次人口普查领导小组办公室，内蒙古自治区统计局：内蒙古自治区2000年人口普查资料[M].中国统计出版社，2001.

[5] 李斌主编；内蒙古人口普查办公室编。世纪之交的中国人口·内蒙古，中国统计出版社，2004.

民族地区乡村场域下的生态文明建设研究

——基于乡村主体性研究

刘宁超　内蒙古工业大学人文学院

摘　要：民族地区是我国的资源富集区、水系源头区和生态屏障区。2023年6月，习近平总书记在内蒙古考察期间指出，"筑牢我国北方重要生态安全屏障，是内蒙古必须牢记的'国之大者'"。民族地区的生态问题关乎重大。当前我国的生态文明建设体系不断完善，但是针对乡村的生态文明建设仍然存在主体缺位的问题。村民作为乡村生态文明建设的参与者和受益者，在生态环境保护中陷入低参与、低动力和低保障的"三低"参与状态。正如20世纪初梁漱溟等人开展乡村建设工作当中面临的"乡村不动"困境一般，如何调动村民主动性，发挥乡村主体性作用，成为生态文明建设的关键。民族地区具有独特的民族文化，又具有独特的经济社会特点。本文试图从激发村民主动性、重振乡村主体性的视角、探究主体性在乡村生态文明建设当中的价值意蕴，分析民族地区生态文明建设遇到主体缺位困境。

关键词：生态文明建设；主体性；民族地区；生态文化

一、问题的提出

党的十八大报告将生态文明建设提升到新时代中国特色社会主义"五位一体"的总布局中，提出了建设"美丽中国"的目标，习近平总书记进一步提出了"生态兴则文明兴，生态衰则文明衰""绿水青山就是金山银山"的重要论述。党的二十大报告指出，中国式现代化的本质要求之一便是促进人与自然和谐共生，中国式现代化是人与自然和谐共生的现代化。着眼于如何处理人与自然关系的生态文明建设成为中国特色社会主义事业的关键一环。"三农"问题是关系国民生计的根本性问题，实施乡村振兴战略是我国发展农村的重要战略举措。对于乡村的生态文明建设，习近平总书记在中央农村工作会议上强调，"加强农村生态文明建设，保持战略定力，以钉钉子精神推进农业面源污染防治，加强土壤污染、地下水超采、水土流失等治理和修复"。在具体措施上，我们不断推进美丽乡村建设以及乡村人居环境整治，乡村生态文明建设是乡村振兴的有机组成。

对于我国的人口和自然资源分布状况，毛泽东同志曾精确地总结："我们说中国地大物博，人口众多，实际上是汉族'人口众多'，少数民族'地大物博'。"（毛泽东，1999）我国的少数民族分布地区辽阔，占了全国总面积的60%以上，这其中草原面积占全国草原总面积的75%，森林面积占全国森林总面积的37.2%，林木蓄积量占全国林木蓄积量的56.3%，水利资源蕴藏是占全国水利资源总蕴藏量的52.5%，还有丰富的矿藏资源分布，民族地区是我国的资源富集区、水系源头区和生态屏障区。此外少数民族相对于汉族，对于农业有更大的依赖性，农业生态系统的自然状态，对于少数民族地区的经济发展和人民生产生活的影响更为突出。因此不论是从全国生态文明建设的宏观视角而言，还是对于民族地区的地方发展而言，民族地区乡村生态文明建设都是刻不容缓的。习近平总书记今年6月在内蒙古考察时也强调内蒙古的发展要坚持以生态优先、绿色发展为导向。

对于乡村建设的主体性思考来自于民国时期的乡村建设运动，作为旨在推动中国传统乡村现代化发展，避免乡村在现代社会走向衰落的最早尝试，乡村建设运动为我国的乡村发展带来了最早的经验和教训，其中最突出的便是"梁漱溟之惑"，又称"乡村不动"之问：以梁漱溟为首的知识分子深入农村，开展乡村建设实践，进行了邹平乡村建设实验、定县乡村建设实验等一系列实验。结果确是"工作了九年的结果是号称乡村运动而乡村不动"，"我们自以为我们的工作和乡村有好处，然而乡村并不欢迎；至少是彼此两回事，没有打成一片"（梁漱溟，2006）。究其实质，"梁漱溟之惑"就在于在乡村建设当中如何能够调动村民的积极性，发挥村民的主体性地位,让村庄真正"动起来"。这一问题在现如今的乡村生态文明建设当中依然存在。在乡村,生态文明建设往往是政府以行政指令的方式在推动。村民仅仅作为乡村生态文明建设的被动参与者,是"让我做"而非"我要做"。

二、文献综述与研究思路

回顾以往对于乡村生态文明建设以及乡村主体性的研究。在中国知网数据库以"乡村生态文明建设"为主题搜索,可以发现自2012年底生态文明建设纳入"五位一体"总布局之后,"乡村生态文明"建设的研究数量逐年上升。但研究的学科领域中,农业经济领域的29.91%和环境科学与资源领域的28.48%占据了半数以上,从民族学及社会学领域研究乡村生态文明建设的成果还比较少。

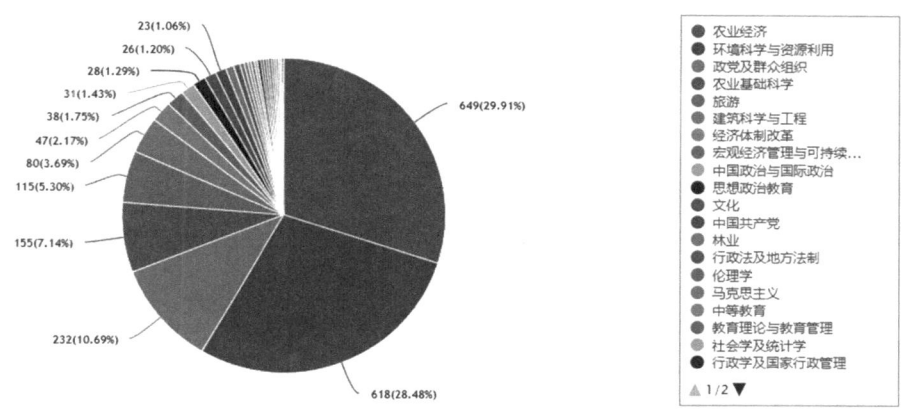

图1 中国知网文献库以"乡村生态文明建设"为关键词近10年的文献学科分布

而对于乡村振兴建设当中的乡村主体性视角,早已有部分学者从"梁漱溟之惑"出发,为乡村振兴建言献策。程为敏较早从村民自治的角度,提出在村社博弈的过程中,主体性不完善的村民一方处于弱势地位(程为敏,2005)。近年来,张志胜对于农村扶贫当中精神扶贫领域如何重塑农民主体性(张志胜,2018),以及王春光对于乡村振兴当中需要强调主体性,突出文化性的思考(王春光,2018),将乡村主体性的议题重新拉入乡村振兴的新语境下。这也是我国的乡村建设从"脱贫攻坚"转向"乡村振兴",全面发展乡村的体现,想要实现乡村的全面发展,就必然需要将外生的政策性推动转为内生的主体引导。针对这一议题,乡村内源式发展的理论和实证研究为主体性视角提供了进一步的参考(马荟,庞欣,奚云霄等,2020)。对于乡村主体性究竟应当如何发挥作用,既有学者从提高农民的组织化角度提出建议(吴重庆,张慧鹏,2018),也有学者强调发展"新乡贤"(龚丽兰,郑永君,2019),更有学者从文化媒体的视角给出路径(刘楠,周小普,2019)。这些不同的路径本质上是对乡村的主体性究竟是政治主体性还是社会主体性,亦即文化主体性的不同探索。这也反映了我们对乡村主体性探索的不断深入。

而对于将乡村主体性的视角导入生态文明建设,目前研究相对较少,宋国恺、李岩在研究农村人居环境整治当中引入了村民主体性视角,明确了村民主体在乡村环境建设当中的作用(宋国恺,李岩,2020)。而对于民族地区生态文明建设的研究,最为亮眼的便是,少数民族地区独特的文化要素和价值观,本身便包含一定的生态文明思想的观点(姚霖,2014),这对于推动民族地区生态文明建设是大有裨益的。但是对于这些生态文明思想如何在民族地区的生态文明建设当中落地生根,并利用文化路径调动村民生态文明的主体性,已有的研究还较为欠缺。

因此,本文站在乡村主体性视角下,考虑到民族地区所具有的文化特性以及自然环境。认为对于民族地区生态文明建设,我们需要解决的问题是,民族地区的生态文明建设为何须要一个主体?这样的主体应当是谁,现在又为何缺位?以及如何在民族地区生态文明建设中如何凸显这个主体的地位。进而为民族地区的乡村生态文明建设提供理论支持。

三、主体性在乡村场域当中的价值意蕴探析

(一)乡村生态文明建设目的的再发掘

在过往的乡村生态文明建设中,作为建设行动的理由和目的本身是不言自明的。乡村的生态文明治理是从城市向农村、从经济到社会文化建设运动的自然延续。从"美丽中国"到"美丽乡村"、从全国生态文明建设到乡

村生态文明建设，从城市黑臭水体治理到农村黑臭水体治理，是一条连贯的制度与技术推广发展路径。同时生态文明建设是与经济建设、政治建设、文化建设、社会建设有机统一的（刘鹏，2015）。然而"人是悬挂在自我编织的意义之网上的动物"（克利福德·格尔茨，2014），相较于外在的理由和行动目的，自身的价值和意义更容易为主体所接受和内化。而我们如果想从乡村主体性的视角审视乡村生态文明建设，就需要在此基础之上，探寻生态文明建设与作为生活方式的乡村生活惯习本身的一致性，以及与乡土文化及民族文化同源的文化内涵，采取一种尊重与发掘"当地生活"中智慧的态度（鸟越皓之，2011），建设生态文明。从而激发乡村场域当中主体本身所具备的生态文明意识，为乡村主体性的引入创造文化和社会资本。

（二）乡土性、民族性生态哲学的再发现

从过往的研究来看，生态文明是继原始文明、农业文明、工业文明之后，在对人与自然关系深入思考后形成的新型文明形态（廖福霖，2001）。而这种文明形态的演进一方面是人、社会、自然三者关系的改变，同时也是人类生产方式的转变。工业文明带来的现代性，是人与自然关系的一种深刻改变，现代性追求的是对自然的改造。是以工业化发展和城市化发展为代表的人类生活方式转变，而这种转变注定是要以对自然的破坏为代价的。随着现代性带来的生态灾难，人们的认识逐渐转变，从而开始寻求生态文明的建设，即在改造自然之外，追寻一种与自然和谐共处的生态文明的生产方式。而被视为"前现代"的农牧业生产方式，同样追求的是如何与自然和谐共处，农耕生产本身，便是汇集对天时和气候利用的生活方式，而根植于我国古代农业社会的"天人合一"思想，反映的就是农业生产模式下，遵循自然规律的生态哲学。而以蒙古族为代表的游牧生活方式本身，是一种借用畜力，在生态环境相对恶劣的荒漠、草原及沙漠地区与自然共处的生活模式，由此形成了一套以天地为根，崇尚自然的生态哲学。而这种生活方式惯习所形成的生态哲学又会转化为乡村的文化资本与社会资本，在乡村场域世代相传。

对于乡村所具有的生活方式和文化其中具体的内容，我们需要辩证地看待，其中有诸多糟粕需要舍弃。但是与此同时，这些存在于乡村的惯习

与文化资本本身有许多值得在乡村生态文明建设当中借用的智慧，而乡村生态文明建设的主体又成长于这样的惯习环境当中，本身便具备这样的文化资本与社会资本，因此在乡村场域发展生态文明建设，便需要将生态文明建设的行动与乡村生活方式与生态哲学相结合。

（三）多元化、流动化背景下乡村生态的新面向

最后我们也应当看到，当下的乡村生态文明建设和乡村场域本身具有的生活方式和生态哲学又有很大的区别。传统的乡土性和民族性生态思维，生态保护是一种面向乡村自身生产方式对环境的负面外部效益进行弥补的手段，如牧民会采取季节性的迁徙方式，避免牲畜对草场的过度啃食。农民会采取休耕轮耕的方式保护土地肥力，实现可持续耕作。一些渔猎民族也会采取禁猎封山的方式保护狩猎资源。"不违农时，谷不可胜食也；数号不入湾池，鱼鳖不可胜食也；斧斤以时入山林，材木不可胜用也。"反映的就是这种生态哲学。在这种生态观念当中，乡村主体既是自然环境的破坏者、使用者，又是环境的恢复者、保护者，但总体而言，都是乡村社会面向自然的双向资源循环过程，乡村社会面临的最大问题便是应对自然灾害，乡村社会是直接面向自然的。而在现代社会，乡村场域不再是一个个孤立的村落，不再是封闭的熟人社会，而是卷入了流动性、全球化的现代世界大潮当中。乡村所面对的环境问题，也从单纯的自然环境问题变成了包含多元主体，高度社会化的社会—自然问题。既有工业化资源开采带来的环境破坏，也有商业化旅游开发带来的游客垃圾，更有全球环境问题带来的新型生态困境。乡村已经再也回不去那个"阡陌交通、鸡犬相闻"的同质化社会了，因此我们追寻在乡村生态文明建设当中重振乡村的主体性，既要重新发挥乡村主体的文化和社会资本，又要看到，这种重振的主体性注定是在一个多元主体参与环境当中的重振，多元化的社会环境既为乡村生态文明建设带来了新的机遇，也带来了新的问题。

四、民族地区乡村生态文明建设当中的主体缺位问题

2018年《中共中央、国务院关于实施乡村振兴战略的意见》指出"坚持

农民主体地位。充分尊重农民意愿，切实发挥农民在乡村振兴中的主体作用，这再次无比明确地强调了，乡村建设的主体是农民，农民本身便是"三农"问题的核心（陆学艺，2005）。在乡村生态文明建设同样如此，村民们既是乡村生态环境问题的直接受害者，又是生态文明建设的受益者，本应当成为生态文明建设的主动参与者。但是在实践中，作为主体的村民往往处于一种"缺位"的状态，或者在政府推动政策过程当中作为被动的参与者。村民往往采取"等靠要"的态度。那么这种主体缺位的问题究竟从何而来？

（一）政府视角：压力型体制下的行政指令与村民意愿的张力

乡村生态文明建设的开展，本身就发端于党和政府政策导向的行政推动。自2012年底党的十八大上提出生态文明建设与美丽中国建设，中央先后出台了《生态文明体制改革总体方案》《关于加快推进生态文明建设的意见》等文件，此外十三届全国人大一次会议上批准将原有的环境保护部改为新成立的生态环境部。党的十九大上又提出了农村人居环境整治，出台了《农村人居环境整治三年行动方案（2018—2020）》和《农村人居环境整治提升五年行动方案（2021—2025年）》，可以说党和国家对于改善乡村生态环境是高度重视的，地方也相应出台文件相应国家号召，纷纷在各地开展了乡村生态文明改善的工程，在具体的手段上，最重要的便是将生态环境指标转化为量化的硬性指标，纳入地方官员的绩效考核中，从而形成一种生态文明建设的压力型体制（冉冉，2013）。在指标与绩效的压力和激励下，地方官员采用一种技术性的路径引入一系列环境保护的技术和测算方式，以符合指标的方式推动乡村生态文明建设，同时还要不断应对上级领导的检查和巡视。这种压力型体制有其好处，在短期内对一些明显的生态问题确实有所改善，但是一方面，在这一体制下，地方官员作为乡村社会的一员，并非站在乡村生活者的角度，而是站在完成科层制下政府指标的角度，将行政资源和资金大量投入于指标规定的项目和巡视检查可视的地区，如公路沿线，而其他地区的村庄和村民则成为被隐藏和被遮蔽的存在，他们改造生态环境的主体性意愿被忽视，而一些处于沿路地段的居民则被行政指令过度规制。而官员也不会寻求村民的本地性知识，因为他们生态环境建设的驱动力和技术手段都是外源的。如笔者在进行一项针对农村黑臭水体污染治理的调研时，一户居民由于居住地远离大路，家门口的黑臭水塘本不属于自己，但多次向村集体反映都没有得到结果，最后只得自己花费5000元展开治理，而其他居民同样受此困扰，但是没有经费支持，都选择了忍耐，在此当中村民并非没有生态文明意识，也并非没有治理意愿，而是在压力型体制下成为被隐藏的主体。

> 不是说我有多积极，是这个塘子实在太臭了，又就在我家后面，夏天都不敢开后面的门，一开屋里都是一股臭味，我城里的孙子回来都问我奶奶，为什么家里这么臭呀，村里面又不管，按理来说，这塘子都不是我家的，实在是搞得我们没有办法了，才花钱治了一下，现在搞了一下之后就好很多了。

（二）村民视角：村社理性与经济理性的张力与叠加

在解释资本主义为何能在西欧而非其他地区诞生发展时，韦伯认为这主要是由于西欧加尔文宗新教思想当中的入世禁欲主义色彩对资本主义的诞生产生了相互影响（马克斯·韦伯，2019）。而在解释我国的农民如何得以支撑我国在现代创造"中国奇迹"当中，徐勇认为作为中国人主体的农民具有一种以勤劳、节俭、算计、互惠、人情等八种要素的村社理性，而在中国的经济的起飞阶段，这种属于农业社会的村社理性与工业社会的经济理性产生了叠加优势，创造了中国奇迹。但与此同时，他也警告，二者劣质因素的叠加也有可能产生叠加劣势（徐勇，2010）。在乡村的生态文明建设当中，我们发现村社理性与经济理性，既有张力，又有叠加，共同造就了村民作为主体的缺失。一方面，随着脱贫攻坚的推进和乡村振兴工作的开展，乡村的生活条件得到改善，财富得到积累，部分村民开始背离节俭求稳的村社理想，追寻经济理性下的消费与攀比，扩大居住面积，大量进行消费，创造了许多垃圾污染，以往存在于城市的白色污染也随之被引入村庄。另一方面，桎梏于人情社会以及差序格局当中的村民，碰到进行环境保护的经济成本，越来越倾向于"各人自扫门前雪"。以往关心乡村公共生态环境的意识也被转变，村民成了被异化的主体。

> 这个水以前不是这样的，老是有人往里面丢垃圾，村里也没个人来带头管一管，就越来越臭了，现在人都只管自己家，谁还管村里怎么样呢，只能等政府弄一弄。
>（ZGCM-201905）

（三）文化视角：乡土性与民族性在村庄的流失与现代性文化侵入

民族地区乡村的乡土性和民族性文化是乡村本土文化的最好体现。如前所述，由于这些文化是来自于长期的乡村生活惯习当中，因此其中也蕴含着各民族的生态哲学。而这种惯习则来自于各族人民对当地自然环境的适应，并因其有效性和文化性而世代相传，成为各族人民的文化资本。正如世界环境与发展委员会在《我们共同的未来》一书中指出：特定的民族"保持着一种与自然环境亲密和谐的传统生活方式。他们的生存本身一直取决于他们对生态的意识和适应性"（世界环境与发展委员会，1997）。而这种乡土性与民族性文化，却在现代随着现代性的扩张和其他少数民族传统文化一样面临传承危机。一方面，少数民族地区人口随着城乡差距和地域差距的扩大，呈现农村到城市，西部到东南的人口流动趋势（郑信哲，周竞红，2002），乡村空心化的现实导致少数民族文化传承危机。另一方面就乡村本身而言，"流动的现代性"以其无孔不入的方式流入农村，特别是在生态文明建设过程当中，技术理性的治理路径在政府的推动下，建立了统一的乡村环境治理模式。但是我们应当看到，乡土性与民族性的地方文化是具有特殊性的地方生态环境思想，特别是对于西部少数民族地区，多样化的生态环境本身就需求本地化的生态环境治理模式，而这种本地化治理模式随着乡土性与民族性文化一同被忽视，村民的文化传承成为被忽视的主体。

五、结论与乡村生态文明建设的主体性激活路径

通过对民族地区乡村生态文明建设当中主体性视角的价值意蕴分析，并从政府、村民、文化视角指出作为乡村生态文明建设的主体在实践当中处于被隐藏、被异化、被忽视的状态，造成了乡村生态文明建设当中的主体缺位现象。而当前我国的生态文明建设正处于关键阶段，一方面，现有的政策路径与技术路径的生态文明建设已经取得了显著成果，我国的生态环境已经初步得到改善，而另一方面，西部乡村地区的生态文明建设还有待深入，有必要进一步激活民族地区乡村主体性，发挥地方性知识和文化的力量，因此有必要从主体性的几个维度深入进行路径探索。

（一）重建乡村共同体，发挥主体自主性

对于乡村而言，自主性的缺失源于村社共同体的弥散与衰亡，村民自治组织依附于政府缺乏独立性，乡村共同体的衰弱削弱了村民对于村庄的归属感，在乡村生态文明建设当中表现为村民对生态环境问题的漠视与缺乏主动性。因此有必要通过加强基层党组织建设、完善村民自治体制机制、吸纳村社精英等方式重建乡村共同体，让乡村共同体成为村民发挥自主性作用，增强主体性的窗口。

（二）处理好保护与发展的关系，提高主体能动性

对于生态环境问题，我们既要看到生态环境保护的重要性，也要看到建立在生态文明思想基础之上新的发展潜力，我们进行生态文明建设追寻的不只是对已有生态环境的保护，而是希望建立一种可持续发展的模式。而在乡村生态文明建设过程当中，片面的强调保护会削弱主体的能动性，各少数民族的生态哲学本身就是本民族适应当地生态发展的文化资本，将生态环境建设引导到依托当地特色发展绿色产业，丰富少数民族地区乡村产业，发展绿色旅游和绿色产业的新模式，推动乡村产业融合发展，才能为乡村主体注入发展动能，激发主体能动性。

（三）引入地方性知识，激发主体创造性

地方性知识是埋藏在乡土性民族性当中的文化资本，是各民族生态哲学的具体体现。想要在生态环境种类丰富复杂的少数民族乡村地区进行生态文明建设，就必须对地方性知识进行深入发掘探索。应当注重对少数民族"土专家""土技术"的借鉴和推广，将融入少数民族生活情境的地方性知识进行深入发掘，从而激发民族地区村民的创造性，让村民真正成为生态文明建设的主体。

中国民族学学会生态民族学专委会 2023 年年会暨"新能源开发与生态文明建设学术论坛"圆满举办

中国民族学学会生态民族学专委会 2023 年年会暨"新能源开发与生态文明建设学术论坛"于 2023 年 9 月 23 日在内蒙古开元名都大酒店举行。本次会议由中国民族学学会生态民族学专委会主办，内蒙古工业大学人文学院承办，内蒙古能源战略研究中心、内蒙古自治区高等学校人文社会科学重点研究基地 - 内蒙古乡村建设研究中心、内蒙古工业大学社会科学界联合会共同协办。来自中央民族大学、北京师范大学、新疆师范大学、西南民族大学、西北民族大学、吉首大学、西南林业大学、大连民族大学、山东艺术学院、西藏当雄县党校等十余所区外高校，和内蒙古大学、内蒙古师范大学、内蒙古民族大学、内蒙古医科大学、内蒙古工业大学等 5 所区内院校，约 80 余名专家、老师和同学参会。

开幕式由内蒙古工业大学人文学院院长郝晓燕教授主持，中国民族学学会常务副会长、北京师范大学色音教授和内蒙古工业大学党委委员、纪委书记阿力坦嘎日迪分别致辞。阿力坦嘎日迪首先代表内蒙古工业大学对年会的举办表示祝贺，对各位参会的专家老师及同学表示诚挚的欢迎，接着回顾了内蒙古工业大学的办学情况，特别是民族学学科的办学历程及建设情况，指出本次会议的主题是对党的二十大报告和习近平总书记在内蒙古调研精神的积极回应，本次会议探讨民族地区新能源开发与生态文明建设的重大问题，探索推动民族地区经济与生态协同发展的路径，有助于构建学术交流平台，拓宽学术视野，激发创新思维，推动生态文明研究的跨学科发展。

色音教授从习近平总书记在全国生态环境保护大会上的重要讲话出发，结合当前全球生态环境问题现状，向在座学者阐释了本次会议主题的重大意义，强调了新能源开发和生态文明建设的重要性，并指出要在二者之间找平衡点，才能实现真正的可持续发展，并以生动形象的画面为大家描述了绿色低碳的未来。

开幕式后，北京师范大学色音教授、内蒙古工业大学巩芳教授、新疆师范大学崔延虎教授、内蒙古师范大学海山教授、中央民族大学祁进玉教授、内蒙古工业大学郝晓燕教授、中央民族大学龙春林教授、内蒙古工业大学薛阳副教授等8位专家学者，围绕草原生态环境问题、能源结构转、蒙古高原文化变迁与荒漠化等主题做了主旨报告。

下午，三个分论坛与会学者围绕"新能源开发与生态环境的融合发展"、"新能源的生态补偿"、"构筑民族地区生态文明建设的体制机制"、"'双碳'目标下民族地区经济社会转型发展的路径"、"民族地区建设生态宜居的和美乡村的路径"、"民族地区统筹山水林田湖草沙一体化综合治理"、"草原生态保护与农牧业集体经济发展方式"六个议题进行了汇报和讨论。

闭幕式上，各分论坛代表对分论坛作了总结，随后由中国民族学学会秘书长、中国民族学学会生态民族学专业委会常务副主任兼秘书长、中央民族大学祁进玉教授致闭幕词，祁教授对本次会议进行了总结，各个主旨报告围绕大会主题深入探讨了当前民族地区生态环境治理、新能源发展、环境变迁等重大问题，为与会人员分享了前沿成果，各个分论坛的老师同学们紧扣会议主题，从民族地区数字乡村建设、生态文化、环境治理等不同方面，探讨了民族地区生态环境的发展，点评专家认真负责，提出了进一步深入研究的建议。接着祁教授介绍了中国民族学学会生态民族学专委员会新增常务理事和理事的决定，其中内蒙古工业大学人文学院郝晓燕教授、连雪君副教授和特日格乐副教授增补为生态民族学专委会常务理事，并介绍了生态民族学专委员会未来的发展方向和活动计划，希望新增的理事和常务理事积极参加专委会的活动和工作，推动生态民族学专委员会发展迈上新的台阶。

稿 约

　　从 2018 年以来，由中国民族学学会生态民族学专委会举办"生态民族学研究系列论坛"，截至 2023 年，本论坛已经成功举办了五届学术研讨会。

　　中国民族学学会生态民族学专业委员会期待雅集国内外从事生态民族学与民族生态学等相关研究领域的学者从事生态与民族文化的相关研究，也旨在推动社会科学与自然科学的交叉与延伸研究，加强对于生态文明、可持续性发展、文化生态与社会科学协同发展、民族文化创新发展与乡村振兴产业化等相关研究领域的研讨与发展。

　　在每年举办中国生态民族学专委会"生态民族学论坛"之后编辑出版会议论文集，该会议论文集名称为《生态民族学评论》"EcologicalEthnologyReview"，由（北京）学苑出版社出版刊行，为长效出版物，致力于打造有关生态民族学相关研究领域的一流出版物。

本丛书编辑委员

　　本丛书由从事生态民族学与民族生态学相关问题研究的中坚力量组成编辑委员会。丛书编委会常设丛书总主编 1 名和主编 1 名，负责组稿、通稿、校对文稿以及出版等具体事宜。

丛书栏目

　　《生态民族学评论》常设栏目为：地方生态文明建设与社会发展；生物资源保护与可持续利用；环境、生态与地方性知识等；相关研究综述与会议综述等。

丛书的突出特色

本丛书的突出特色体现如下：

1. 生态文明建设与社会发展、生物资源保护与可持续性利用及环境、生态与地方性知识等相关研究是本丛书的重点与热点。

2. 关于生态文明与生态民族学、民族传统文化保护与发展、地域社会与乡土性等相关领域的探讨与持续性追踪研究，也是本丛书推介和宣传的核心理念。

国内第一本从事生态民族学与民族生态学研究领域的刊物，为生态民族学与民族生态学交叉延伸的跨学科研究领域的知名刊物。

长期发展策略

本丛书编委会将会充分酝酿和商讨《生态民族学评论》的长远发展目标，在基金会的经费资助和召开高级别的国际学术研讨会作为丛书发展的重要举措，集中编选一批高质量的国际学术研讨会的会议论文和专业投稿，认真办好丛书，使之成为国际学术界生态民族学研究领域的核心出版物。

投稿电子邮箱：ecoethr2018@163.com

欢迎赐稿和学术交流！

编　者

2024 年 6 月 14 日